地质能源清洁利用数值模拟实例

郭朝斌 李 采 刘 凯 等 编著

科学出版社

北 京

内 容 简 介

本书以地热开采利用、压缩空气含水层储能、CO_2 地质封存为例,描述数值模拟技术在地质能源清洁利用、能源储存、环境保护(温室气体减排)等方面的应用。在简单介绍基础理论知识、研究现状、TOUGH 软件的基础上,重点详细分析和描述实际模拟案例的建模过程与结果分析。

本书可供水文地质、可再生能源、环境保护、地质能源、水资源、计算机数值模拟等学科相关的高校学生、科研工作者、企事业单位人员、工程项目人员以及其他对地质能源和数值模拟感兴趣的人员参考使用。

图书在版编目(CIP)数据

地质能源清洁利用数值模拟实例/郭朝斌等编著. —北京:科学出版社,2020.11

ISBN 978-7-03-066445-7

Ⅰ. ①地… Ⅱ. ①郭… Ⅲ. ①地质-能源-数值模拟 Ⅳ. ①P5

中国版本图书馆 CIP 数据核字(2020)第 201214 号

责任编辑:周 丹 曾佳佳 石宏杰/责任校对:杨聪敏
责任印制:师艳茹/封面设计:许 瑞

科 学 出 版 社 出版
北京东黄城根北街 16 号
邮政编码:100717
http://www.sciencep.com

北京九天鸿程印刷有限责任公司 印刷
科学出版社发行 各地新华书店经销

*

2020 年 11 月第 一 版 开本:720×1000 1/16
2020 年 11 月第一次印刷 印张:20
字数:400 000

定价:199.00 元
(如有印装质量问题,我社负责调换)

作 者 名 单

郭朝斌　李　采　刘　凯　张可霓

雷宏武　张睿昊　李　毅　凌璐璐

胡立堂　杨利超

前　　言

化石能源的消耗带来了经济的繁荣，也造成了日益突出的环境问题，因而以地热能、天然气水合物为代表的环境友好型地质能源受到越来越多的重视。地质能源的清洁开发对于保障能源安全、控制温室气体排放和实现绿色经济增长具有重要的现实意义。地质能源的开发利用实际上是多相流体流动、热传递、化学反应等过程的综合体现，简单的数学模型并不能很好地描述这些复杂的耦合过程。对于实际工程，通常需要复杂的数学模型，以数值方法进行求解。

本书以地热开采利用、压缩空气含水层储能、CO_2 地质封存为例，描述数值模拟技术在地质能源清洁利用、能源储存、环境保护（温室气体减排）等方面的应用。在对基础理论知识、研究现状、TOUGH 软件介绍的基础上，重点介绍实际模拟案例的建模过程和结果分析，希望这些研究实例对水文地质、可再生能源、环境保护、地质能源、水资源、计算机数值模拟等学科相关的高校学生、科研工作者、企事业单位人员、工程项目人员在实际工作与学习中有所帮助。

本书在项目立项和研究过程中得到众多方面的帮助，是课题组及合作伙伴的共同成果。特别感谢"环武功山地区地热（干热岩）资源调查评价"（中国地质调查局地质调查项目，DD20201165）、"地质科技创新平台发展研究"（中央级公益性科研院所基本科研业务费项目，YYWF201735）、"典型盆地深部能源探测评价"（中央级公益性科研院所基本科研业务费项目，YWF201903）等项目对本书的资助。

我们将本书呈现给读者，希望抛砖引玉，引起更多热心清洁地质能源数值模拟研究的同仁关注。尽管本书在编写上注重理论与实践相结合，但因为时间紧迫，其中的不足之处还恳请读者批评指正。

作　者

2020 年 10 月

目　　录

第 1 章　地质能源及清洁利用

1.1　地质能源概念

广义的地质能源是指包含石油、煤、天然气等常规化石能源在内的，经过地质作用形成的，可以直接或通过转换为人类提供所需有用能的资源。由于可用资源量的有限性及环境问题的日益突出，清洁可再生能源越来越受到各国的重视。清洁能源是指以太阳能、风能、氢能、生物能、地热能、水能及核能等为代表的环境友好型能源。其中，地质能源清洁利用的研究主要集中在地热开采利用、能源储存、温室气体处置等方面。地质能源的清洁合理开发利用对于保障能源安全、控制 CO_2 排放和实现经济绿色增长具有重要现实意义。本书以地热能、压缩空气储能、CO_2 地质封存为例阐述数值模拟技术在地质能源开发、能源储存、温室气体处置等清洁利用方面的应用。

1.2　地质能源清洁利用类型与现状

1.2.1　地热能

可再生能源是中国非化石能源的主力，也是中国未来能源转型的重要依托。可再生能源发展"十三五"规划包括《可再生能源发展"十三五"规划》总规划以及水电、风电、太阳能、生物质能、地热能 5 个专项规划，占了能源领域"十三五"14 个专项规划的近一半，特别是首次编制"地热能开发利用发展规划"，充分体现了中国能源转型的大趋势及中国政府践行清洁低碳能源发展路线的坚定决心。

地热能是一种清洁、稳定且分布广泛的优质可再生能源，地热不仅仅是一种矿产资源，同时也是宝贵的水资源和旅游资源。地热能的开发和利用受到各国政府的重视，有望成为未来能源产业结构的重要组成部分（尹立河，2010；汪集暘和孙占学，2001）。据估算，新能源和可再生能源的加权平均能源利用系数为 41%，其中地热能的能源利用系数高达 73%，约为太阳能的 5.4 倍、风能的 3.6 倍。另外，地热能资源的开发利用对 CO_2 减排和减缓全球气候变化也能起到重要的作用（廖忠礼等，2006）。

地热能资源主要分为浅层地热能资源、水热型地热能资源及干热岩型地热能资源三种类型。浅层地热能资源是指地球表层与地球内部传导或者对流的热量以及太阳能辐射的热量的综合体，浅层地热能资源可通过地源热泵（张时聪和徐伟，2007）、水源热泵（汪训昌，2007）的方式用于建筑供暖、洗浴、养殖等，是我国目前地热能资源中利用最多最广的能源类型。水热型地热能资源指地下水在多孔介质和裂隙介质中吸收热量，将其挟带的热水或蒸汽能经适当提引后转换为经济型替代能源，通常被看作传统地热能资源，可进一步细分为高温地热能资源、中温地热能资源和低温地热能资源。我国是世界上中低温地热能资源最丰富的国家，中低温地热田主要分布在板块内部；高温地热田则分布在地质活动性强的板块边缘，如西藏羊八井地热田、云南腾冲地热田及台湾大屯地热田。干热岩型地热能资源也称增强型地热系统（enhanced geothermal systems, EGS），指温度达到 200℃以上，埋深超过数千米，地层内部不存在或仅有少量地下流体的高温岩体地热，一般需要通过人工压裂的方法提取（赵阳升等，2004；许天福等，2012；王晓星等，2012a）。

地热能资源的开发涉及多学科、多领域的知识，在规模化开发之前，有大量的勘查工作要做，还有诸多的技术难题需要攻克。详细了解地热区的水文地质条件和流体运动特征是确保合理开发地热能资源的先决条件。通过野外地质勘探和室内试验可以获取地热开采区的物理参数，如孔隙度、渗透率、岩石密度、热传导系数、地温梯度等。而复杂的流体运动涉及多组分、多项态和热化学反应，运动方程涉及动量、质量、能量守恒及非线性迭代，利用计算机数值模拟手段可以精确地描绘地下热流的运移过程。另外，深层地热能资源勘探难度大、投资高，数值模拟技术可以解决这一难题。计算机数值模拟技术（Pruess, 2008, 2005；Croucher and O'sullivan, 2008；Kiryukhin and Yampolsky, 2004；Gunnarsson et al., 2011；Lei and Zhu, 2009；O'sullivan, 2009；Battistelli et al., 1997；Pashkevich and Taskin, 2009；Wisian and Blackwell, 2004；王晓星等，2012b；Rutqvist et al., 2008；Pau et al., 2009；Hayashi et al., 1999；Sanyal et al., 2000；Kohl and Hopkirk, 1995；Mcdermott and Kolditz, 2006）为地热能资源的开发利用提供了一种新的视角，合理的模型设置不但可以揭示可能存在的地质、环境隐患，还可以还原历史状态、预测未来情况，从而为地热能的实际生产提供技术支撑和安全保障。数值模拟并行计算可以解决大规模场地空间尺度和时间尺度难题，为项目和工程节约人力与物力成本。

1. 地热能利用现状

地热能资源具有热流稳定、易收集、污染小、能源利用指数高等优点，可广泛应用于发电、供暖、医疗、旅游等行业。地热能资源的稳定性、持续性和可靠性，决定了地热发电站既可作为电网的基础载荷，也可作为调峰载荷，以适应季节变化的需求（庞忠和等，2012）。全球有许多国家建立了地热发电站，截至 2019

年，地热发电总装机容量为 14900 MW，美国居首位。对地热能资源开发利用技术掌握较为成熟的国家还有冰岛、意大利、日本、墨西哥等（詹麒，2009；许天福等，2016）。

美国的地热能资源开发一直处于增长态势，2019 年地热发电装机容量达到 3653MW，是世界上地热发电装机容量最大的国家，同时也是利用地源热泵进行供暖、制冷最先进的国家。美国有超过 60 万台的地源热泵，地源热泵总数占到全世界的 46%，成熟的热泵技术和合理的供暖制冷费用使得热泵在全美得到广泛使用。美国地热的直接利用主要包括水产品养殖、洗浴游泳、供暖、制冷和温室等方面。美国同时也是最早对 EGS 进行研究的国家，1973 年在芬顿山（Fenton Hill）建立了 EGS 示范基地，至今已有 40 多年（Kelkar et al.，2016）。据美国能源部估计，2018 年美国的地热发电能力为 3.5GW，建立 EGS 示范基地以后，预计可提高到 100GW（许天福等，2018）。

日本地处环太平洋火山活动带上，地热能资源十分丰富，岛内共有火山近 250 处，其中 65 处属于活火山，另外有 2200 处天然温泉及 2 万多口热水井。由于天然条件的限制，日本十分重视地热能资源的开发利用，地热能被广泛用于农田灌溉、农副产品加工、动植物培育等方面。日本凭借其丰富的地热能资源筑建了 700 多家温泉疗养所，岛内的温泉旅馆更是遍地可见，此外国家还利用独特的地热火山景观地貌开展旅游业。1990 年日本在 Hijiori 启动了干热岩发电项目，通过对花岗闪长岩进行高压水裂后，形成了优良的人工热储构造系统，在 1500 m 深度温度可达 225℃，可以大规模开采地热能（李虞庚等，2007），后因漏失和结垢等问题被迫结束项目（Lu，2018）。

冰岛是当前地热能资源开发利用程度最高并且经验最丰富的国家。冰岛共有高温地热田 26 个，低温地热田 250 个，以及天然温泉 800 余处。全国将近 90% 的供暖是来自地热能资源，每年通过地热采暖可节约上百亿美元。冰岛地热发电量占全国总发电量的 20% 左右，2019 年发电装机容量达到 755MW，排名世界第九。全国 160 个游泳池中超过 80% 是利用地热能资源直接进行加热的，这些泳池主要用于娱乐健身和体育训练，大部分为露天泳池且全年开放。冰岛由于其拥有的独特地形地貌和繁多的温泉疗养场所，每年都会吸引数百万的国外游客慕名前往。此外，冰岛地热能资源的勘查和开发利用是由国家政府管理的，禁止私有企业和个人参与，这促使了地热能资源开发的规范化和统一化。

墨西哥的地热能资源主要集中分布在中央火山带及下加利福尼亚半岛和马德雷山脉附近（Hiriart and Gutiérrez-Negrín，2003）。2019 年地热田的总装机容量达到 951MW，占到全球总装机容量的 6% 以上，总发电量的 3.16%，发电量排名世界第六。其中，位于墨西卡利盆地的塞罗普列托地热田是世界第二大热气田，装机容量为 720MW，共有 9 个发电机组，每天以超过 92% 的工作效率运营。

我国的地热能资源储量丰富，可直接进行开发利用，适用于发电、供暖、洗浴、医疗、温室、养殖等各个领域（王钧等，1990；Zhu et al.，2015a）。中低温地热主要分布于大陆地壳隆起区和沉降区（申建梅等，1998），如华北平原、松辽平原（朱焕来，2011；冯波等，2019）、淮河平原和江汉盆地等。我国深层地热能资源量也极为可观，典型代表有西藏羊八井地热田（图 1-1）和云南腾冲地热田（许天福等，2016）。由于受到板块挤压，这些地区地温梯度高，具备丰富的高温地热能（朱桥等，2019）。目前我国已经发现的地热异常区有 3000 多处，地热勘探开采井 2000 多口，有资料评价的地热田 50 多个。我国拥有丰富的天然温泉资源，温泉种类繁多、分布广泛，其中云南共有温泉 931 处，居全国第一，四川和西藏各有 300 处，广东 280 处，福建和湖南等省也有较多的温泉资源，可作为未来旅游景区开发的特色项目。地热供暖在我国北方地区拥有广阔的发展空间，京津一带的供暖面积已具备一定的规模且呈现出逐年增多的趋势。2017 年底，中国地源热泵装机容量达 20000MW，供暖面积达到 1.5 亿 km^2，位居世界第一，年利用浅层地热能资源折合 1900 万 t 标准煤，供暖建筑面积超过 5 亿 m^2，主要分布在北京、天津、河北、辽宁、山东等地，其中京津冀开发利用规模最大。2015 年天津供暖建筑面积为 2100 万 m^2，居全国城市首位，占全市集中供暖建筑面积的 6%（An et al.，2016）；2015 年河北省雄县供暖建筑面积为 450 万 m^2，满足县城 95%以上的冬季供暖需求，创建了中国首个供暖无烟城。1970 年，广东丰顺县邓屋村利用 92℃地热水试验发电成功，使我国成为世界上第七个利用地热技术发电的国家。在此之后，我国在多个地区开展了地热资源普查，尤其是青藏科考队对青藏高原地热的调查，积累了系统而全面的资料。西藏羊八井（多吉，2003）地热田平均热储温度 250℃，最高温度达 329℃，1MW 地热电厂试验于 1977 年首次发电成功，1991 年完成 25.18MW 发电装机容量，是我国经过勘查开采的第一个高温地热田（陈墨香和汪集旸，1994）。20 世纪八九十年代，西藏郎久实现 2MW 地热发电，那曲实现 1MW 发电装机容量；台湾地区实现 3.3MW 地热发电装机容量（郑克棪和潘小平，2009）。当时兴起的大多数地热发电厂在后来几十年因资源地理分布偏远或者温度偏低被迫停产，地热发电装机容量及开采技术并没有得到很大的发展和突破。至 2017 年底我国地热发电装机容量累计仅有 27.28MW，且大部分集中在西藏地区，地热发电装机容量在世界排 18 位。福建漳州是我国干热岩的有利靶区，深部地球物理勘探结果显示其有巨大的地下岩浆房，干热岩资源总量超过 100 亿 t 标准煤（杨立中等，2016）。2017 年在青海共和盆地 3705m 深处钻获 236℃的高温岩体，是我国首次钻获埋藏最浅、温度最高的干热岩体，实现了干热岩勘查的重大突破（Xu et al.，2018）。如今，人类对能源的依赖和需求程度日益增长，在经济和能源产业发展的大趋势下，必须重视地热能资源等新能源的开发和研究，解决能源紧张和环境问题，为社会和经济的可持续发展谋出路。

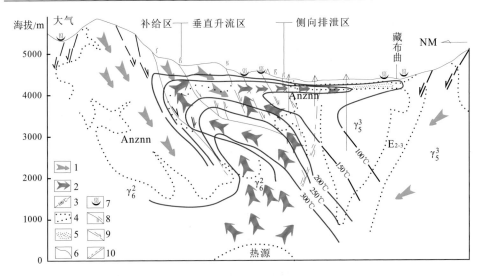

图 1-1　羊八井地热田水热系统模型图（多吉，2003）

1-大气补给水；2-上升热流水；3-温度等值线；4-第四系孔隙型热储；5-基岩孔隙型浅热储；6-地质界线；7-沸泉；

8-滑离断层面；9-正断层；10-隐伏断层；γ_6^2-喜马拉雅晚期花岗岩；γ_5^3-燕山晚期花岗岩；E_{2-3}-始新—渐新统；

Anznn-震旦系念青唐古拉群变质杂岩

2. 地热能利用存在的问题

地热能资源开发利用的历史较短、技术并不是十分成熟，当前世界地热能资源的开发利用还存在许多环境和社会问题，在大规模产业化的地热能资源开采之前需要找出问题的解决措施，见表 1-1。

表 1-1　地热开采存在的问题及解决措施

问题	现象	解决措施
资源浪费	地热开采和发电的技术不成熟，无序开采大大降低了地热能资源的综合利用率	合理布局生产模式，重视地热管理和技术研发
热污染	破坏原有生态平衡，危害生物生长繁殖	尾水回灌和地热梯级利用技术
空气污染	流体中的有毒气体如硫化氢等会被排放到空气中	控制开采压力以避免气体从水中溢出，或者在井口采取处理措施
地面沉降	导致地下水位下降、地层压力场的改变，引起建筑物坍塌等现象	在开采前对地质条件进行勘查，开采过程中避免盲目的破坏性开采
诱发地震	地热区多处于火山活动强烈或断层区域，开采过程容易诱发地震	在开采前对地质条件进行勘查，开采过程中避免盲目的破坏性开采
其他因素	受到传统能源竞争力和经济波动因素的影响	政府支持和加强国际交流合作

首先，地热能资源开发不当可能会带来一系列的资源破坏和环境污染问题，地热虽然是一种清洁的可再生能源，但是地下流体循环速度慢且具有不可再生性，无节制的开发会对地热能资源造成损耗，不合理的利用可能会导致局部环境污染如热污染、空气污染等问题。热污染指未经处理的高温地热废水直接排放到空气和水体中，引起周围环境升温，从而破坏原有的生态环境和生物生长条件。目前地热能资源的开采利用形式单一，缺乏合理规划和梯级利用，高温尾水没有得到相应的处理（如尾水回灌）就直接排放到环境中，水体温度的升高会降低水中的氧气含量，从而危害水生生物的正常发育和繁殖（邵昆和李宏志，2009）。无节制地开采地热资源、抽取地下热水会导致地下水位和地层压力的降低，发生地面沉降危害，还可能造成建筑物坍塌，从而引起人员伤亡和财政损失。地热能资源开采不当可能会引发空气污染，当开采接近浅层地表时，地热流体中的某些气体和悬浮物会从水中脱离，这些气体包括二氧化硫、硫化氢等有毒气体，一旦排放到空气中，会对环境造成一定的污染。诱发地震也是地热能资源开采过程中可能引发的一种地质灾害，地热区多位于火山活动和地壳运动活跃区域，地热能资源的开采一般发生在活动性强的断层构造和自然断裂通道上，若没有对开采区进行详细的地质勘查，在开采过程中有可能会诱发地震活动。

其次，全球地热能资源开采存在资源浪费的现象，开发利用规模化和产业化程度不高。企业生产布局和利用方式不合理，普遍存在重开发、轻管理的现象，一些地热企业生产工艺流程落后，技术力量薄弱，经营粗放，竞争无序，盲目追求高额利润，大大降低了地热能资源的利用率和综合效益，造成了地热能资源的浪费。例如，采取直供、直排供暖方式的地热井，热能利用率仅为 20%～30%；地热发电的综合效益偏低，现有条件下仅有 10%～15%的热能转化为电能，其余多被废弃。

最后，地热能资源的开发利用容易受到传统能源和经济形势等因素的影响。地热能是一种处于发展阶段的新型能源，其开发利用的过程对一些现有的因素十分敏感，如传统能源的竞争、世界经济的波动和国家战略的影响。这些不稳定的外部因素制约了地热行业的前进和发展。一些发展中国家虽然拥有丰富的地热能资源，但由于技术缺乏和管理不足，未能对地热能进行合理的利用，需要加强国际交流合作。

全球地热能资源开发存在的问题在我国同样也普遍存在，如地热能资源勘查程度较低、开发缺乏统一规则、对地热产业认识不足、管理力度薄弱、地热发电规模小等。我国地热能资源勘查评价程度较低，大比例尺的地热资源勘查尚未展开，西部的中低温地热能资源甚至没有做过正规的地热勘探，这大大影响了地热产业的发展和资源合理利用。我国对地热能资源的开发还缺乏统一的勘查评价系统（韩再生，2010）和正规的勘查评价机构，对地热能资源的开采仅限于已知地区。加上我国地质条件复杂、断裂构造发育，在埋深较大的地热田中，缺乏可靠的地震、重力、磁力和水文地质资料，不明确的断层分布和岩性组合给地热能资源开采带来了极大的困难。在地热开采过程中，企业为了经济利益，很难将地热产业的资源优势与生态环境和社会发展相结合，对地热产业缺乏科学的认识，忽略了地热产业的综合利用价值（郭丽华，2009）。开发商将地热能资源当成简单的水资源或矿产资源，忽略其补给条件不足、资源有限的特点，造成地热能资源得不到合理的开发和有效的保护。我国对地热能资源的开发尚处于自发、分散开发阶段，多用于洗浴和养殖行业，地热直接利用率不到 30%，造成了严重的资源浪费现象。为保证稳定连续的开采，必须认识到地热能资源的特点，杜绝恶性开采和资源浪费现象，通过建立规范化、标准化的地热产业体系来保护地热资源（刘延忠，2001）。在法规依据方面，我国对地热能资源的开发监督管理力度薄弱，勘查无序和盲目开发现象仍然存在，地热能资源综合利用率和经济效益较低。《中华人民共和国可再生能源法》中对地热能资源开发虽有提及，但内容偏少。

1.2.2　压缩空气储能

压缩空气储能（compressed air energy storage，CAES）系统是基于燃气轮机技术发展起来的一种储能系统，其基本原理是在储能时，利用多余的电能驱动压缩机把空气压缩储存于储气装置内；在释能时，高压空气从储气库中释放出来，进入燃气轮机燃烧室同燃料一起燃烧驱动涡轮发电。在传统的燃气轮机发电系统中，40%~60%的涡轮机输出能量需要提供给压缩机，故在消耗同等燃料的情况下，CAES 系统能够多产生一倍以上的电力（Kushnir et al.，2012）。

储气库作为 CAES 系统重要的组成部分，根据储气库的类型可分为地表储气罐和地下储气库两种类型。地表储气罐一般是利用地表高压容器储存空气，其缺点是储能规模有限，储能规模一般都在千瓦级不超过 10 MW，无法对大规模的电网进行调节。但其优点是装置较小，更加灵活，能够适用于小型电网或者家庭的用电。最近十几年，国际上有学者提出使用液态的空气作为储存能量的介质，从而突破大规模储存中对储气库体积的要求（Chino and Araki，2000；Chen et al.，2016）。然而，空气在液态时其临界温度需要达到 132.41K 以下，这可能给整个系统的设计带来很多困难，包括隔热材料的选择、储存材料的选择和系统的操作等（Wang et al.，2015）。故目前对于大规模的压缩空气储能的储气库的选择都集中于地下储气库的研究。地下储气库是将地下储气空间作为储气库进行储能，目前地下储气库主要有地下盐洞、硬岩地层和含水层三种：①地下盐洞。国际上商业运行的两个压缩空气储能电站采用的都是地下盐洞，通过水溶采矿的技术可以用较低的成本在盐矿中得到需要尺寸的盐洞储气库，操作相对方便且容易控制，一般成本在 2 美元/(kW·h)左右（Benitez et al.，2008；Succar and Williams，2008；Sánchez et al., 2014)。在理论研究上,相关学者已经讨论了盐洞压缩空气储能中包括温度、压力分布、影响参数及可能发生的力学上的问题(Kim et al., 2012)。②硬岩地层。主要是通过在硬岩地层中开挖建立储气库或者对现有的岩洞进行改造建立储气库。采用硬岩地层进行建库的主要缺点是经济成本问题和岩洞及输气管的漏气问题。开挖新的岩洞成本一般在 30 美元/(kW·h),如果改造已经存在的岩洞,成本可以降低到 10 美元/(kW·h)左右(Brandshaug and Fossum, 1980;Sipila et al., 1994;Zimmels et al., 2003;Zhuang et al., 2014)。③含水层。参照天然气的含水层储存和 CO_2 地质封存技术,具有良好盖层的含水层作为压缩空气储能的储气库已经越来越受到重视。含水层作为储存介质的优点主要体现在其对地质构造要求较小,分布广泛,且经济成本较小,仅为 0.11 美元/(kW·h)(Succar and Williams, 2008)。

1. 压缩空气储能研究发展历史

CAES 系统的概念最早起源于 20 世纪 40 年代,美国专利及商标局收到 F. W. Gay 的名为 "Means for storing fluids for power generation"(通过储存流体进行电力生产的方法)的专利(Budt et al., 2016)。直到 20 世纪 60 年代在清洁能源发电开始逐渐发展及将储存电网中低谷时的便宜电能用于高峰期的经济效益的双重驱使下,储能技术开始得到重视。因为抽水蓄能需要依赖地理位置条件,所以政府和企业开始逐渐考虑压缩空气储能。1969 年,德国首先开始了对大规模压缩空气地质储能的研究和设计工作,其计划在德国北部地区的盐洞地层中建立压缩空气的储气库。1975 年开始建造并于 1978 年建成世界上第一个压缩空气储能电站——Huntorf 电站,并投入商业使用(Crotogino and Quast, 1981)。Huntorf 电站采用两个地下盐洞作为储气空间,总体积为 310000m³,盐洞深度在 650～800m,释能输出规模为 290 MW,整体运行效率为 42%(Crotogino et al., 2001;Crotogino, 2006)。鉴于 Huntorf 电站计划的成功,从 20 世纪 70 年代末期开始,美国能源部联合美国太平洋西北国家实验室对压缩空气储能的长期含水层稳定性和第二代压缩空气储能概念进行了研究(Kreid, 1977;Zaloudek and Reilly, 1982;Succar and Williams, 2008)。在 1991 年,世界上第二座商业运行的压缩空气储能电站——McIntosh 电站在美国的亚拉巴马州建成并使用。McIntosh 电站的储气库也是一个地下盐洞,总体积为 560000 m³,储能规模为 110 MW。相比于 Huntorf 电站,McIntosh 电站在设计上加入了废热回收装置,使得系统的总效率提高到了 54%(Davis and Schainker, 2006;Succar and Williams, 2008)。2001 年,美国计划在俄亥俄州的诺顿(Norton)建设一座 2700 MW 的大型压缩空气电站,拟利用废弃的石灰岩矿藏作为储气空间,储气体积为 9570000m³,但由于经济原因该电站已经停止建设(van Der Linden, 2007)。2006 年,德国对已经运行了 28 年的 Huntorf

电站进行了改进,通过降低高压涡轮机的进口温度与增大低压燃烧室的压力和温度,整个系统的储能规模增大到 321 MW(Radgen, 2008)。同年,美国计划在艾奥瓦州(State of Iowa)建立 270 MW 规模的压缩空气含水层储能电站,其采用一个背斜系统的含水层作为储气库并预计 2015 年开始运行,该项目经过了比较详细的理论建模研究和地质勘查,最后含水层性质问题限制了储能规模使其达不到预计的经济效益,该计划不得不在 2011 年暂停实施(Schulte et al., 2012)。图 1-2 显示了压缩空气地质储能技术的发展过程。

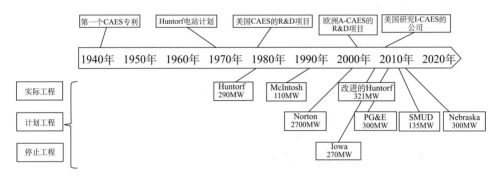

图 1-2　压缩空气地质储能技术的发展过程

我国对压缩空气储能的研究起步较晚,目前尚无商业规模运行的压缩空气地质储能电站。2009 年,中国科学院工程热物理研究所在国际上首次提出并开发超临界 CAES 系统。2011 年初,国内第一个兆瓦级示范装置开工建设(张新敬, 2011)。2014 年,中科澳能(北京)节能技术有限公司推出的中国首个 1.5 MW 压缩空气储能-多能分布式微网示范项目在贵州省毕节市启动。青海大学依托于国家电网重大科技专项,进行了 500 kW 非补燃压缩空气储能动态模拟并提出 10 MW 大型压缩空气储能发电系统工程技术方案(薛小代等, 2016)。我国在最近几年也逐渐开始利用盐洞储气库进行计划和研究,2017 年中国能源建设集团江苏省电力设计院有限公司提交了在金坛盐盆利用盐洞进行压缩空气储能的国家级示范项目的可行性报告,计划建成我国首个盐洞压缩空气储能电站。此外,清华大学、东南大学、华北电力大学、西安交通大学等也开展了相关研究,但主要集中在理论研究和小型实验层面(刘文毅和杨勇平, 2007;刘文毅等, 2005;王亚林等, 2008)。

2. 工程应用现状

1)德国 Huntorf 电站

1969 年,德国计划在北部盐洞地层中建立 CAES 系统以满足大规模储能的需求。该区域拥有众多利用盐洞储存天然气的工程,为该类储能电站的建立积累了大量的地质资料与操作经验，Huntorf 电站 1975 年开始建造，于 1978 年宣布成功投入商业使用（Schulte et al., 2012）。Huntorf 电站以两个盐洞为储气库进行储能，如图 1-3 所示。技术参数如表 1-2 所示。Huntorf 电站整体运行效率为 42%（Budt et al., 2016；Crotogino, 2006），平均启动可靠率和运行可用率分别为 90% 和 99%（Succar and Williams, 2008）。

图 1-3　德国 Huntorf 电站鸟瞰图（Crotogino, 2006）

表 1-2　德国 Huntorf 电站技术参数

类别	参数	值
功率	透平功率/MW	290（≤3 h）
	压缩机功率/MW	60（≤12 h）
空气流速	透平/（kg/s）	417
	压缩机/（kg/s）	108
	流速比	1/4
盐洞	数量/个	2
	体积/m³	310000
	顶部埋深/m	650
	底部埋深/m	800
盐洞中空气压力	最小操作压力/MPa	4.3
	最大操作压力/MPa	7.0
	最大压力降速/（MPa/h）	1.5

2）美国 McIntosh 电站

在 Huntorf 电站成功运行 13 年后，1991 年，基于美国能源部关于压缩空气地质储能系统的相关研究，美国亚拉巴马州建立以盐洞为储气库的储能电站

（图 1-4）。具体的技术参数如表 1-3 所示。由于增加了压缩热回收利用装置，McIntosh 电站的整体运行效率得到提高，为 54%（Budt et al., 2016），压缩过程和膨胀过程平均启动可靠率分别为 91.2%和 92.1%，运行可用率分别为 96.8%和 99.5%（Succar and Williams, 2008）。

图 1-4　美国 McIntosh 压缩空气储能电站鸟瞰图（Succar and Williams, 2008）

表 1-3　美国 McIntosh 电站技术参数

类别	参数	值
功率	透平功率/MW	110（≤26 h）
空气流速	透平/（kg/s）	154
	压缩机/（kg/s）	96
盐洞	数量/个	1
	体积/m³	560000
	顶部埋深/m	459
	底部埋深/m	807
盐洞中空气压力	最小操作压力/MPa	4.5
	最大操作压力/MPa	7.04

3. 压缩空气含水层储能研究进展

1）理论研究现状

相较于以地下盐洞和硬岩地层作为储气库的大规模 CAES 系统，以地下含水层作为储气库成本更低，且压缩空气含水层储能（compressed air energy storage in aquifers, CAESA）能够摆脱对储气库地形的限制，扩大了 CAES 系统的应用范围。

　　1978 年 6 月，Stottlemyre 对在孔隙介质中（含水层或废弃的天然气储层）的压缩空气储能进行了初步的稳定性研究和设计标准的研究。其对低温（小于 93℃）和高温两种空气注入的情况进行了研究，展示了诸如孔隙度、渗透率、构造闭合度、储存压力、盖层厚度、压力变化和盖层斜率等参数的最大和最小范围。研究发现低温和高温情况在参数的范围上保持一致：孔隙度最小值为 0.1，构造闭合度最小为 46 m，含水层中心点厚度大于 9 m，渗透率最低为 300 mD[①]，含水层深度大于 183 m、小于 1220 m，平均储存压力大于 1.9MPa、小于 12.2MPa，盖层最小厚度为 6 m，盖层斜率最大在 10°～15°。但在高温情况下，需要考虑的问题有井孔套管等材料热学和力学的响应、高温可能引起的液相水和蒸汽的压力变化、地球化学反应的可能性、细小颗粒物质的产生和运移、盖层的完整性（Stottlemyre，1978）。1979 年 10 月，Wiles 针对无水的孔隙介质压缩空气储存技术的热力学情况进行了分析。研究中通过建立二维模型模拟了井和含水层相关参数的影响，研究发现：井孔的热损失能够减少整个系统的热能回收量；对井筒做保温处理在某些情况下能够增加空气的热能循环；提前对井筒做预热的操作对整个系统的影响不大；气体的速率、密度、井的直径影响井筒的热传导；干燥含水层垂直渗透率的减少对压力的损失影响不大（Wiles，1979）。1980 年开始，美国能源部在伊利诺伊州的皮茨菲尔德（Pittsfield）开展了向某含水层注入和抽提空气的试验以验证利用含水层进行压缩空气储能的可行性，结果表明空气注入含水层中可形成一个大的气囊，可以以一定规模进行能量的储存。研究中也发现大量的热能可能会损失在地层中，故井的设计对于提高能效非常重要（Allen et al., 1985）。

　　Allen 等（1980）对美国 Pittsfield 压缩空气含水层储能进行了场地条件的描述，针对场地条件对该地区适合进行压缩空气储能的区域进行了研究。1983 年 5 月 Allen 等提出在含水层中进行压缩空气储能不仅经济成本低而且应用范围更广。他们通过研究发现，含水层中的压缩空气储能技术能够在很大程度上借鉴天然气储存的相关经验，与之不同的是压缩空气含水层储能中压缩空气的循环操作时间更短（一般日循环和周循环），而天然气储存一般是季节尺度上的循环；湿润的空气黏度比天然气黏度更大；储存温度的提升对整个能量效率的利用更好；频繁的压力、温度变化可能对含水层的基质造成一定的破坏；此外，空气中富含的大量氧气可能会引起含水层中的相关氧化反应。在研究中，有学者提出拱形的砂岩且有良好盖层的地层为理想的含水层储气层，需要满足额外的条件：厚度大于 10 m，渗透率大于 300 mD，孔隙度大于 0.1，深度在 200～1500 m，储存压力在 2.0～15 MPa。针对以上选址的标准，Allen 等（1983）对美国的含水层进行了评价分析，并分析了 Pittsfield 的相关地质条件、操作设备和试验计划。同年，美国太平洋西北

---

① 1D = 0.9869×10^{-12}m^2。

国家实验室的 Wiles 和 Mccann（1983）通过数值模型的方式为 Pittsfield 含水层场地试验提供预分析，分析压力的响应、气囊的发展、水涌现象、热能的发展和脱水过程，评价产生合适气囊需要的时间。结果表明产生测试需要的初始气囊需要 2～3 个月，垂向的低渗透率可以减少水被抽出的可能性，针对 Pittsfield 的地层渗透率提出了一套空气循环的操作数据。Allen 等（1985）根据 Pittsfield 研究和 Huntorf 电站等相关经验，对压缩空气含水层储能技术的经济和技术可能性进行了初步分析，并对场地选址的相关条件进行了评价。

2006 年，美国计划在艾奥瓦州建立 270 MW 规模的压缩空气含水层储能电站，其采用一个背斜系统的含水层进行能量的储存并预计 2015 年开始运行。该项目经过详细的地质勘查分析和模拟后，发现实际砂岩背斜结构中孔隙体积比预想过小，且储气空间具有较高的非均质性和较低的渗透率，TOUGH+AIR 模拟器模拟的结果表明场地只能达到 65 MW 规模，与原来预计符合经济效率的 270MW 规模相差较大。研究报告建议在进行更多的注气测试试验前暂停项目，该项目于 2011 年 7 月 28 日暂停实施（Heath et al., 2013；Moridis et al., 2007）。

Succar 和 Williams（2008）对压缩空气储能的原理和应用的发展进行了研究与总结，强调了压缩空气含水层储能由于其地层条件限制小和成本低的优势在美国拥有更加广阔的前景。在研究中，总结了相对于配套设备发展现状下的压缩空气含水层储能的选址标准。此外，报告中也指出了在操作工程中可能带来影响的氧化反应和井筒腐蚀等问题。

Kushnir 等（2010）建立了压缩空气含水层储能的数学模型，通过解析解研究了井筒滤网长度和水涌的关系。研究中假设了背斜结构含水层中有个初始的水气界面存在，通过数学计算描述了空气抽采过程中水气界面的变化。结果显示更长的井筒滤网对整个系统的稳定起着积极的作用但是容易引起水涌的发生。在此基础上，Kushnir 等（2012）对在不同介质中的压缩空气储能的热力学和水力学参数响应进行了总结，在以含水层为储气库的总结中，其认为今后需要进一步研究压缩空气含水层储能中水气两相的作用情况和温度压力变化情况，增加对多井系统中多井影响区域重叠可能引起的压力和水气界面变化的研究。

2013 年，美国太平洋西北国家实验室的研究人员详细评价了在太平洋西北地区进行压缩空气含水层储能的可能性。在华盛顿东部和俄勒冈州，研究人员从五个候选场地中选出两个进行了详细的地下储存能力、电站试验田的设计、连接传输装置和经济可行性的分析。研究主要通过数值模拟的手段，采用 STOMP-WAE 软件对孔隙介质中的水气两相质量和能量的变化进行描述。运用理论模型和实际地质模型对哥伦比亚山（Columbia Hills）地区 207 MW 规模的压缩空气储能电站的初始气囊建立、水涌的可能性、抽采过程中的压力响应和经济成本进行了研究，结果发现在该地区的含水层内建立压缩空气储能电站在经济和技术上是可行的，但是还需要进行详细的地质结构勘探，从而得到更加准确的判断。此外，研究者对位于 Yakima 矿附近的候选场地进行了地热-压缩空气含水层储能的初步联合研究。系统主要是运用该区域的地热资源，在压缩空气设备的基础上接入开采地热的设备，通过抽采地热水代替传统压缩空气储能中的燃料对抽采的高压空气进行加热。模拟结果显示该系统能够提供 83 MW 的电力生产规模，并且保持可接受的经济成本（Mcgrail et al., 2013）。Oldenburg 和 Pan（2013a）开发了井筒与含水层耦合的模拟器 T2Well，采用 Huntorf 电站注采循环的数据分析了压力和温度的变化，表明了在含水层中进行大规模压缩空气储能能够获得很好的储能效率。同年，鉴于 CO_2 地质封存可能带来的经济和环境效益及 CO_2 相对于空气具有更大压缩性的特点，他们创新性地提出利用 CO_2 代替空气作为缓冲气体的想法。通过改进的 TOUGH2/EOS7c 模块进行了模拟研究，研究显示为了防止采出 CO_2 缓冲气体，CO_2 最好处于含水层的较远处（Oldenburg and Pan, 2013b）。

　　Jarvis（2015）针对美国南卡罗来纳（South Carolina）地区的孔隙介质中压缩空气储能技术的可行性进行了研究，采用 TOUGH2 软件，应用南卡罗来纳地区含水层和盖层的物性参数建立理想的二维模型，对初始气囊的建立和高压空气抽采过程中的气体运动规律、压力响应和效率进行了分析，结果发现，平直的砂岩含水层可以进行压缩空气储能，高渗透率含水层能够增大空气的采收速率同时容易导致水涌的发生。此外，研究者通过建立理想的三维模型探究了多井系统下，整个系统的压力和气体饱和度的分布和变化。Liu 等（2016b）将 CO_2 作为循环气体的储能系统，利用两个不同深度的咸水含水层来达到储能和释能的循环，结合地表设备，对整个系统进了热力学分析，探究了系统设计的可能性和影响因素。郭朝斌等采用 TOUGH2/EOS3 模块，模拟了压缩空气含水层储能系统在初始气囊建立和循环过程中，含水层渗透率、地层结构和注入速率对于整个系统循环次数的影响，在文章中定义了系统循环次数：随着气体的循环抽采过程的进行，初始注入的缓冲气体逐渐向含水层扩散，当缓冲气体不足以提供合适的压力或者出现水涌现象时，需要重新注入一定量的空气补充缓冲气体，这时候的循环次数即系统循环次数（郭朝斌等，2016；Guo et al., 2016b）。同年，Guo 等（2016a）采用 T2Well/EOS3 建立了 Huntorf 的二维模型，在与 Huntorf 的实验数据拟合的基础上对相同规模的含水层进行了模拟，结果发现，利用含水层获得的储能效率比利用盐洞的储能效率稍高，且对储气空间渗透率和边界渗透率对于效率的影响进行了分析，勾画了理想含水层储气库的形态。Li 等（2017a，2017b，2017c）建立符合短时间气体循环的井筒模型，同时利用 T2Well/EOS3 分析了工作井长度和储能规模对整体系统效率的影响，提出了通过向高渗透率含水层中注入浆液形成低渗透率边界，从而建立理想的储气空间，并验证了其理论可行性和相关影响因素。

2）工程应用现状

美国艾奥瓦州 CAES 项目——艾奥瓦州储能园（Iowa stored energy park- CAES，ISEP-CAES）是一个具有创新性的能源储存项目，计划储能规模为 270 MW，前期投资约为 4 亿美元，原计划于 2015 年开始为艾奥瓦州得梅因市提供储能服务，图 1-5 显示了 Iowa 电站的计划位置。项目在经历 8 年的规划调查后，于 2011 年 7 月 28 日由于经济性原因暂停实施。根据场地调查结果，场地砂岩背斜结构中可用空间体积过小、非均质性较高及渗透率较低使得选择的场地不符合储能要求（Heath et al., 2013）。Iowa 电站原计划储能规模为 270 MW，Moridis 等（2007）利用数值模拟方法，根据场地数据建立模型，模拟结果表明当前场地可提供约 65 MW 级别的储能规模，相对应的经济分析表明 65MW 储能规模在当前经济条件下处于亏损状态，建议在进行更多注气测试试验前暂停项目。

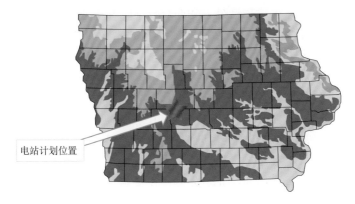

电站计划位置

图 1-5　Iowa 电站计划位置

1.2.3　CO_2 地质封存

CO_2 捕获与封存（carbon dioxide capture and storage，CCS）技术是把 CO_2 从释放源中收集捕获并运送到封存点进行封存，达到长期与大气隔绝的一个过程（曹龙和边利恒，2013）。目前存在的三种主要封存方式为海洋封存、陆相地下封存和地表矿物固化封存（曹龙和边利恒, 2013）。在这三种方式中，海洋封存操作困难，危险系数较大；地表矿物固化封存量较小；而陆相地下封存的操作相对简单且封存量较大，因此陆相地下封存成为 CCS 中最具潜力的封存形式。

CO_2 地质封存是指将从集中排放源捕获分离得到的 CO_2 注入地下具有适当封闭条件的地层中进行隔离，即把 CO_2 封存到地下深部，具有封存量大、封存时间较长、有相关成熟技术可供参考等优点，在 CO_2 地质封存中根据封存场地的不同可分为油气田封存、深部咸水层封存和已经开发接近枯竭的无商业开采价值深部煤层封存等。

　　CO_2 地质封存的深部咸水层是指发育达到封存隔离要求的隔水层，理论深度在 800m 以下，矿化度在 $10\sim50g/L$ 且不可利用的含水层。相关研究表明，在世界范围内，CO_2 在枯竭油气田中封存量约 900Gt，不可开采煤层中封存量可以达到 200Gt，由于深部咸水层分布广，对其封存量预测最少可达到 1000Gt，最多可达 10000Gt，是 CO_2 地质封存方式中最具潜力的封存形式（Gibbins and Chalmers，2008）。

　　CO_2 在注入地下深部咸水层的过程及在地层中的运移变化涉及注入率、总储量、压力积聚、CO_2 晕分布等诸多多相流方面的问题以及对地下水系统影响的评价等，涉及热学、水文地质、力学及化学等方面的耦合，简单的计算不能准确描述 CO_2 在注入深部咸水层后的演变等过程，此时就需要用到数学模型与数值模拟方法，通过计算机程序综合各种因素耦合运移变化过程来研究 CO_2 地质封存的问题（Metz et al., 2005；张炜和吕鹏, 2013）。数学模型和数值模拟在评估 CO_2 地质封存可行性上具有重要的作用，其是设计和实施 CO_2 地质封存重要的工具之一（张晓宇等，2006）。数学模型和数值模拟可以评估预测深部咸水层的封存能力，评估 CO_2 深部咸水层地质封存的可行性和可靠性，解释 CO_2 在深部咸水层中的运移变化行为及在注入深部咸水层后对其运移过程进行监测和分析（张晓宇等，2006）。

　　目前国内外对于 CO_2 地质封存的研究集中在地质储存容量计算、风险评价及泄漏对环境带来的影响。澳大利亚新南威尔士大学学者 Allinson 等（2014）研究认为，需要将地质、工程及经济分析等因素加入 CO_2 封存量的评价中，根据地质模型注入量数值计算及分析更加贴近实际地层中封存量，同时在封存能力评价的过程中需要遵循国际石油工程师协会（Society of Petroleum Engineers，SPE）在 2007 年提出的石油资源管理系统的相关评价的观念。Jiao 和 Surdam（2013）利用固定体积法、均质储层模型数值模拟、3D 动态模型三种分析技术方法来评估 CO_2 的封存能力。Wang 等（2013）提出通过场地规模的三维数学模型对 CO_2 的封存能力进行评价的方法。许雅琴等（2012）利用 TOUGH2 系列模拟软件研究提高 CO_2 封存注入率的方法。

　　Su 等（2013）对中国东北部松辽盆地在流域尺度上对 CO_2 的封存能力进行评估，结果表明适合 CO_2 封存的深部咸水层主要存在于白垩纪地层中。深部咸水层中涉及残余气相时 CO_2 封存总量约为 $1.6\times10^{11}t$，其中根据封存有效因子的不同，其有效封存量不同，平均有效封存量约 $1.0\times10^{11}t$。张炜等（2008）总结了影响 CO_2 地质封存能力评估的主要影响因素，对 CO_2 地质封存研究提出了建议，有助于推动该技术的进一步发展。

　　刁玉杰等（2012）研究目前国内外现有的关于 CO_2 地质封存风险评价的方法，探讨适用于我国实际情况的 CO_2 地质储存安全风险评价的定义。Class 等（2009）对比分析目前常用于 CO_2 咸水层封存的 MUFTE、TOUGH2 及 ECLIPSE 等软件。

Pan 和 Oldenburg（2014）开发 TOUGH2-T2Well 软件对 CO_2 封存过程中 CO_2 注入井中高速非达西流等过程进行模拟，同时可以模拟预测 CO_2 沿断层等的潜在泄漏途径。

范基姣等（2013）结合水环境同位素技术的特点，分析 CO_2 地质封存中的地层空间及时间特征，提出将其应用于识别分析 CCS 封存场地的水文地质条件，评价 CO_2 深部咸水层地质封存的适宜性和安全性等。

在 CO_2 封存地质力学影响的研究方面，热-水动力-力学（thermal-hydrological-mechanical，THM）耦合模拟研究软件 TOUGH2-CSM 主要考虑 CO_2 地质封存过程中力学变化带来的影响。Chiaramonte 等（2008）对位于美国怀俄明州的一个试验场地进行了地质力学描述和封盖层完整性评价，并对储层边界处断层可能出现的渗透风险进行了预测，研究指出，CO_2 的注入致使地层中的孔隙压力相应增大，有效应力减少，从而可能使封盖层产生破裂、断层复活。美国劳伦斯伯克利国家实验室的 Rutqvist 等（2008）利用模拟软件 TOUGH-FLAC 研究了多层储层系统中 CO_2 通过已有的破裂向上运移而导致的地质机械应力的变化，以及初始的应力体系如何影响拉伸破坏和剪切破坏的趋势。

在 CO_2 地质封存数值模拟中，渗透率作为重要的参数之一，对模拟的结果影响较大。彭佳龙等（2013）通过设置不同的对比方案，研究渗透率不同方向的纵横比、渗透率等参数的敏感性，结果表明渗透率及渗透率纵横比的取值变化对 CO_2 地质封存具有一定的影响。郑艳等（2009）基于江汉盆地江陵凹陷地区实际模型分析研究了储盖层垂向渗透率对封存的影响，研究结果表明由于垂向渗透率降低，CO_2 运移到顶部的速率变慢，同时地层中部和底部水平方向的运移速率一定程度地加快。

随着物理模型及数值模拟研究不断地深入，通常情况下两相流系统的相对渗透率与毛细压力计算函数通过试验测得，或者根据孔隙分布模型估算相对渗透率，其中，基于 Burdine 孔隙分布模型得出的 k_r-S 方程（k_r 为相对渗透率，S 为饱和度）和 1975 年由 Mualem 理论得出的 k_r-S 方程应用比较广，Brooks-Corey 方程及 van Genuchten 方程组成了使用最多的多相流 k_r-S-P_c（P_c 为毛细压力）特征曲线（支银芳等，2005）。

在考虑滞后现象影响方面，石油工业方面应用较多。在 CO_2 地质封存方面，国内实际工程项目研究较少，国外在数值模拟方面研究较多。Doughty（2007）首次将相对渗透率滞后和毛细压力滞后现象引入 CO_2 深部咸水层封存的过程中。通过理想概念模型和实际均值模型等进行研究对比，得出残余气相饱和度对均质地层中停止注入后期阶段的 CO_2 运移影响较大，对非均质模型中注入和停止注入后期的 CO_2 运移影响都较大。Juanes 等（2006）在相对渗透率滞后对 CO_2 地质封存的影响方面进行了研究，得出的结论为在精确评估毛细压力捕获不可运移及泄漏的 CO_2 数量时，应该将相对渗透率滞后现象考虑到模型中。

　　将 CO_2 注入深部含水层的过程会涉及多相流体的流动、热传导、化学反应等过程及其耦合问题。对复杂耦合过程，简单的数学求解不能很好地描述复杂的耦合过程，特别是对于实际工程，此时需要通过数学模型和数值模拟的方法来进行综合研究。伴随着计算机技术的不断快速发展，数值模拟技术在许多领域都得到了重视和应用。目前国内外可模拟 CO_2 注入深部含水层的数值模拟软件主要有 ECLIPSE 100、通用状态方程模型（generalized equation-of-state model，GEM）、多相流运移和能量（multiphase flow transport and energy，MUFTE）模拟器和非饱和地下水及热运移 2.0 版本（transport of unsaturated groundwater and heat，version 2.0，TOUGH2）等，它们都有各自的特点和适用性，如表 1-4 所示。

表 1-4　可模拟 CO_2 注入深部咸水层数值模拟软件

模拟器名称	空间离散方法
COOORES	FV
DuMux	BOX
ECLIPSE 100	IFDM
GEM	IFDM
GPRS	FV
IPARS-CO_2	Mix, FEM
MoRes	IFDM
MUFTE	BOX
ROCKFLOW	FE
RTAFF2	FEM
ELSA	FE
TOUGH2	IFDM
VESA	FD

　　注：IFDM 为积分有限差分法；FV 为有限体积法；FD 为有限差分法；FE/FEM 为有限单元法；BOX 为盒子离散法；Mix 为混合方法。

　　ECLIPSE 100 是一款广泛应用于石油和天然气工业方面的模拟工具。其包含两个软件包，ECLIPSE 黑油模型和 ECLIPSE E300。ECLIPSE 黑油模型为全隐式耦合，可以模拟三种相态。不同的模块如 CO2STORE 与 GASWAT 应用加载到 ECLIPSE E300 中来模拟 CO_2 在水中的溶解度。其中模块 CO2STORE 可以精确地模拟计算纯 CO_2 和混合 CO_2 在一定温度与压力条件下的热物理性质。CO_2 注入深部咸水层中，水与富 CO_2 相的混合改变了混合相的热物理性质，影响了混合相的流动。模块 CO2SOL 可以用来模拟利用 CO_2 进行增产石油开采的过程。但同时也因为商业软件的原因，无法将其源代码公布，无法方便地修改代码来适应不同模型的需求。

　　GEM 是一款应用广泛的商业储能模拟软件，主要应用于石油工业，其可以模拟笛卡儿坐标、径向坐标或角点坐标网格。它可以模拟一定范围内气相混合的过程，包括 CO_2 注入咸水层的过程、CO_2 的相态变化、地球化学反应及热力学特征等。在模拟中可以选择利用 Peng-Robinson（PR）方程或者 Soave-Redlich-Kwong（SRK）方程来计算相态组分平衡等。

　　MUFTE 模拟器由德国斯图加特大学流体力学数值模拟团队开发，MUFTE 模拟器可以用来模拟多相流在等温或非等温条件下的流动运移案例，基于能量守恒定律，可以利用 Newton-Raphson 全隐式迭代求解三维模型中的质量守恒。

　　TOUGH2 是由美国劳伦斯伯克利国家实验室开发的一个模拟一维、二维和三维孔隙或裂隙介质中多相流、多组分及非等温的水流，以及热量运移的数值模拟程序。在实际模拟应用中用到的是并行版本 TOUGH2-MP，可大幅提高模拟效率，扩展模拟网格数等。ECO2N 是 TOUGH2 用于模拟地下咸水层中 CO_2 封存的模块，可模拟的相态为富水相流体（溶液相）和富 CO_2 相流体（在 ECO2N 中表征为气相）两相，可以对 H_2O-CO_2-NaCl 混合系统中的热物理参数进行合理描述，可以在试验的误差范围实现流体的性质及其运移模拟。另外，也可以模拟实际过程中会出现的固相。ECO2N 中模拟化学反应包括组分 H_2O 和 CO_2 可能出现的相态如溶液相和气相之间的相平衡，以及盐的溶解和沉积。H_2O 与 CO_2 之间的相分配是温度、压力和盐度的函数。在 ECO2N 中，由于 CO_2 和 H_2O 之间的互溶性限制，适用的温度范围为 12～110℃，压力小于 60MPa，盐度最高可以到饱和浓度。在模拟的过程中，根据温度压力等条件的变化，相态可以出现，也可以消失。ECO2M 将 ECO2N 模拟的两相状态扩展到三种相态，即区分富 CO_2 气相和富 CO_2 液相，因此可以用来模拟 CO_2 泄漏到理论深度小于 800m 的浅层地层或者含水层中的过程，进而评价 CO_2 泄漏相关的问题。另外还有提高 CO_2 模拟的温度范围的版本 ECO2H。

第 2 章　地质能源利用数值模拟方法与工具

2.1　基　本　理　论

2.1.1　多相流达西定律

1. 达西定律

在地下流体的运移计算中，需满足达西定律（Darcy's law）。在简单的地下水水流计算中，仅需要考虑单相流达西定律。达西定律的一种表达方式为

$$V = KI \tag{2-1}$$

式中，V 为渗流速度；K 为渗透系数；I 为水力梯度。

渗透系数在多相流体运移的研究中被视为极为重要的参数之一。根据达西定律的定义，渗透系数可以表述为当水力梯度为 1 时的渗流速度。岩石的渗透系数与岩石的性质（如粒度、成分、颗粒排列、充填情况、裂隙性质及发育程度等）有关，而且与渗透流体的物理性质（容重、黏滞性等）有关。

多相流达西定律可表示为

$$v_\beta = -\frac{k k_{\mathrm{r}\beta}}{\mu_\beta} \big(\nabla P_\beta - \rho_\beta g \nabla z\big) \tag{2-2}$$

式中，v_β 为相态 β 的达西流速，β 表示气相或液相等相态；P_β、μ_β、ρ_β 分别为相态 β 的压力、黏度和密度；g 为重力加速度，是一个常数，一般取值 $g=9.81\mathrm{m/s}^2$；k 为绝对渗透率；$k_{\mathrm{r}\beta}$ 为相对渗透率。通常表征岩层渗透性能参数为渗透率，渗透率仅仅取决于岩石本身的性质，通常采用的单位为 m^2 或 D。

2. 相对渗透率

根据岩层中渗透率的参数，通常将渗透率分为绝对渗透率、有效渗透率和相对渗透率。绝对渗透率为孔隙介质孔隙中充满多相流体，且流动为层流时测得的渗透率；有效渗透率为流体为两种或两种以上的相态时，岩石让其中一种或者某一相态流体通过的参数，又称为相渗透率；相对渗透率指有效渗透率与其绝对渗透率的比值。

计算系统中流体相的相对渗透率时经常用到的方法为 van Genuchten 方程[式（2-3）和式（2-4）]。

$$k_{rl} = \begin{cases} \sqrt{S^*}\left[1-(1-S^{*1/\lambda})^{\lambda}\right]^2 & S_l < S_{ls} \\ 1 & S_l \geqslant S_{ls} \end{cases} \tag{2-3}$$

$$k_{rg} = \begin{cases} 1-k_{rl} & S_{gr}=0 \\ (1-\hat{S})^2(1-\hat{S}^2) & S_{gr}>0 \end{cases} \tag{2-4}$$

式（2-3）和式（2-4）中，k_{rl} 为液相相对渗透率；k_{rg} 为气相相对渗透率；S_l 为液相饱和度；S_{ls} 为饱和水饱和度，正常计算情况下默认值为 1；λ 为表征岩石孔隙大小分布的模型参数，一般取值为 0.2～3.0；S^*、$\hat{S}$ 为表征有效液相饱和度参数，无量纲，具体计算公式如式（2-5）和（2-6）所示：

$$S^* = \frac{S_l - S_{lr}}{S_{ls} - S_{lr}} \tag{2-5}$$

$$\hat{S} = \frac{S_l - S_{lr}}{1 - S_{lr} - S_{gr}} \tag{2-6}$$

式（2-5）和式（2-6）中，S_{lr} 为残余液相饱和度，无量纲；S_{gr} 为残余气相饱和度。

van Genuchten 方程中，在其他变量相同的情况下，液相相对渗透率和气相相对渗透率均为饱和度的单值函数。

由于润湿过程捕获气相饱和度的增加，在相对渗透率函数特征曲线上表现出与疏干过程不同的曲线。Parker 和 Lenhard 根据无滞后效应的 van Genuchten 方程改编得到的液相和气相的相对渗透率分别为

$$k_{rl} = \sqrt{\overline{S_l}} \left\{ 1 - \left(1 - \frac{\overline{S}_{gt}}{1-\overline{S}_l^{\Delta}}\right)\left[1-(\overline{S}_l+\overline{S}_{gt})^{1/m}\right]^m - \left(\frac{\overline{S}_{gt}}{1-\overline{S}_l^{\Delta}}\right)(1-\overline{S}_l^{\Delta 1/m})^m \right\}^2 \tag{2-7}$$

$$k_{rg} = k_{rg\,max}\left[1-(\overline{S}_l+\overline{S}_{gt})\right]\left[1-(\overline{S}_l+\overline{S}_{gt})^{1/m}\right]^{2m} \tag{2-8}$$

式（2-7）和式（2-8）中，$\overline{S}_l$ 和 $\overline{S}_l^{\Delta}$ 为液相饱和度(S_l)和转换点液相饱和度(S_l^{Δ})的有效值；$k_{rg\,max}$ 为最大气相相对渗透率；$\overline{S}_{gt}$ 为捕获气相后的有效饱和度；m 为 van Genuchten 方程适配参数。

$$\overline{S}_l = \frac{S_l - S_{lr}}{1 - S_{lr}} \tag{2-9}$$

$$\overline{S}_l^{\Delta} = \frac{S_l^{\Delta} - S_{lr}}{1 - S_{lr}} \tag{2-10}$$

$$\overline{S}_{gt} = \frac{S_{gr}^{\Delta}(S_l - S_l^{\Delta})}{(1-S_{lr})(1-S_l^{\Delta}-S_{gr}^{\Delta})} \tag{2-11}$$

S_l^{Δ} 是识别某特定网格从疏干过程向润湿过程或者从润湿过程向疏干过程转换的

转折饱和度。

转折点网格处的残余气相饱和度(S_{gr}^{Δ})与此网格的S_l^{Δ}及历史饱和度相关，如式（2-12）所示：

$$S_{gr}^{\Delta} = \frac{1}{1/(1-S_l^{\Delta}) + 1/S_{gr\,max} - 1/(1-S_{lr})} \tag{2-12}$$

式中，$S_{gr\,max}$和S_{lr}分别为最大残余气相饱和度和残余液相饱和度，是在 ROCKS 或 RPCAP 关键词下给出的地层的属性。式（2-12）表示越小的S_l^{Δ}能产生越大的S_{gr}^{Δ}。换句话说，就是曾经保留最多气相的位置（越小的S_l^{Δ}），会变成最能捕获气相的位置（越大的S_{gr}^{Δ}）。在数值模拟过程中，实际的毛细压力曲线会在两条主曲线之间插值得出。插值曲线称为扫描曲线。程序中总共有四条曲线：主曲线、一阶扫描润湿曲线、二阶扫描疏干曲线和三阶扫描润湿曲线。

图 2-1 为描述相对渗透率滞后现象的扩展曲线函数。当$S_l = S_{lr}$时，$k_{rl} = 0$，$k_{rg} = 1$；当$S_l = S_{lr}$时，并不严格规定$k_{rg} = 1$，用户现在可指定$k_{rg}(S_{lr})$的值，即$k_{rg\,max}$，如果$k_{rg\,max} = 1$，那么扩展方程和原先的方程没有区别。然而如果$k_{rg\,max} < 1$，那么对于$0 < S_l < S_{lr}$，k_{rg}有两个选项可供选择。S_l从S_{lr}降低到 0 的过程中，k_{rg}以线性变化或者三次方变化的方式从$k_{rg\,max}$增大到 1。如果选择线性变化方式，那

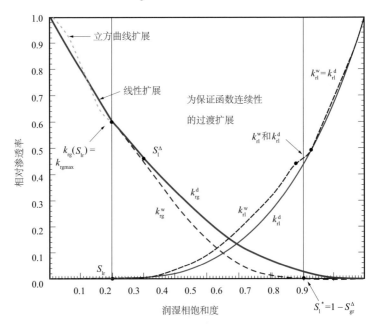

图 2-1　描述相对渗透率滞后现象的扩展曲线函数

上标 w 和 d 分别表示润湿过程和疏干过程

么为保证扩展曲线方程和原始曲线方程的连续性与平滑性，在 S_l 处增加一段立方曲线。尽管 S_l^Δ 可以小到 S_{lr}，即润湿曲线从 S_{lr} 开始，低于 S_{lr} 的 k_{rg} 的扩展平稳连接到疏干曲线 k_{rg}^d。换句话说就是在扩展中没有滞后效应。

在饱和度范围的另一端，方程不能应用在润湿过程中即 $S_l = S_l^* = 1 - S_{gr}^\Delta$ 时，因为此时 k_{rg}^w 的斜率变得无穷大，会产生与实际不符的结果（$S_l = S_l^* = 1 - S_{gr}^\Delta$ 时，$k_{rg}^w = 1$）。理论上，在 $S_l = 1$ 时，$k_{rg}^w = 1$。简单并且符合理论实际的方式就是在 $S_l > S^*$ 时，使用疏干曲线替代润湿曲线。为保证 k_{rg}^d 和 k_{rg}^w 的平滑连接，引入一小段立方曲线，用户指定过渡曲线的宽度。

2.1.2　地球化学模拟理论

1. 含 CO_2-水-盐体系溶解度计算

含 CO_2-水-盐体系状态方程是地球化学模拟程序的核心，它包括以下三方面内容：①气相和液相的相互溶解度计算；②气相属性参数（密度、黏度、热焓）计算；③液相属性参数（密度、黏度、热焓）计算。其中相互溶解度是计算气相、液相属性参数的基础。

含 CO_2-水-盐体系相互溶解度的计算通常有两种方法，一是逸度-逸度模型，即利用状态方程计算各组分在各相态中的逸度；二是逸度-活度模型，即利用状态方程计算各组分在非液相中的逸度，利用活度模型计算各组分在液相中的活度，求解得到各组分在各相态中的逸度/活度。以下对两相体系中利用逸度-活度模型计算含 CO_2-水-盐体系相互溶解度的流程进行介绍。

1）气-液平衡

两相体系中，以 CO_2 与 H_2O 体系为例，当每一种组分达到两相化学平衡时有

$$CO_2(g) \Leftrightarrow CO_2(aq) \tag{2-13}$$

引入平衡常数（K_{CO_2}），其是温度和压力的函数。

$$K_{CO_2} = a_{CO_2} / f_{CO_2} \tag{2-14}$$

CO_2 逸度（f_{CO_2}）由式（2-15）表示：

$$f_{CO_2} = P^t \phi_{CO_2} y_g^{co_2} \tag{2-15}$$

CO_2 活度（a_{CO_2}）由式（2-16）表示：

$$a_{CO_2} = \gamma_{CO_2} m_{CO_2} \approx \gamma_{CO_2} 55.508 x_{aq}^{co_2} \tag{2-16}$$

式（2-15）和式（2-16）中，P^t 为气相总压；$y_g^{co_2}$ 为气相 CO_2 的体积分数；ϕ_{CO_2}

为气相 CO_2 的逸度系数；γ_{CO_2} 为溶液中 CO_2 的活度系数；m_{CO_2} 为溶液中 CO_2 的质量浓度；$x_{aq}^{co_2}$ 为溶液中 CO_2 的质量分数。由此，任意气体与水多相体系的气液化学平衡可表达为

$$K_i P^{t} \phi_i y_g^i = \gamma_i 55.508 x_{aq}^i \tag{2-17}$$

式中，i 表示气体组分。式（2-17）建立了在给定温度和压力条件下的气液两相中的质量关系，在这个关系中，逸度系数 ϕ_i 是气相中各组分质量分数的函数。

2）气相组分逸度系数

逸度系数需要根据气体混合物的状态方程计算。常用的逸度计算方法是利用经典的 Peng 和 Robinson（1976）的状态方程。Peng-Robinson 模型中实际气体混合物的压缩因子（Z）满足以下关系：

$$Z^3 - (1-B)Z^2 + (A - 2B - 3B^2)Z - (AB - B^2 - B^3) = 0 \tag{2-18}$$

式中，参数 A 和 B 分别是温度（T）与压力（P）的函数。

$$A = \frac{a(T)P}{(RT)^2} \tag{2-19}$$

$$B = \frac{bP}{RT} \tag{2-20}$$

式（2-19）和式（2-20）中，R 为理想气体常数；$a(T)$、b 分别为

$$a(T) = 0.45724 \frac{R^2 T_c^2}{P_c} \alpha(T) \tag{2-21}$$

$$b = 0.07780 \frac{RT_c}{P_c} \tag{2-22}$$

式（2-21）式（2-22）中，T_c 为临界温度；P_c 为临界压力；式（2-21）中的 $\alpha(T)$ 可表示为

$$\alpha(T) = \left[1 + \left(0.37646 + 1.4522\omega - 0.26992\omega^2 \right) \left(1 - \sqrt{\frac{T}{T_c}} \right) \right]^2 \tag{2-23}$$

式中，ω 为偏心因子。

对于混合气体，可以利用简单的混合定律得到二元作用参数（y_i 和 y_j 分别为组分 i 和组分 j 的摩尔分数；a_i 和 a_j 分别为组分 i 和组分 j 的吸力参数；k_{ij} 为组分 i 和组分 j 的二元作用系数）：

$$a = \sum_i \sum_j y_i y_j a_{ij}$$

$$a_{ij} = \sqrt{a_i a_j}\left(1 - k_{ij}\right)$$
$$b = \sum_i b_i y_i \qquad (2\text{-}24)$$

式中，b_i 为范德瓦耳斯协体积。

为了获得合适的压缩因子，首先选择最大和最小实根，然后选择使系统处于最小吉布斯自由能（G/RT）的根作为压缩因子。设最大和最小实根分别为 Z_h 和 Z_l，吉布斯自由能的差为

$$\frac{G_h - G_l}{RT} = \left(Z_h - Z_l\right) + \ln\left(\frac{Z_l - B}{Z_h - B}\right) - \frac{A}{B\left(\delta_2 - \delta_1\right)} + \ln\left[\left(\frac{Z_l + \delta_1 B}{Z_l + \delta_2 B}\right)\left(\frac{Z_h + \delta_1 B}{Z_h + \delta_2 B}\right)\right]$$

$$(2\text{-}25)$$

式中，G_h 为压缩因子最大实根对应的吉布斯自由能；G_l 为压缩因子最小实根对应的吉布斯自由能；$\delta_1 = 1 + \sqrt{2}$；$\delta_2 = 1 - \sqrt{2}$。

如果 $\dfrac{G_h - G_l}{RT}$ 大于 0，选择 Z_l，否则选择 Z_h。计算出压缩因子后，便可以得到气相中各组分的逸度系数：

$$\ln\phi_i = \frac{B_i}{B}\left(Z - 1\right) - \ln\left(Z - B\right) + \frac{A}{2.828B}\left(\frac{B_i}{B} - \frac{2\sum\limits_j y_j a_{ij}}{a}\right) + \ln\left(\frac{Z + 2.414B}{Z - 0.414B}\right) \quad (2\text{-}26)$$

3）液相组分活度系数

组分的活度系数计算方法采用 Duan 和 Sun（2003）提出的方法：

$$\ln\gamma_i = 2\lambda_{i\text{-Na}}\left(m_{\text{Na}} + 2m_{\text{Ca}} + m_{\text{K}} + 2m_{\text{Mg}}\right) + \zeta_{i\text{-Na-Cl}}m_{\text{Cl}}\left(m_{\text{Na}} + m_{\text{Ca}} + m_{\text{K}} + m_{\text{Mg}}\right)$$

$$(2\text{-}27)$$

式中，m 代表摩尔浓度；系数 $\lambda_{i\text{-Na}}$ 和 $\zeta_{i\text{-Na-Cl}}$ 是温度和压力的多项式拟合函数。

$$\mathrm{Par}\left(T,P\right) = c_1 + c_2 + \frac{c_3}{T} + c_4 P + \frac{c_5}{P} + c_6\frac{P}{T} + c_7\frac{T}{P^2} + \frac{c_8 P}{630 - T} + c_9 T\ln P + c_{10}\frac{P}{T^2}$$

$$(2\text{-}28)$$

式中，$c_1, c_2, \cdots, c_{10}$ 均为拟合参数。

4）平衡常数

平衡常数有多种计算方法，最常用的是 Tork 等（1999）提出的方法：

$$K_i\left(T,P\right) = K_i^0\left(T,P^0\right)\exp\left[\frac{\left(P - P^0\right)\overline{V}_i}{RT}\right] \qquad (2\text{-}29)$$

式中，i 表示组分，$K_i^0(T,P^0)$ 为参考压力 P^0 下组分 i 的平衡常数，经常表达为温度的多项式函数；$\bar{V}_i$ 为压力从 P^0（0.1MPa）到 P 组分 i 的平均摩尔体积。对于水的平衡常数采用根据 Spycher 和 Pruess（2010）修改的形式：

$$K_i(T,P) = \left\{ (a_1 + a_2 T + a_3 T^2 + a_4 T^3 + a_5 T^4) \exp\left[0.1 \frac{(P-1)(a_6 + a_7 T)}{RT} \right] \right\}^{-1} \quad (2\text{-}30)$$

$K_i(T,P)$ 也可以根据大量的实验数据直接拟合为温度和压力的多项式。对于 CO_2 和 CH_4，采用与 Mao 等（2013）相同的形式：

$$\ln K_i(T,P) = -\left(a_1 + a_2 T + \frac{a_3}{T} + a_4 T^2 + \frac{a_5}{T^2} + a_6 P + a_7 PT + a_8 \frac{P}{T} + a_9 PT^2 + a_{10} P^2 T + a_{11} P^3 \right)$$
$$i = CO_2 \text{ 或 } CH_4$$

$$(2\text{-}31)$$

而对于 H_2S，采用 Duan 等（2007）提出的形式：

$$\ln K_{H_2S}(T,P) = -\left(a_1 + a_2 T + \frac{a_3}{T} + a_4 T^2 + \frac{a_5}{680-T} + a_6 P + a_7 \frac{P}{680-T} + a_8 \frac{P^2}{T} \right)$$

$$(2\text{-}32)$$

式（2-30）～式（2-32）中的 $a_i(i=1, 2, \cdots, 11)$ 均为拟合参数。

2. 化学反应

化学反应包括一系列平衡和动力学控制过程，如气-液相互作用、表面络合反应、阳离子交换作用、矿物的溶解和沉淀等，其中矿物的溶解和沉淀会对孔隙度与渗透率产生影响。

1）气-液相互作用

通常假设液相和气相的反应平衡，根据质量作用定律表示为

$$P_f \phi_f K_f = \prod_{i=1}^{N_c} C_i^{v_{f_i}} \gamma_i^{v_{f_i}} \quad (2\text{-}33)$$

式中，N_c 为系统内主要化学组分数目；C_i 为离子摩尔浓度；v_{f_i} 为该液相和气相反应中对应组分的化学计量数；f 为气体组分指标；P_f 为分压（Pa）；K_f 为平衡常数；ϕ_f 为气体逸度系数，低压条件下假定为 1，高压条件下根据温度和压力进行校正，假设 H_2O 和 CO_2 为混合理想气体，校正公式为式（2-34）；i 为液体组分指标；γ_i 为活度系数，当溶液中离子强度较低时，CO_2 的活度系数假定为 1，当溶液中离子强度较高时，校正公式为式（2-35）。

$$\ln \phi = \left(\frac{a}{T^2} + \frac{b}{T} + c\right)P + \left(\frac{d}{T^2} + \frac{e}{T} + f\right)\frac{P^2}{2} \tag{2-34}$$

式中，P 为总气压（蒸汽和 CO_2）；T 为热力学温度；a、b、c、d 和 e 均为校正系数。

$$\ln \gamma = \left(C + FT + \frac{K}{T}\right)I - (E + HT)\left(\frac{I}{I+1}\right) \tag{2-35}$$

式中，T 为热力学温度；I 为离子强度，计算方法为式（2-36）；C、F、K、E 和 H 为常数，其中 $C= -1.0312$，$F= 0.0012806$，$K= 255.9$，$E= 0.4445$，$H= -0.001606$。

$$I = \frac{1}{2}\sum_i c_i z_i^2 \tag{2-36}$$

式中，c_i 为第 i 个液相组分的浓度（$mol/kg \cdot H_2O$）；z_i 为第 i 个液相组分的化学价。

2）表面络合反应

当前众多反应溶质运移模拟程序对表面络合过程的处理基本一致，均考虑化学条件变量对络合过程的影响，认为表面吸附物质拥有官能团，并可通过官能团形成络合物，该过程包括质子交换、配位体交换等，如式（2-37）所示：

$$XOH + M^{z+} = XOM^{z+-1} + H^+ \tag{2-37}$$

式中，$z+$ 为 M 的化学价。

在平衡状态下，根据质量作用定律，平衡常数如式（2-38）所示：

$$K_{eq} = \frac{[XOM^{z+-1}][H^+]}{[XOH][M^{z+}]} \tag{2-38}$$

式中，[ ] 代表活度；K_{eq} 为平衡常数，取决于表面离子化的程度。

然而，平衡学处理方式往往无法精确地描述岩石表面金属或天然含水层中的某些污染物缓慢释放的过程，因此，动力学处理方式越来越常用。

3）阳离子交换作用

阳离子交换作用的一般形式如式（2-39）所示，S_i 交换了 $(X_{v_j} - S_j)$ 中的 S_j，形成 $(X_{v_i} - S_i)$，平衡常数的计算方法如式（2-40）所示。

$$\frac{1}{v_i}S_i + \frac{1}{v_j}(X_{v_j} - S_j) \Leftrightarrow \frac{1}{v_i}(X_{v_i} - S_i) + \frac{1}{v_j}S_j \tag{2-39}$$

$$K_{ij}^* = \frac{w_i^{1/v_i} \cdot a_j^{1/v_j}}{w_j^{1/v_j} \cdot a_i^{1/v_i}} \tag{2-40}$$

式中，v 为化学计量数；a_i 和 a_j 分别为 S_i 和 S_j 的活度；w_i 和 w_j 分别为 $(X_{v_i} - S_i)$ 和 $(X_{v_j} - S_j)$ 的活度。

4）矿物的溶解和沉淀

（1）平衡控制。通过矿物的饱和指数（SI）可以判断矿物的溶解或沉淀状态及其趋势，SI 为正值代表矿物沉淀，为负值代表溶解，等于零代表沉淀与溶解平衡。SI 的计算方法如式（2-41）所示。

$$SI_m = \lg \Omega_m = 0 \tag{2-41}$$

式中，SI_m 为第 m 个矿物的饱和指数；Ω_m 为第 m 个矿物的饱和度，计算方法如式（2-42）所示。

$$\Omega_m = K_m^{-1} \prod_{j=1}^{N_c} c_j^{v_{mj}} \gamma_j^{v_{mj}} \quad m = 1, 2, \cdots, N_p \tag{2-42}$$

式中，K_m 为第 m 个矿物的平衡常数；c_j 为第 j 个基本组分的摩尔浓度；γ_j 为第 j 个基本组分的热力学活度系数；N_p 为平衡控制的矿物数量。

（2）动力学控制。热力学只能解决（近）平衡状态和可逆过程中的问题，而地球化学反应的速率往往非常慢，难以达到平衡状态，并且不是可逆的过程。当系统远离平衡状态时，则必须基于动力学控制的理论进行研究，矿物溶解或沉淀的一般方程为

$$r_n = f\left(c_1, c_2, \cdots, c_{N_c}\right) = \pm k A_n \left|1 - \Omega_n^\theta\right|^\eta \quad n = 1, 2, \cdots, N_q \tag{2-43}$$

式中，$c_1, c_2, \cdots, c_{N_c}$ 为系统内各主要组分的摩尔浓度；n 为矿物指标；r_n 为正值代表发生溶解，为负值代表沉淀；k 为动力学速率常数；A_n 为反应比表面积；Ω_n 为动力学矿物饱和度；N_q 为动力学控制的矿物数量；参数 θ 和 η 通常取 1。

动力学速率常数 k 往往由中性、酸性和碱性机制共同控制，计算方法如式（2-44）所示：

$$\begin{aligned} k &= k_{25}^{nu} \exp\left[\frac{-E_a^{nu}}{R}\left(\frac{1}{T} - \frac{1}{298.15}\right)\right] + k_{25}^{H} \exp\left[\frac{-E_a^{H}}{R}\left(\frac{1}{T} - \frac{1}{298.15}\right)\right] a_H^{n_H} \\ &+ k_{25}^{OH} \exp\left[\frac{-E_a^{OH}}{R}\left(\frac{1}{T} - \frac{1}{298.15}\right)\right] a_{OH}^{n_{OH}} \end{aligned} \tag{2-44}$$

式中，a 为组分活度；上标 nu、H 和 OH 分别代表中性、酸性和碱性机制；E_a 为活化能；n 表示 Power Term，为一常数。

5）孔隙度和渗透率

由矿物溶解和沉淀造成的孔隙度和渗透率随时间的变化会对渗流路径造成影响。当沉淀量大于溶解量时，孔隙度减小，反之，孔隙度增加。孔隙度 Φ 可由矿物体积分数的改变计算得到，如式（2-45）所示。

$$\Phi = 1 - \sum_{m=1}^{n_m} fr_m - fr_u \tag{2-45}$$

式中，m 为矿物种类；fr_m 为第 m 种矿物的体积分数；fr_u 为不反应岩石的体积分数。

在实际地质体中，孔隙度和渗透率的关系非常复杂，受孔隙的大小和形状、孔隙的分布及连通性等多种因素影响。常用的计算渗透率的模型包括：①忽略粒径、弯曲度和比表面积，基于 Carman-Kozeny 关系，通过孔隙度计算；②基于改进的哈根-泊肃叶（Hagen-Poiseuille）定律，结合孔隙分布、孔隙大小和孔隙类型进行计算；③基于简单的立方体定律和 Kozeny-Carman 孔渗方程，同时考虑孔隙的几何特征及矿物的沉淀位置和渗透率的关系进行计算。

2.1.3　力学模型

1. 一维力学模型

依据胡克定律（Hooke's law），考虑压力和温度变化对土体变形的共同影响，并假设垂向总应力不变，可得到如下所示的水平侧限条件下的垂向一维力学模型（Wu et al., 2011）。

应力变化：

$$\Delta \sigma_x' = \Delta \sigma_y' = -\frac{v}{1-v}\alpha_P \Delta P + \frac{3K(1-2v)}{1+v}\alpha_T \Delta T \tag{2-46}$$

$$\Delta \sigma_z' = -\alpha_P \Delta P \tag{2-47}$$

平均有效应力：

$$\Delta \sigma_{M'} = \frac{1}{3}\frac{(1+v)}{(1-v)}\alpha_P \Delta P - \frac{2K(1-2v)}{(1+v)}\alpha_T \Delta T \tag{2-48}$$

垂向应变（弹性）：

$$\varepsilon_z = -\frac{1+v}{1-v}\alpha_T \Delta T - \alpha_P \Delta P \frac{(1+v)}{3K(1-v)} \tag{2-49}$$

式（2-46）～式（2-49）中，v 为泊松比；K 为体积模量；α_P 为 Biot 系数；α_T 为热膨胀系数。

2. 三维力学模型

上一部分中的一维模型只适用于垂向总应力不变的情况，并且不能分析岩土体的三维应力状态。而实际问题中，垂向总应力是变化的，同时也存在侧向的位移。根据力学平衡、胡克定律和几何协调方程，可以得到力学上均质各向同性介质的三维力学模型，即著名的 Biot 力学模型（Biot, 1941），考虑温度的影响，可以得到三维扩展的 Biot 力学模型（Jaeger et al., 2009），见表 2-1。

表 2-1　三维扩展的 Biot 力学模型

描述	主要方程
位移	$-G\nabla^2 w_x - \dfrac{G}{1-2\nu}\dfrac{\partial}{\partial x}\left(\dfrac{\partial w_x}{\partial x}+\dfrac{\partial w_y}{\partial y}+\dfrac{\partial w_z}{\partial z}\right)+\dfrac{\partial P}{\partial x}+3\beta K\dfrac{\partial T}{\partial x}=0$ $-G\nabla^2 w_y - \dfrac{G}{1-2\nu}\dfrac{\partial}{\partial y}\left(\dfrac{\partial w_x}{\partial x}+\dfrac{\partial w_y}{\partial y}+\dfrac{\partial w_z}{\partial z}\right)+\dfrac{\partial P}{\partial y}+3\beta K\dfrac{\partial T}{\partial y}=0$ $-G\nabla^2 w_z - \dfrac{G}{1-2\nu}\dfrac{\partial}{\partial z}\left(\dfrac{\partial w_x}{\partial x}+\dfrac{\partial w_y}{\partial y}+\dfrac{\partial w_z}{\partial z}\right)+\dfrac{\partial P}{\partial z}+3\beta K\dfrac{\partial T}{\partial z}=\gamma_{\text{sat}}$
应力-应变	$\sigma'_x = \sigma_x - P = 2G\left(\dfrac{\nu}{1-2\nu}\varepsilon_v+\varepsilon_x\right)+3\beta_T KT$ 　 $\varepsilon_x = -\dfrac{\partial w_x}{\partial x},\gamma_{yz}=-\left(\dfrac{\partial w_y}{\partial z}+\dfrac{\partial w_z}{\partial y}\right)$ $\sigma'_y = \sigma_y - P = 2G\left(\dfrac{\nu}{1-2\nu}\varepsilon_v+\varepsilon_y\right)+3\beta_T KT$ 　 $\varepsilon_y = -\dfrac{\partial w_y}{\partial y},\gamma_{zx}=-\left(\dfrac{\partial w_z}{\partial x}+\dfrac{\partial w_x}{\partial z}\right)$ $\sigma'_z = \sigma_z - P = 2G\left(\dfrac{\nu}{1-2\nu}\varepsilon_v+\varepsilon_z\right)+3\beta_T KT$ 　 $\varepsilon_z = -\dfrac{\partial w_z}{\partial z},\gamma_{xy}=-\left(\dfrac{\partial w_x}{\partial y}+\dfrac{\partial w_y}{\partial x}\right)$ $\tau_{yz}=G\gamma_{yz},\tau_{zx}=G\gamma_{zx},\tau_{xy}=G\gamma_{xy}$

注：压力以压为正，z 取向下为正；G 为剪切模量；w 为位移；ν 为泊松比；β 为热膨胀系数；K 为体积模量，x、y 和 z 为笛卡儿坐标标记；γ_{sat} 为岩石的饱和重度；∇^2 是拉普拉斯算子；σ'为有效应力；ε 为正应变；ε_v 为体积应变；τ 为剪切应力；γ 为剪应变。

采用三维扩展的 Biot 力学模型能够获得岩土体的三维应力-应变状态，能够真实刻画岩土体中的水动力和温度与力学的耦合过程。当侧向位移受限制时，Biot 力学模型就简化为上面的一维力学模型。

3. 非弹性应力-应变模型及其处理方法

对于欠固结的岩土或是在外在因素引起应力变化较大时，岩土应力-应变关系并不服从胡克线弹性特征，可能出现塑性的变形。Jorgensen（1980）考虑到土体变形与应力历史的关系，提出预固结应力的概念。Leake 和 Prudic（1991）根据孔隙比与有效应力的对数关系建立了考虑预固结应力的弹塑性本构模型。雷宏武（2010）基于宁波地面沉降监测数据发现土体应力-应变出现"之"字形的压缩回弹特征，见表 2-2。

表 2-2　应力-应变本构模型

模型	数学刻画	应力-应变示意图
线弹性模型	$\Delta\varepsilon = \dfrac{\Delta\sigma}{E_e}$	

续表

模型	数学刻画	应力-应变示意图
考虑前期最大固结应力的弹塑性本构模型	$\begin{cases} \Delta\varepsilon = \dfrac{\Delta\sigma}{E_e} & \sigma \leqslant \sigma_{max} \\[2mm] \Delta\varepsilon = \dfrac{\Delta\sigma}{E_v} & \sigma > \sigma_{max} \end{cases}$	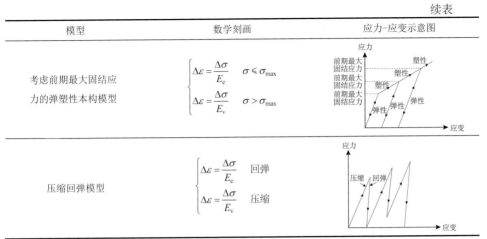
压缩回弹模型	$\begin{cases} \Delta\varepsilon = \dfrac{\Delta\sigma}{E_e} & \text{回弹} \\[2mm] \Delta\varepsilon = \dfrac{\Delta\sigma}{E_v} & \text{压缩} \end{cases}$	

注：E_e 和 E_v 分别表示弹性阶段和塑性阶段的弹性模量。

弹塑性应力-应变力学模型的建立需要采用增量法计算，模型中的参数是随应力-应变历史发生变化的。

4. 岩石破坏判定准则

地下多孔介质孔隙空间中多相流体压力的改变会引起岩石骨架有效应力的变化，这种改变可能会引起岩石发生剪切破坏（如向地下多孔介质孔隙空间注入多相流体会使得应力莫尔圆左移，见图 2-2），破坏判定准则一般采用莫尔-库仑强度准则：

$$\tau = c + \sigma_n' \tan\varphi \tag{2-50}$$

式中，τ 为抗剪强度；c 为内聚力；σ_n' 为法向应力；φ 为内摩擦角。

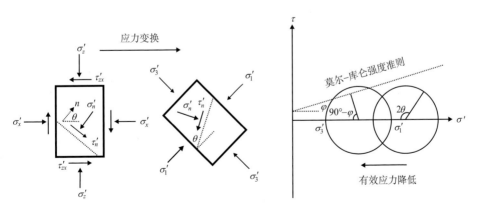

图 2-2 有效应力状态和破坏判定示意图

对于孔隙介质，最可能发生剪切破坏的方向为与最大主应力方向呈 $45° - \varphi/2$ 的方向。而主应力方向是随时发生变化的。为了确定最可能发生破坏的方向和判定岩石是否破坏，首先需要根据应力状态得到应力莫尔圆，然后确定主应力方向，再得到最有可能发生剪切破坏的方向，最后采用莫尔-库仑强度准则判定岩石是否破坏。二维平面应力莫尔圆满足以下方程（Jaeger et al., 2009）：

$$\tau' = \frac{1}{2}(\sigma'_z - \sigma'_x)\sin(2\theta) + \tau'_{xz}\cos(2\theta) \tag{2-51}$$

$$\sigma'_n = \sigma'_x \cos^2\theta + \sigma'_z \sin^2\theta + 2\tau'_{xz}\sin(2\theta) \tag{2-52}$$

式（2-51）和式（2-52）中，τ' 为剪应力；σ'_n 为正应力；θ 为 x 方向有效应力与主应力方向夹角。

破坏的判定方法有多种，可以通过判断最大可能破坏点和莫尔-库仑破坏线的位置关系进行判定，也可以平行移动莫尔-库仑破坏线，使之与应力莫尔圆相切，通过对比平移后的莫尔-库仑破坏线在 Y 轴上的截距 F_c 与内聚力 c 的相对大小进行破坏判定，F_c 具体表达式及破坏判定标准如式（2-53）所示。

$$F_c = \frac{\sigma'_1 - \sigma'_3}{2\cos\varphi} - \frac{\sigma'_1 + \sigma'_3}{2}\tan\varphi \begin{cases} > c & 破坏 \\ = c & 极限平衡 \\ < c & 未破坏 \end{cases} \tag{2-53}$$

从式（2-53）可以看到，截距 F_c 越大，越可能产生剪切破坏。特别地，当内聚力为 0，内摩擦角为 30°时，$\sigma'_1 > 3\sigma'_3$ 便发生剪切破坏。

2.1.4 温度场-水力场-力学场-化学场耦合方法

1. 温度场-水力场-化学场耦合

1）耦合过程

温度场-水力场-化学场（THC）的耦合过程可分为 3 个相对独立的部分：多相流体流动和热传递、溶质运移、化学反应。基于质量和能量守恒定律，利用达西定律、菲克定律（Fick's law）和质量作用定律分别描述这 3 个过程，建立温度场-水力场-化学场耦合数值模型。这些耦合数值模型具有相同的结构，如表 2-3 和表 2-4 所示。

多相流体流动和热传递过程主要包括 4 个部分：①流体在压力、黏度和重力驱动下的流动；②以特征曲线（相对渗透率和毛细压力）表示的各流动相态间的相互作用；③热的对流传导和平流传导；④水蒸气和空气的扩散。在计算热物理和地球化学性质时，将流体（气体和液体）的密度、黏度、矿物-水-气反应的热力学及动力学数据等当作温度的函数进行计算，同时考虑水相离子和气相组分运移时的对流及分子扩散作用。在计算机内存和中央处理器（central processing unit，CPU）允许的情况下，系统可以包含任意数量的液相、气相和固相。当假设局部平衡时，考虑了水相离子的络合作用、酸碱中和作用、氧化还原作用、气体的溶解及阳离子交换作用。矿物的溶解与沉淀作用既可以在局部平衡的条件下进行，也可以在动力学条件下进行。

表 2-3　地下流动系统温度场-水力场-化学场耦合数值模型

描述	主要控制方程
多相流体流动和热传递	$\dfrac{\mathrm{d}}{\mathrm{d}t}\displaystyle\int_{V_n} M^{\kappa}\mathrm{d}V = \int_{\Gamma_n} F^{\kappa}\cdot n\mathrm{d}\Gamma + \int_{V_n} q^{\kappa}\mathrm{d}V$
	左边　$M^{\kappa} = \sum\limits_{\beta=\mathrm{A,G}} \Phi S_{\beta}\rho_{\beta} X_{\beta}^{\kappa}, \quad \kappa=\mathrm{w,i,g}$
	$M^{\kappa+1} = (1-\Phi)\rho_{\mathrm{R}} C_{\mathrm{R}} T + \sum\limits_{\beta=\mathrm{A,G}} \Phi S_{\beta}\rho_{\beta} u_{\beta}$
	右边　$F_{\beta}^{\kappa} = -k\dfrac{k_{\mathrm{r}\beta}\rho_{\mathrm{A}}}{\mu_{\beta}} X_{\beta}^{\kappa}(\nabla P_{\beta}-\rho_{\beta}g)+J_{\beta}^{\kappa}, \quad \kappa=\mathrm{w,i,g}$
	$F_{\beta}^{\kappa+1} = -\lambda\nabla T + \sum\limits_{\beta} h_{\beta}F_{\beta}$
溶质运移	$\dfrac{\mathrm{d}}{\mathrm{d}t}\displaystyle\int_{V_n} M^{\kappa}\mathrm{d}V = \int_{\Gamma_n} F^{\kappa}\cdot n\mathrm{d}\Gamma + \int_{V_n} q^{\kappa}\mathrm{d}V$
	左边　$M_j = \Phi S_1 C_{j1}$
	右边　$F_j = u_1 C_{j1}-\left(\tau\Phi S_1 D_1\right)\nabla C_{j1} \quad q_j = q_{j1}+q_{js}+q_{jg}$
化学反应	化学系统定义：$S_i = \sum\limits_{j=1}^{N_c} v_{ij}S_j$
	溶质质量守恒：$T_j = c_j + \sum\limits_{k=1}^{N_x} v_{kj}c_k + \sum\limits_{m=1}^{N_p} v_{mj}c_m + \sum\limits_{n=1}^{N_q} v_{nj}(c_n^0-r_n\Delta t_r) = T_j^0$

表 2-4　控制方程中的符号意义

符号	意义/单位	符号	意义/单位
M	质量积累/（kg/m³）	下标 s	固相
F	质量通量/（kg·m²/s）	下标 g	气相
q	源/汇项	下标 1	液相
V	单元体体积/m³	下标 j	水溶化学组分标记
Γ	包裹单元体的面积/m²	r_n	反应 n 的反应速率
Γ_n	包裹单元体 n 的面积/m²	c_n^0	反应前各离子摩尔浓度/（mol/L）
n	单位法向量	T_j^0	反应前组分 j 的总摩尔浓度/（mol/L）
上标 $\kappa=\mathrm{w,i,g}$	组分标记，其中 w 指代 H_2O，i 指代溶液中的离子，g 指代气体组分	T_j	反应后组分 j 的总摩尔浓度/（mol/L）

续表

符号	意义/单位	符号	意义/单位
Φ	孔隙度	N_x	溶液组分之间发生的化学反应数目
S	饱和度	N_p	平衡控制的矿物反应数目
ρ	密度/（kg/m³）	N_q	动力学控制的矿物反应数目
X	质量分数	N_c	独立化学反应数目
$\beta = A, G$	相态标记，其中 A 指代液相，G 指代气相	S_i, S_j	指代化学组分
下标 R	岩石标记	J	浓度差和多孔介质作用导致的分子扩散和机械弥散流量通量
C	组分浓度/（mol/L）	t_r	反应时间
T	温度/℃	h	焓
u	达西速率/（m/s）	C, c	组分浓度/（mol/L）
k	渗透率/m²	D	扩散系数/（m²/s）
k_r	相对渗透率	τ	介质弯曲度
P	压力/Pa	v	化学计量数
g	重力加速度/（m/s²）		

2）求解方法

为表征地球化学反应系统，选择了 N_c 个水溶物种作为基本组分（主要组成种类），其他组分称为次要组分，表示为基本组分的线性组合[式（2-54）]，共建立 N_c 个质量守恒方程和 1 个能量守恒方程。

$$S_i = \sum_{j=1}^{N_c} v_{ij} S_j \quad i = 1, 2, \cdots, NR \qquad (2\text{-}54)$$

式中，S_i 为次要组分；S_j 为主要组分；NR 为次要组分的个数；v_{ij} 为第 j 个基本组分在第 i 个反应中的化学计量数。

图 2-3 是 TOUGHREACT 耦合多相流体流动和热传递、溶质运移和化学反应的计算流程图。多相流体流动和热传递的数值计算过程与 TOUGH2 相同，空间离散方法采用积分有限差分法（integral finite difference method，IFDM），如图 2-4 所示，这种方法避免影响坐标整体系统，可以处理不规则网格问题，模拟 1-D、2-D 和 3-D 非均质或裂隙介质中的流动、运移等问题。溶质运移方程与流动和热传递方程都是由质量守恒和能量守恒定律推导而来，具有相同的结构，因此溶质运移方程可以用相同的方法求解。时间离散用向后一阶全隐式有限差分法，能够有效避免多相流体流动过程中求解时间步长限制不合理的情况。积分有限差分的离散方法中，任意区域 V_n 质量和能量守恒方程如式（2-55）所示。

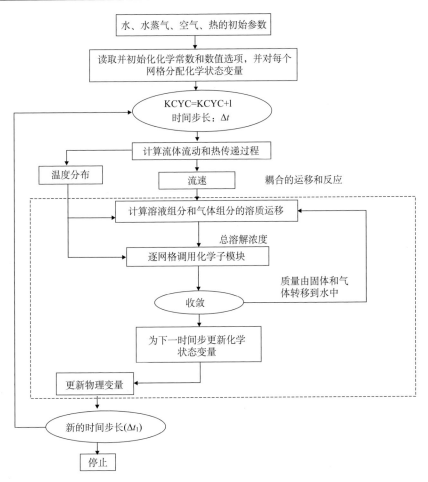

图 2-3　TOUGHREACT 耦合多相流体流动和热传递、溶质运移和化学反应的计算流程图
KCYC 为迭代时间步

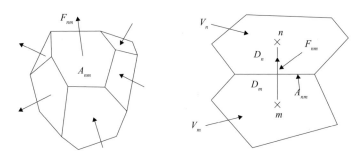

图 2-4　积分有限差分法的空间离散和参数

n 和 m 为标记的两个网格；×用于标记网格 n 和网格 m 的中心；D_n 和 D_m 分别为网格 n 和网格 m 到两个网格交界处的距离

$$V_n \frac{\Delta M_n}{\Delta t} = \sum_m A_{nm} F_{nm} + V_n q_n \tag{2-55}$$

式中，A_{nm} 为网格 n 和网格 m 的连接面积；F_{nm} 为网格 n 和网格 m 之间单位面积的质量或能量通量；q_n 为网格 n 内部源汇项；n 代表模型中任一网格；m 代表任一与 n 相邻的网格；Δt 为时间步长；M_n 代表网格 n 中的质量或能量。

　　耦合过程中，温度场和水力场为全耦合，化学场为部分耦合。TOUGH2 求解多相流体流动和热传递过程，TOUGHREACT 求解溶质运移和化学反应过程。在一个时间步长内，先利用状态方程实现温度场和水力场的全耦合，计算水热流动过程传递温度场和水力场的信息，用于反应性溶质运移的计算，计算完成之后，把由化学反应导致的各组分改变量及由矿物反应导致的孔渗改变反馈给水热流动过程，由此来实现水-热-化学的多场耦合。反应过程主要包括两部分：一是溶质运移，二是化学反应。在程序中，这两部分作为两个相对独立的子系统，可以用顺序迭代法（sequential iteration method）或顺序非迭代法（sequential non-iteration method）求解。

2. 力学和水热过程耦合

1）耦合方法-TOUGH2Biot

　　热-水动力-力学三场耦合方法主要分为两种：全耦合法和部分耦合法。全耦合法需要同时求解几类方程，因为这几类方程的特征差别较大，在地下流动系统中并不多见，所以全耦合法一般仅用于热和水动力两场的耦合。部分耦合法即在一个时间步长里按照一定的顺序序列计算，计算完成该时间步长后考虑其对系统的影响，然后进入下一时间步长重复同样的过程，如此反复直到计算停止。这里介绍的 TOUGH2 中热和水动力采用全耦合法，而新增加的三维 Biot 力学计算则采用部分耦合法，详见图 2-5，其中耦合过程①表示将根据 TOUGH2 计算的多相流体压力得到的平均流体压力作为已知条件代入力学模型，计算岩体骨架有效应力；耦合过程②表示，把由 Biot 力学模型计算的有效应力用于计算新的孔隙度 Φ 和渗透率 k，然后将更新的孔隙度 Φ 和渗透率 k 反馈回 TOUGH2 模块中进行流动和传热计算。

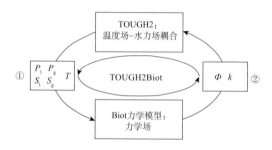

图 2-5　热-水动力-力学过程耦合方法

耦合过程①，式（2-56）：

$$P = S_1 P_1 + S_g P_g \qquad (2-56)$$

耦合过程②，式（2-57）和式（2-58）：

$$\Phi = \Phi_r + (\Phi_0 - \Phi_r)\exp(a \times \sigma'_M) \qquad (2-57)$$

$$k = k_0 \exp[b \times (\Phi / \Phi_0 - 1)] \qquad (2-58)$$

式（2-57）和式（2-58）中，a 和 b 为拟合系数；Φ_r 为平均有效主应力理论无穷大时的孔隙度；Φ_0 为平均有效主应力为零时的孔隙度；σ'_M 为平均有效主应力；k_0 为平均有效主应力为零时的渗透率。

2）耦合数值模型- TOUGH2Biot

TOUGH2Biot 模型中力学模型较为复杂（含有偏导交叉项），差分方法存在较大的困难，因此，空间离散采用积分有限差分和有限元的混合方法，时间离散采用隐式差分。

（1）积分有限差分法的空间离散。TOUGH2Biot 的 THC 部分空间离散方法与 TOUGH2 和 TOUGHREACT 一样，采用的是积分有限差分法。空间网格的平面剖分形状可以为矩形或不规则多边形，对于不规则多边形网格剖分，首先需要对研究区域进行三角形化，然后根据三角形网形成泰森多边形作为计算的均衡区，需要强调的是，为了满足数值计算的要求，三角化形成的三角形三边长度必须相近，不能有钝角出现，且地质限制条件（如井、岩性变化界面等）应设置在三角形顶点或边上。图 2-6 为具体的剖分效果。

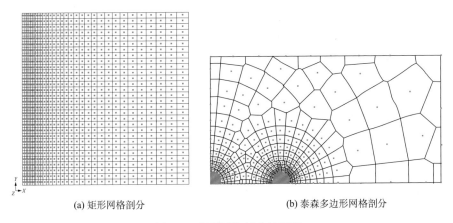

(a) 矩形网格剖分　　　　　　　(b) 泰森多边形网格剖分

图 2-6　典型网格剖分效果图

在以裂隙为主要空隙空间的地下流动系统中，裂隙和孔隙中流体的流动特征显著不同，其中裂隙为主要的流动通道，而孔隙则为主要的储水空间。针对该系统的空间剖分方法主要有三种：等效孔隙介质、裂隙网络模型和双重孔隙模型。

等效孔隙介质的网格剖分方法与孔隙介质一样，但离散后的网格中各类参数需要根据网格所包含的孔隙和裂隙进行等效处理。裂隙网络模型需要刻画出所有裂隙和孔隙。双重孔隙模型则将裂隙和孔隙分别离散，其中裂隙包围孔隙，裂隙互相连通形成统一的流动系统，而孔隙仅与其相近的裂隙连通发生较缓慢的局部流动。为了更精确地刻画孔隙系统中的压力和温度的变化，Pruess（1983）提出把孔隙离散为更多的网格，形成多重连续介质（multiple interacting continua, MINC）模型，如图 2-7 所示。

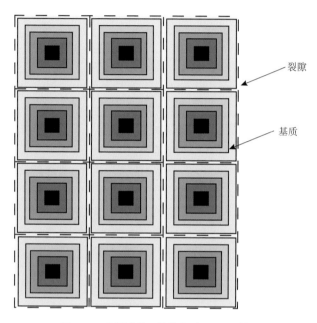

图 2-7　理想孔隙-裂隙介质 MINC 剖分

（2）有限元法的空间离散。有限元与有限差分的计算位置不同，有限元是单元节点，而有限差分是单元中心，为了能够统一有限元和有限差分的空间离散网格，本书采用长方体单元来离散整个研究区域，其剖分效果如图 2-8 所示。

（3）时间离散。时间离散一般采用向前的显式差分和向后的隐式差分，显式差分虽然计算简单，但收敛是有条件的，而隐式差分是无条件收敛的。因此，本书的 THM 耦合数值模型采用隐式差分法。

根据前面的耦合模型和耦合方法，THM 耦合数值模型需要建立三组方程：多相多组分流动、温度的对流传导和岩土体力学平衡。前两组详见 TOUGH2 说明书（Pruess, 1991），力学模型的离散见 6.2 节。

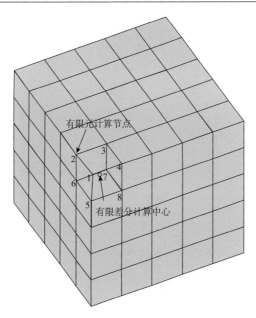

图 2-8　有限元和有限差分混合剖分效果

　　基于上面的 THM 耦合方法，一个时间步里需要建立和求解两次方程，分别为：①多相多组分流动和温度对流传导全耦合离散方程的建立和求解；②力学离散方程的建立和求解。前者为非线性方程，后者为线性方程，非线性方程的求解需要转化为线性方程后求解。

　　非线性方程组求解方法。Newton-Raphson 迭代主要针对非线性方程组求解，其主要分为两步：线性化和线性方程组求解。对于形如 $R(x_1,x_2,\cdots,x_n)=0$ 的方程，根据泰勒级数多元展开，忽略二次及以上项，可以得到：

$$R(x_1,x_2,\cdots,x_n)=R(x_1^0,x_2^0,\cdots,x_n^0)+\sum_{m=1}^{n}\frac{\partial R}{\partial x_m}(x_m-x_m^0)\approx 0 \qquad (2\text{-}59)$$

写成线性方程组的形式为

$$-\sum_{m=1}^{n}\frac{\partial R}{\partial x_m}(x_m-x_m^0)=R(x_1^0,x_2^0,\cdots,x_n^0) \qquad (2\text{-}60)$$

　　在一个迭代步里，采用线性方程组的求解器直接求解，得到增量后回代继续线性化，然后再求线性方程组，直到右边的残余差小于给定的误差为止。

　　由于为多元方程组，式（2-60）中，关于残余差对变量的导数项而言，需建立雅可比（Jacobian）矩阵。

　　举例而言，存在方程 $y_1=5x_1+x_2^2+2$ 且 $y_2=4x_1^2-2x_2-1$，求解 $y_1=y_2=0$，则该方程组的 Jacobian 矩阵可表示为式（2-61）和式（2-62）：

$$J(x_1, x_2) = \begin{vmatrix} \dfrac{\partial y_1}{\partial x_1} & \dfrac{\partial y_1}{\partial x_2} \\ \dfrac{\partial y_2}{\partial x_1} & \dfrac{\partial y_2}{\partial x_2} \end{vmatrix} = \begin{vmatrix} 5 & 2x_2 \\ 8x_1 & -2 \end{vmatrix} \qquad (2\text{-}61)$$

$$J(x_1^{p+1}, x_2^{p+1}) \cdot \begin{vmatrix} \mathrm{d}x_1^{p+1} \\ \mathrm{d}x_2^{p+1} \end{vmatrix} + \begin{vmatrix} y_1^p \\ y_2^p \end{vmatrix} = 0 \qquad (2\text{-}62)$$

式中，p 代表迭代次数，Jacobian 矩阵可以用来表征方程值和未知数的线性变化关系。

对于组分 $\kappa+1$（包括热）系统，线性方程个数 n 为（$\kappa+1$）×单元个数，其中 κ 为组分数。系数矩阵元素大多数为零，为结构对称的稀疏矩阵，仅仅需要存放不为零的系数，其系数矩阵分布特征见图 2-9。

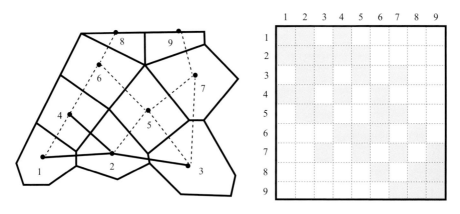

图 2-9　系数矩阵分布特征示意图

线性方程组求解方法。基于共轭梯度的迭代求解法。对于地下多相多组分的流动系统来说，所形成的线性方程组是大型的，并且各变量在数量级上存在较大差异导致方程组很有可能是病态的，因此，需要一个鲁棒性强的求解器。Moridis 和 Pruess（1998）基于共轭梯度的方法开发了 TOUGH2 系列现在所采用的求解器，该求解器提供了多种预处理方法，适用于不同的问题，该求解器被大量问题证实了其可靠性。求解方程需要多次调用该求解器，而力学方程由于是线性方程，每个时间步长中仅调用一次。

高斯消去法为线性方程组求解的直接方法。设给定 n 阶线性方程组：

$$\begin{cases} a_{11}x_1 + a_{12}x_2 + \cdots + a_{1n}x_n = b_1 & (1) \\ a_{21}x_1 + a_{22}x_2 + \cdots + a_{2n}x_n = b_2 & (2) \\ \qquad\qquad\cdots\cdots \\ a_{n1}x_1 + a_{n2}x_2 + \cdots + a_{nn}x_n = b_n & (n) \end{cases} \qquad (2\text{-}63)$$

对式（2-63）中（2）～（n）方程进行 $(i)-(1)\cdot\dfrac{a_{ij}}{a_{11}}(i=2,3,\cdots,n)$ 计算，消去（2）～

（n）中 x_1，再对（3）～（n）方程进行 $(i)-(2)\cdot\dfrac{a_{ij}'}{a_{22}'}(i=3,4,\cdots,n)$ 计算，消去（3）～

（n）中的 x_2，以此类推，最终把系数矩阵转化为上三角矩阵，然后依次回代求出 $x_n, x_{n-1}, \cdots, x_1$。在依次消元过程中，$a_{ii}'$ 可能为零，那么，就需要交换方程，即"选主元"。主元的选取对方程的求解结果有较大的影响，甚至会导致错误，一般情况下，选择绝对值较大的那个为主元。高斯消去法的求解时间与问题规模呈指数增长，因此其只适用于小规模的问题。

2.2　TOUGH 软件简介

TOUGH（transport of unsaturated groundwater and heat）指非饱和地下水流和热流的传输，是由美国劳伦斯伯克利国家实验室开发的可实现模拟多维、多相、多组分及非等温的水流及热流运移过程的数值模拟软件。

2.2.1　功能

作为一个功能完善的三维模拟器，TOUGH2 的使用得到了国际上的广泛认可，TOUGH2 的应用领域包括 CO_2 地质封存、地热开采利用、核废料地质处置、地下水污染修复等，在许多工程项目中都有成功的示范先例。TOUGH2 对地质模型进行剖分的网格离散采用积分有限差分法，IFDM 可以将模型剖分成任意形状的多面体，剖分灵活性强，网格不受总坐标系统的影响，便于精确刻画实际工程中的井孔、断层、复杂边界等不规则地质体。近年来，随着计算机技术突飞猛进的发展，在大型和高度非线性问题的求解上，对数值运算速度的要求越来越高。2008 年，TOUGH2 的并行版本 TOUGH2-MP 正式发布，其模拟网格数量达到数千万，计算性能得到了显著的提高，并行版本包括 TOUGH2 系列家族中的 EOS 基础模块和 TMVOC、T2R3D 等常用板块。

EOS1 作为 TOUGH 的基本模块，可以模拟液态、气态及两相状态的水的运移，同时包含模拟示踪剂的功能。所有水的性质（密度、比焓、黏度、饱和蒸汽压等）根据蒸汽表方程计算得到。EOS1 模块相关参数选择如表 2-5 所示。

表 2-5　EOS1 模块相关参数选择

组分	#1：水
	#2：水 2（可选）
参数选择	（组分数 NK，方程数 NEQ，相态数 NPH，弥散 NB）=（1,2,2,6）
	若有分子扩散，设置 NB 为 8
主要变量	单相流：（P, T, X）-（压力，温度，第二种水的质量分数）
	二相流：（P_g, S_g, X）-（气相压力，气相饱和度，第二种水的质量分数）

　　EOS2 是 TOUGH2 家族中专门用于地热流体模拟的特性模块，软件可以精确有效地模拟多相流和热流在孔隙或裂隙等介质中的运移过程。经改善，EOS2 模拟的系统温度范围为 0～350℃，压力范围为 0～100MPa。EOS2 模块相关参数选择如表 2-6 所示。

表 2-6　EOS2 模块相关参数选择

组分	#1：水
	#2：CO_2
参数选择	（组分数 NK，方程数 NEQ，相态数 NPH，弥散 NB）=（2,3,2,6）
	若有分子扩散，设置 NB 为 8
主要变量	单相流：（P, T, P_{CO_2}）-（压力，温度，CO_2 分压）
	二相流：（P_g, S_g, P_{CO_2}）-（气相压力，气相饱和度，CO_2 分压）

　　EOS3 是模拟水和空气的模块，水的性质与 EOS1 计算相同，空气的性质作为理想气体方程进行计算。EOS3 模块相关参数选择如表 2-7 所示。

表 2-7　EOS3 模块相关参数选择

组分	#1：水
	#2：空气
参数选择	（组分数 NK，方程数 NEQ，相态数 NPH，弥散 NB）=（2,3,2,6），水，空气，非等温
	（组分数 NK，方程数 NEQ，相态数 NPH，弥散 NB）=（2,2,2,6），水，空气，等温
	若有分子扩散，设置 NB 为 8
主要变量	单相流：（P, X, T）-（压力，空气质量分数，温度）
	二相流：（P_g, S_g+10, T）-（气相压力，气相饱和度+10，温度）

　　其余模块功能及参数选项，详见 TOUGH2 手册。

2.2.2　质能守恒方程

在 TOUGH+CO2 中，沿用 TOUGH2-ECO2N 中质能守恒方程，模拟区域通过积分有限差分法进行离散，每个网格中都满足质量和能量守恒方程：

$$\frac{d}{dt}\int_{V_n} M^{\kappa} dV = \int_{\Gamma_n} F^{\kappa} \cdot n d\Gamma + \int_{V_n} q^{\kappa} dV \tag{2-64}$$

式中，积分区域 V_n 为所研究区域的任意的一个子区域，对应剖分网格，该子区域以 Γ 为边界。式左端中的量 M^{κ} 表示组分 κ 的质量，在 TOUGH+CO2 中可以模拟计算的组分（水、盐、CO_2、热），其上标取 $\kappa = 1,2,3,4$ 表示水、盐、CO_2、热。M^{κ} 为组分 κ 的质量累积量：

$$M^{\kappa} = \sum \Phi S_{\beta} \rho_{\beta} X_{\beta}^{\kappa} \tag{2-65}$$

式中，$\kappa = 1,2,3$ 表示水、盐及 CO_2；$\beta = 1,2,3$ 表示溶液相、气相及固相；Φ 为孔隙度；ρ_{β} 为相 β 的密度；S_{β} 为相 β 的饱和度；X_{β}^{κ} 为在相 β 中的各组分的质量分数。

对于热组分，其在多相流系统中的累积项为式（2-66）：

$$M^{\kappa} = (1-\Phi)\rho_R C_R T + \Phi \sum_{\beta} S_{\beta} \rho_{\beta} \mu_{\beta} \tag{2-66}$$

式中，$\kappa = 4$，表示热量组分；$\beta = 1,2,3$ 表示溶液相、气相及固相；ρ_R 和 C_R 分别表示岩石介质的密度和比热容；T 为温度；μ_{β} 为相 β 的比内能。

通量项为

$$F^{\kappa} = \sum_{\beta} X_{\beta}^{\kappa} F_{\beta} f \tag{2-67}$$

式（2-67）中的 F_{β} 可表示为

$$F_{\beta} = \rho_{\beta} u_{\beta} = -k\left(1 + \frac{b}{P_{\beta}}\right)\frac{k_{r\beta} \rho_{\beta}}{\mu_{\beta}}(\nabla P_{\beta} - \rho_{\beta} g) \tag{2-68}$$

式中，$\beta = 1,2$ 表示溶液相和气相；k 为绝对渗透率；b 为气体滑脱效应中克林肯贝格（Klinkenberg）因子，对于非气相，$b=0$；$k_{r\beta}$ 为相 β 的相对渗透率；μ_{β} 为相 β 的黏度；P_{β} 为相 β 中的压力；g 为重力加速度。

相 β 中组分 κ 的扩散流量为

$$J_{\beta}^{\kappa} = -\Phi \tau_{\beta} \rho_{\beta} d_{\beta}^{\kappa} \nabla X_{\beta}^{\kappa} \tag{2-69}$$

式中，d_{β}^{κ} 为相 β 中组分 κ 的摩尔扩散系数；τ_{β} 为弯曲度（是岩石性质和相饱和度的函数）。

热通量包含导热、对流与热辐射等：

$$F^{\kappa} = -\left[\left(1-\Phi\right)K_R + \Phi\sum_{\beta}S_{\beta}K_{\beta}\right]\nabla T + f_{\sigma}\sigma_0\nabla T^4 + \sum_{\beta}h_{\beta}F_{\beta} \qquad (2\text{-}70)$$

式中，K_R 为岩石介质的导热系数；K_{β} 为相 β 的导热系数；T 为温度；h_{β} 为相 β 的比热容；f_{σ} 为热辐射因子；σ_0 为斯特藩-玻尔兹曼（Stefan-Boltzmann）常数。

对于源汇项，满足式（2-71）：

$$\hat{q}^{\kappa} = \sum_{\beta = A,G} X_{\beta}^{\kappa}q_{\beta} \quad \kappa = w,m \qquad (2\text{-}71)$$

除满足主要控制方程外，整个方程还需要满足以下辅助方程。

流体饱和度总和为 1：

$$\sum_{\beta}S_{\beta} = 1 \qquad (2\text{-}72)$$

以及相 β 中的 κ 组分质量分数之和为 1：

$$\sum_{\kappa}^{N_K} X_{\beta}^{\kappa} = 1 \qquad (2\text{-}73)$$

在多相流体的模拟中，由于流体的物理性质随热力学参数（温度、压力、组分质量分数等）变化而改变，相对渗透系数与毛细压力是饱和度的函数。

2.2.3 其他程序模块

1. TOUGH+CO2

TOUGH+CO2 可以模拟水（H_2O）、盐（NaCl）、CO_2 三种组分及热组分构成的 H_2O-CO_2-NaCl 混合系统的流动运移和热运移。

进行 CO_2 深部咸水层地质封存时，CO_2 在被注入地下 800m 以下深度时，呈现出超临界流体状态，处于超临界流体状态中的 CO_2 体积变小。这种超临界状态的相态被认为是进行 CO_2 深部咸水层地质封存的理想状态。在此温度和压力条件下，超临界状态下的 CO_2 具有与气体一样的可压缩性，有助于注入的 CO_2 在深部咸水层中扩散，又可以表现出与液体一样的较大密度（200～900kg/m³）。

图 2-10 为纯 CO_2 相态图，三相点及临界点相连接组成的曲线是隔开气相和液相的气液两相线，而当温度和压力条件均超过临界点时，CO_2 进入超临界状态，临界点的温度和压力值分别为 31.04℃ 和 7.382MPa。影响 CO_2 在溶液中溶解度的因素主要包括温度及压力，处于临界点状态的流体，其密度受温度和压力条件的变化比较敏感，温度和压力的微小变化可引起密度的急剧变化。对于 CO_2，超临界状态 CO_2 的密度随温度的升高而减小，随着压力升高而增大。当 CO_2 处于超临

界状态时，黏度相对小且具有较好的运移性，同时 CO_2 的黏度会随着温度的降低而增加。此外，影响溶解度的因素还包含与溶液相关的性质和矿物质浓度、胶体溶液中的分散度、溶液本身界面的大小及 CO_2 接触时间的长短等。

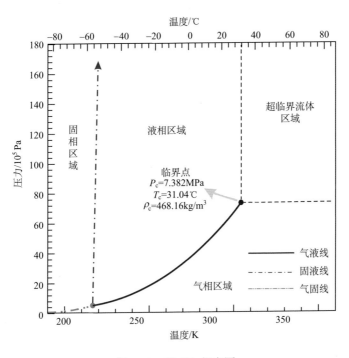

图 2-10　纯 CO_2 相态图

2. TOUGHREACT

TOUGHREACT 是在 TOUGH2 的基础上，引入地球化学反应模块耦合而成，在原有的温度场（T）、水力场（H）基础上，增加了化学场（C），实现了 THC 多场耦合，是一个相对完善的非等温、多相流体反应地球化学运移模拟软件，可用于饱和或非饱和介质中，能够模拟 1-D、2-D 和 3-D 的孔隙或裂隙介质中水流、热量、多组分溶质运移和地球化学过程。TOUGHREACT 的第一版于 2004 年 8 月正式发布，目前已被广泛应用于 CO_2 地质封存、核废料地质处置、地热开采利用、成岩作用、地下水水质评价、生物地球化学、油气开发等反应流体和地球化学问题。TOUGHREACT 可模拟的温度和压力范围较大，数据库的温度为 0～300℃，并且通过完善数据库即可实现温压范围的扩展。液体的饱和度同样具有较高的灵活度，程序可完成含水层从饱水到完全疏干所经历的整个化学反应过程的模拟。模拟能够处理的离子强度范围为稀溶液到中等咸水（对于以 NaCl 为主的溶液），离子强度为 2～4 mol/L。与 TOUGH2 一样，针对拟解决的问题，TOUGHREACT 也包含了多个 EOS 子模块，其功能和使用条件与 TOUGH2 相应的模块一致。

3. TOUGH2Biot

雷宏武等（2014）基于考虑温度和压力影响的 Biot 力学扩展方程，联合 TOUGH2 中的水热模型，建立了通用的力学耦合水热模型，然后在 TOUGH 框架内，采用有限元离散方法，建立了耦合数值模型，开发了热-水动力-力学耦合模拟器 TOUGH2Biot。该模拟器已成功应用于美国 Desert Peak EGS 水力压裂过程分析及中国松辽盆地场地级 EGS 优化开采方案下的开发潜能评估，并且可为以后 EGS 和地下流动系统中相关热-水动力-力学耦合研究提供必要的评价工具，为将来中国 EGS 开发提供科学的依据和技术支撑。

4. TOUGH2-FLAC3D

FLAC3D 是由 Itasca 公司开发的基于快速拉格朗日方法的连续介质力学分析软件，它内置多个弹性、弹塑性本构模型以供直接调用，其内置的 FISH 语言使其可以方便地扩展或与其他程序进行耦合，以实现复杂地质体的多场耦合计算，它广泛运用于土木建筑、水利水电、核废料处置、石油及环境工程领域。

可采用部分耦合法将 TOUGH2 和 FLAC3D 耦合起来，TOUGH2 每运算一个时间步，将定义在网格中心的孔隙压力输出，通过距离反比插值到 FLAC3D 的网格节点上，使 FLAC3D 的网格节点上的孔隙压力得到更新，相当于直接施加力学扰动，使节点上的有效应力发生变化，进而根据有效应力计算节点的三维位移量，再由有效应力计算出孔隙率和渗透率，传递给 TOUGH2，进行下一时间步的计算。

TOUGH2-FLAC3D 是最早能够进行 CO_2 地质封存 THM 耦合数值模拟的软件，现已成功应用于深部咸水层注入 CO_2 后，CO_2 运移和压力上升、盖层力学变化、最大 CO_2 持续注入压力，以及 Salah 场地 CO_2 注入后的地表位移分析及其他领域。

2.3 网格生成及数据前后处理

2.3.1 mView——强大的前后处理软件

mView 是由加拿大 Geforima 公司开发的商业软件，它具有良好的可视化界面，其在大规模精细模型的输入和结果输出方面具有很大优势，也是较为成熟且应用广泛的网格制作软件。网格数量可达上千万，可实现非规则网格、复杂地质体刻画及模型网格可视化等。mView 可用于下列软件的前后处理：TOUGH，FEHM，NUFT，ASHPLUME，WAPDEG，TOUGH2，MODFLOW/MODPATH 和 SWIFT。

　　mView 前处理包括网格生成、数据处理、初始条件、边界条件设置等，后处理包括对模型数据的提取、转换，以及数据的可视化等，如图 2-11 所示。

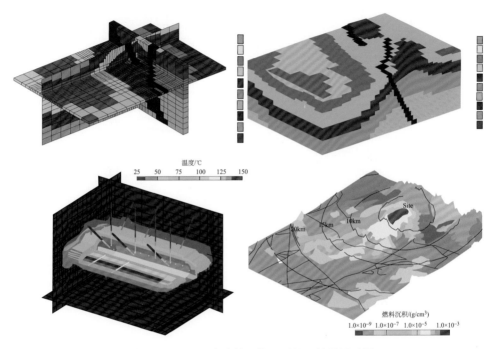

图 2-11　mView 生成的网格及后处理结果显示图

2.3.2　TOUGHMESH——网格生成软件

　　TOUGHMESH 是针对 TOUGH2 软件用 Visual C++编制的具有可视化操作界面的网格生成软件，具有快速生成二维和三维网格、油藏参数分区、参数生成及与 Tecplot 软件数据接口等功能。

　　功能和特色可以概括为以下 3 个方面。

　　（1）软件可生成 TOUGH2 可读的 MESH 文件，其中考虑了定压网格的体积值赋值、各结点参数分区问题、参数分区的赋值问题和源汇项输入等信息。

　　（2）在平面二维图形上（图 2-12），按边界范围、局部区域、线和孔等信息灵活控制剖分网格的疏密度，而三维网格由二维网格和各网格不同厚度的数据组成，不同厚度的数据可以由已知点的厚度数据插值生成。

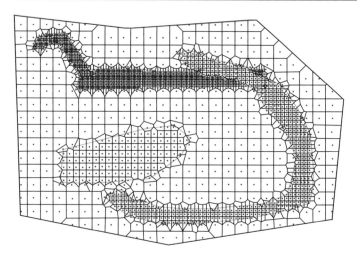

图 2-12　TOUGHMESH 生成网格示意图

（3）具有良好的可视化与交互操作，操作过程中可放大、缩小、查询和选择网络格点，可输入并显示 Mapgis 明码文件、Surfer bln 格式文件、BMP、WMF、JPG 和 TIFF 等格式的图形文件，生成的网格数据可输出至 Tecplot 软件进行网格和数据分析。

第 3 章 地热开采利用模拟应用

3.1 地热开采的历史拟合及未来开采预测

台湾清水地区于 20 世纪 60 年代开始开发和利用地热能资源，曾于 1981 年建立装机容量为 3000kW 的先驱试验电厂为当地提供地热能，后因产能衰减而面临开发停滞。本书用 TOUGH2 （Pruess et al., 1999；施小清等, 2009）建立地热场地数值模拟模型，用以描述该地区的热流运动及物理化学变化，完成自然状态模拟和历史拟合模拟，开发预测未来地热开采的数值模型，通过模型探究清水地区地热产能衰减的原因。

首先用自然状态模型结果评估清水地区的地热流量、系统温度分布。用历史模型分析影响开采量的关键因素，理论解释产能下降的原因，并试图解决碳酸盐结垢问题。用未来预测模型寻求提高地热开采效率的方法、分析地层压降原因并找出有效防止压降的措施。用自然状态和历史拟合验证数值模型方法的准确性、合理性和可靠性，用未来预测模型表明数值模拟的可预测性。

在已有水文地质资料和流量资料的基础上，建立清水地区地热开采数值模拟模型，并从以下几个方面进行研究。

（1）分析研究场地水文地质条件，了解地质构造条件和断层分布走向情况；

（2）了解研究区地热温度分布、压力分布及流体运移情况，描述 CO_2 质量分数在模型中的分布；

（3）根据研究区各个地热开采方案的结果，用变量开采、变压开采和定压开采等方案分析地层压力、热流流量和系统温度三者之间的关系；

（4）重现历史开采情况，了解碳酸盐结垢的原因，用改变井周围渗透率的方法解释开采流量异常降低的原因；

（5）对清水地区地热未来开采情况作预测，通过无回注和回注等不同的开采方案，试图确定最佳开采方案。

3.1.1 场地水文地质背景

台湾位于环太平洋火山活动带的边缘西部，在板块构造上位于菲律宾与欧亚板块的交界处，地质历史时期岛内的火山活动与水循环十分活跃。岛的东北部曾经有大规模的火山、岩浆侵入活动。台湾北部的大屯火山群、基隆火山群和一些岛屿等都是火山活动的历史产物。自中新世以来，台湾地形加速上升与侵蚀，在山区深处留下了残余热能，并造成区域性地温异常。这些地质活动使得岛内地热能资源异常丰富，地热主要分布在中央山脉变质岩区、大屯火山群和台东纵谷带三个区域，据估测，中央山脉变质岩区和大屯火山群的地热发电潜能在 10 万 kW 左右。

台湾地质活动较为强烈，岛内有明显的地热潜能，地热能资源主要分为火山型和非火山型两种。火山型地热主要包括大屯火山群、龟山岛、绿岛等地区，这些地区有明显的重力异常，下部显示有侵入岩体或岩浆库。非火山型地热主要分布于中央山脉变质岩区及沉积岩区，这些地区的地层孔隙率低，热水对流需要借助于裂隙进行，热水主要来自大气降雨，由中央山脉脊梁渗入向下及水平方向流入地层深部，再沿断裂破碎带或裂隙上升到地表及浅层，热水中含有大量的碳酸氢钠，pH 在 8.5～9。非火山型地热以土场、清水、庐山地热为例。20 世纪 60 年代，台湾成立了矿业研究服务组，在岛内开展了大量的地热勘探工作。大屯火山群地热区作为勘探的首要目标，经过对 200km^2 的区域进行调查，最终评估该区地热潜能可达 50 万 kW，最高温度达 300℃，但因此处热水为强酸性，具有腐蚀性，在当前技术条件下难以开发利用。第一次能源危机后，相关企业单位逐步认识到地热能资源综合利用的重要性，矿业研究所、台湾中油股份有限公司、台湾电力公司分工合作，分别负责地热能资源的勘探、生产及发电。矿业研究所根据普查结果选定宜兰县清水地热区全力进行勘探调查，证实了该区具有巨大的地热潜能，且此处地热流体为强碱性，对钢铁没有腐蚀作用，热流品质良好。1976 年，清水地热区由台湾中油股份有限公司台湾油矿勘探处钻井，获得丰富的地热水产量。1977 年在清水地热区建造一座装机容量为 1500kW 的先驱地热试验电厂，1981 年建立第二座 3000kW 的地热发电厂，供各项试验及示范。发电初期清水地热生产总量最高达到 550t/h，后来热水产量日渐萎缩导致清水区地热开发停产。1986 年台湾工业技术研究院曾在土场建造了一座装机容量为 300kW 的地热发电站，利用二元系统技术进行发电，至今保持正常运转。自 1980 年起，台湾矿业研究所先后完成庐山、知本、瑞穗、金仑、雾鹿、宝来等地区地热能资源的勘探和评估工作，初步估算台湾地热的发电潜能为 100 万 kW。

清水地热开发是台湾地热开发的重要代表，曾于 1981 年建立装机容量为 3000kW 的试验电厂——兰阳发电厂清热分厂，至 1993 年因产能衰减而停止运转。地质调查和地球化学勘探资料显示该地区地表水热活动强烈、地下热温度高、热流量值大，具有丰富的地热能。清水地区的地热水源主要来自大气降雨，由雨水入渗到深部地层经加热循环形成。在深度 500m 地层附近，地热温度达到 160℃，2000m 深度可达 200℃。清水地区热水属于碳酸氢钠型，为弱碱性，不具腐蚀性。地热在地表成泉群沿溪流出露，延伸距离长 300m，温度为 60～99℃，最大地热温泉露头的热水流量为 40kg/s。出露地层为始新世至中新世早期浅变质岩，岩性主要为板岩，偶夹有灰色极细粒薄层砂岩。

　　清水地区地热主要受到三条断层构造控制，分别是清水溪 Q 断层、G 断层和小南澳 N 断层，其中清水溪 Q 断层为主断层，热水沿断层面和片理向上涌出，断层处的地温梯度明显。清水溪 Q 断层为西北—东南向，由地表往下向东倾斜，与重力方向的的夹角为 6.65°，断层破碎带东西向宽度为 200m；G 断层为西南—东北向，与重力方向的夹角约为 20°，由地表往下向南倾斜；小南澳 N 断层为西南—东北向，与重力方向的夹角约为 20°，由地表往下向南倾斜，见图 3-1。

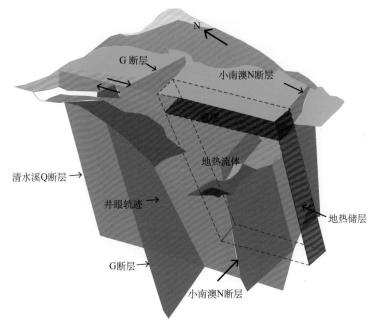

图 3-1　清水地热概念模型

3.1.2　研究区模型建立

　　清水地区网格模型建立的复杂之处在于三条交错的断层构造，且断层在垂向上均有明显的角度倾斜。本案例以清水溪 Q 断层为核心断层建立网格模型（胡立堂等, 2010），场地模型按大地坐标顺时针旋转 22.5° 得到平面数值模型（图 3-2）。

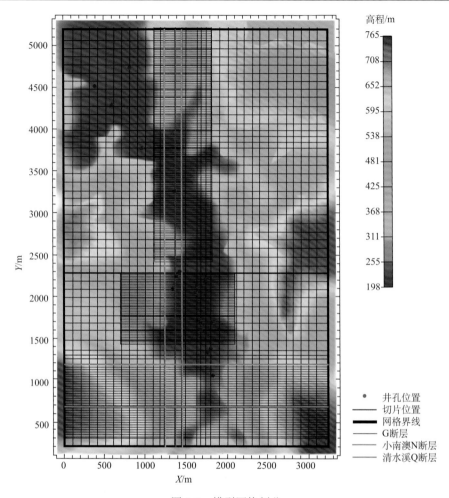

图 3-2　模型网格剖分

　　根据水文地质调查结果和地热开采可能影响的距离，最终确定模型的平面范围为东西向宽 3250m，南北向宽 4800m，模型涵盖了三个断层、所有开采井及大部分勘探井。网格模型在断层区域和井周围采取了加密处理，断层区网格大小为 10m×50m 和 50m×50m，外围网格大小为 100m×100m。G 断层和小南澳 N 断层破碎带宽度精确到 10m，清水溪 Q 断层破碎带宽 200m，网格宽度为 50m，各断层属性通过对选定区域赋值特殊岩石实现。模型垂向上从地表延伸至海拔 −2000m，共分为 43 个子模型层，模型单层网格数为 9905 个，总网格数规模达到 42 万，总链接数为 127 万，见图 3-3。模型地表起伏根据实际数字高程模型（digital elevation model, DEM）高程数据确定，见图 3-4。

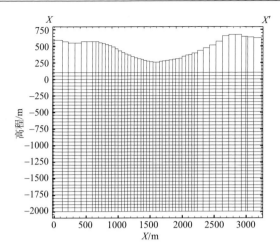

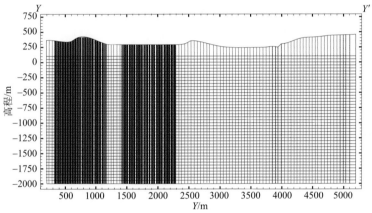

图 3-3　X—X'及 Y—Y'剖面网格剖分图

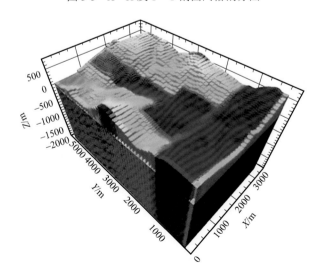

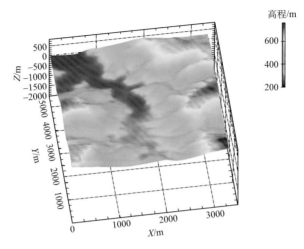

图 3-4　清水地热模型区域三维视图（地表高程 DEM 图）

3.1.3　初始边界条件

　　根据水文地质资料，模型分别赋予地热断层、东部山区和清水溪 Q 断层以西区域高（HIG）、中（MID）、低（LOW）三种岩性，地层孔隙度及渗透率等详细参数见表 3-1。清水溪 Q 断层以西和小南澳 N 断层以南区域为低渗透率致密岩性，三大断层赋予高渗透率岩性，东部山区岩性介于低渗透率致密岩性与高渗透率岩性之间，其余如井周围、模型底部热源和高温岩体入侵区域赋值特殊岩性，如图 3-5 所示。

表 3-1　清水地热储集层数值模型输入参数

岩性	孔隙度	渗透率 k_{xy}/m^2	渗透率 k_z/m^2	热源/（W/m²）	边界条件
LOW	0.01	0.5×10^{-15}	0.5×10^{-15}	0.18	地表为标准大气压，温度
MID	0.05	5×10^{-15}	5×10^{-15}	0.18	20℃；四周无热源及流量进出；断层底部总入流量
HIG	0.10	2.5×10^{-14}	2.5×10^{-14}	0.18	为 12.77kg/s（260℃）

　　模型初始边界条件如下：顶部为恒温恒压（20℃，标准大气压）的第一类边界条件，四周边界为无流量边界，底部断层为恒定热流及水流边界，初始地层温度分布为 60℃/km 地温梯度，初始地层压力为静水压力平衡条件。模型总入流量根据试误法分配到底部断层网格中，根据近期测量到的 CO_2 数据，在给定流量中加入质量分数为 3% 的 CO_2，模型底部入流量如图 3-6 所示。另外，将一些已知地表数据点温度对应到模型网格中，为模型自然状态计算提供依据，可得出露头最高温度达 95℃，其余地表温度均较高，可见清水区地热的热流品质较好。

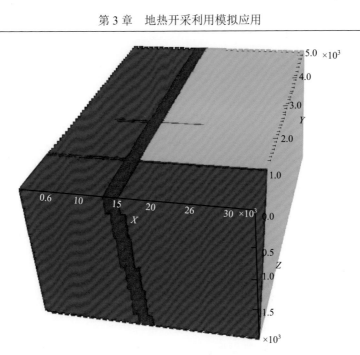

图 3-5　模型区断层及渗透率分布 3D 图

红色代表高渗透率，绿色代表中渗透率，蓝色代表低渗透率

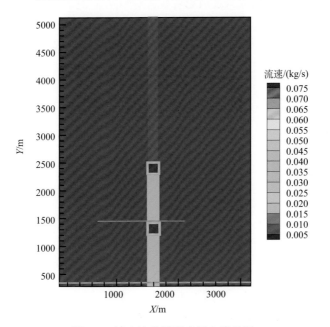

图 3-6　清水地热模型底部入流量图

3.1.4　模型自然状态数值模拟

根据网格模型和给定的初始边界条件，用 TOUGH2-MP/EOS2 模块进行数值计算，将系统达到的稳定平衡状态作为自然状态模拟结果，并通过对比实际测量和模拟计算的井筒温度来验证模型的合理性。台湾工业技术研究院及台湾中油股份有限公司于 1970～1980 年对清水地区地热进行过详细的勘探评估，包括地质、地物、地化及钻探等方面。期间共钻探 19 口地热井，其中 8 口为勘探井，其余 11 口为生产井，有 8 口生产井能够顺利生产，分别为 IC-04、IC-05、IC-09、IC-13、IC-14、IC-16、IC-18、IC-19 井。这 8 口生产井的温度剖面信息较为齐全，可以显示地下热流的运动迹象并可作为自然状态模拟结果验证的参考依据。

1. 井温度拟合

温度拟合是地热模型评估的一个重要依据，拟合结果的好坏直接反映了模型的准确度和合理性。通过对底部入流量和热量等物理参数的多次调整，得到与实际井温度拟合结果较好的数值模型，此模型可作为自然状态模拟结果。调整参数的过程中，首先是对断层底部热源温度值及热流量值进行调整，在确定底部入流量及入流温度之后，再对特殊区域进行调整，如井附近渗透率、孔隙度，以及在非断层位置如异常破碎带地区加热源条件。8 口生产井测量温度与模拟温度拟合结果如图 3-7 所示。生产井多位于断层破碎带区域内部，破碎带中孔隙度大、渗透率高，流体运移速度快，热流沿着断层片理向上部运移，大多数井中的温度可

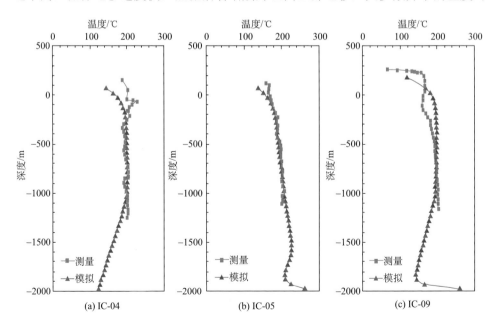

(a) IC-04　　　　　　　(b) IC-05　　　　　　　(c) IC-09

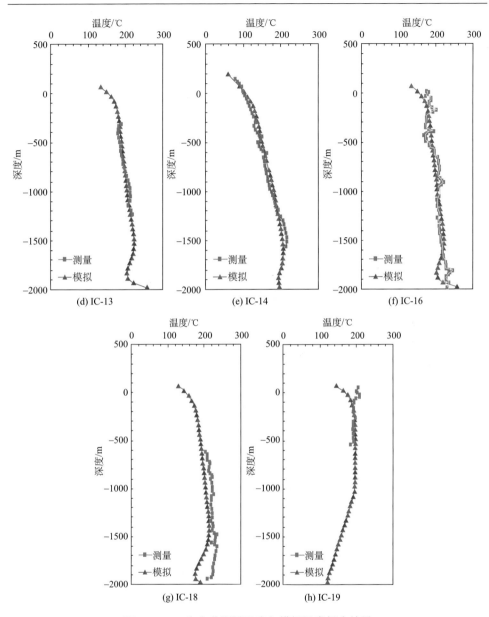

图 3-7　8 口生产井测量温度与模拟温度拟合结果

达到 200℃以上,可见地热能资源品质较好。部分井与断层相交位置在地层深部,如 IC-05、IC-13、IC-14、IC-16、IC-18 井,这些井底部的温度都较高,热流由底部向上部运移,温度剖面倾斜较为一致。若井与断层相交位置在地层浅部,则会出现浅层温度较高、底部温度反而降低的现象,与热流运移和断层倾斜的角度相关,如 IC-04 和 IC-19 井。

2. 系统温度分布

通过井温度拟合较好的自然状态模型可以观测清水地区的物理参数分布，如温度、压力、CO_2 质量分数、流体密度、饱和度等。地热模型关注的重点主要是系统的温度变化，另外由于此处为重碳酸盐型地热，也将考虑 CO_2 组分的分布情况。

图 3-8 为系统温度三维分布图，从图中可以全方位了解模型的温度变化情况，高温区在模型底部分布与断层走向一致，在中部与浅部面积逐渐减小并集中在主断层附近，在地表则与露头位置重合。图 3-9 为系统的 200℃等温线图，从图中可以观察到，高温区域范围较大并主要分布在断层周围。

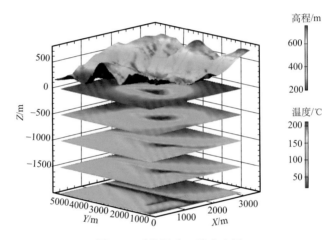

图 3-8　系统温度三维分布图

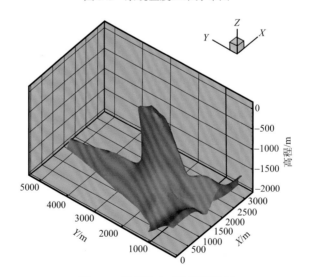

图 3-9　系统的 200℃等温线图

图 3-10 为系统自然状态模型不同深度的温度分布平面图，从图中可以明显看出，断层附近的温度高于其他区域，并且随着深度的增加，红色高温区也逐渐扩大，温度可达 240℃。另外，从图 3-10（a）中可以看出沿着溪流分布的高温区域与实际情况的露头区域是相对应的。

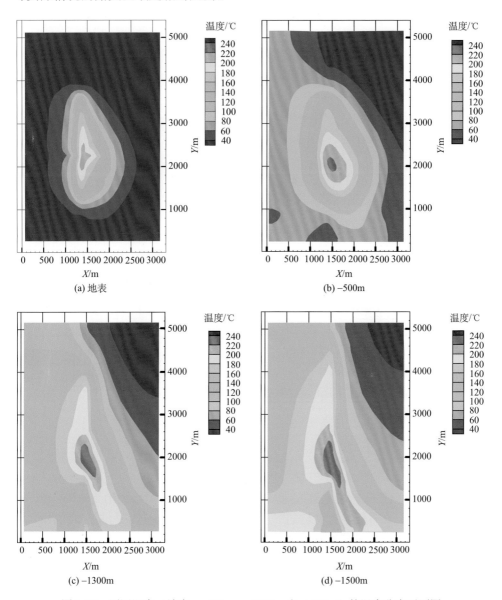

图 3-10　不同深度（地表、−500m、−1300m 和−1500m）的温度分布平面图

图 3-11 为模型在 $X=1400$m 和 $Y=2300$m 两个方向上的系统温度剖面图，从图

3-11（a）可以看出，高温区域沿着清水溪 Q 断层的上升方向分布，倾角与清水溪 Q 断层一致，在图 3-11（b）中可以观察到，G 断层和小南澳 N 断层位置有尖端高温现象，方向与断层倾斜一致，这些是由于水流沿着渗透率和孔隙度值较高的断层流动的速率较大，水作为热传导介质，将地下深部的热源源源不断地传输到地层浅部及地表。

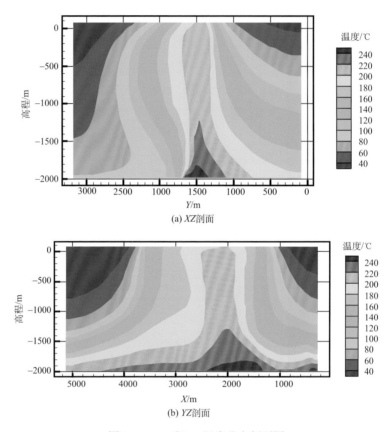

(a) XZ 剖面

(b) YZ 剖面

图 3-11　XZ 和 YZ 温度分布剖面图

图 3-12 为自然状态模型地表流量分布图，单网格流量最大值为 0.75kg/s，高流量区域主要分布在溪流露头附近。地表总流量为 12.5kg/s，与断层底部的入流量数值一致。可证明模型系统在输入和输出上已经达到了一个稳定的平衡状态。

3. 系统的 CO_2 含量分布

生产测试资料显示清水地区地热流体中含有一定的 CO_2，IC-09、IC-13、IC-19 及 IC-21 四口井的 CO_2 含量占流量的质量分数百分比为 1%～9%。模拟得到的结果中，IC-09 井中 CO_2 质量分数为 1.6%，IC-13 井中 CO_2 质量分数约为 2%，IC-19

井中 CO_2 质量分数约为 1.5%，IC-21 井中 CO_2 质量分数约为 1.8%，均介于实际测量值之内。

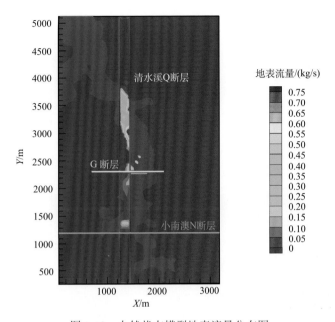

图 3-12　自然状态模型地表流量分布图

CO_2 质量分数在模型 *YZ* 剖面的分布如图 3-13 所示。从图中可以观察到，CO_2 在断层底部的含量接近 3%，与模型输入值一致，CO_2 主要分布区位于断层内部，断层中 CO_2 伴随着水流高速流动，上升轨迹明显。在 *X*=1400m 处，CO_2 高浓度区受三条断层控制，可以观察到 CO_2 含量高的红色区处于清水溪 Q 断层位置，红色区顶端有两个明显尖端，地理位置上对应 G 断层和小南澳 N 断层。在 *X*=1500m 处，CO_2 分布与 G 断层的形状吻合，CO_2 沿着断层向上流动并根据 G 断层倾角方

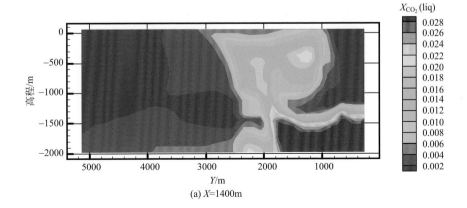

(a) *X*=1400m

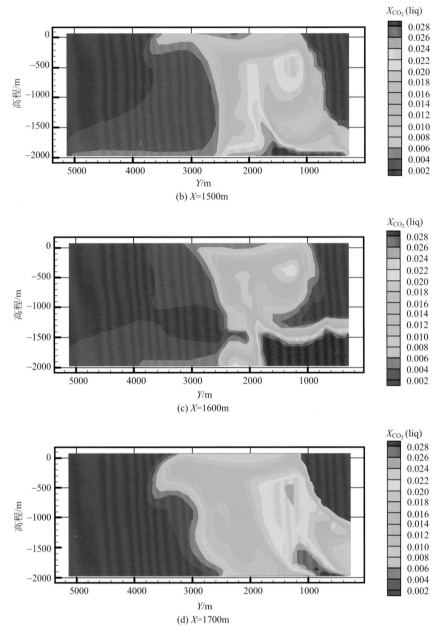

图 3-13 YZ 剖面 CO_2 质量分数（X_{CO_2}）分布

位向北偏移。在 X=1600m 处，G 断层的影响作用减弱。在 X=1700m 处，主断层影响较小的位置，小南澳 N 断层底部 CO_2 流动明显，CO_2 沿着断层向上并向北迁移。图 3-13 的四幅图中 CO_2 在模型浅部（800m 以上）的含量均较小，是由于浅部压力值较低，CO_2 由超临界态转变为气态或者从水中分离出来，气相的 CO_2 流动较快、对流弥散作用强，故而没有明显的高浓度 CO_2 聚集现象。

图 3-14 为 CO_2 质量分数在模型 XZ 剖面上的分布，可以观察到 CO_2 在沿着断层上升的过程中，整体有向东迁移的趋势，这是由于模型东部的渗透率高于模型西部的渗透率，水流挟带 CO_2 向模型东部的运移速率更快。

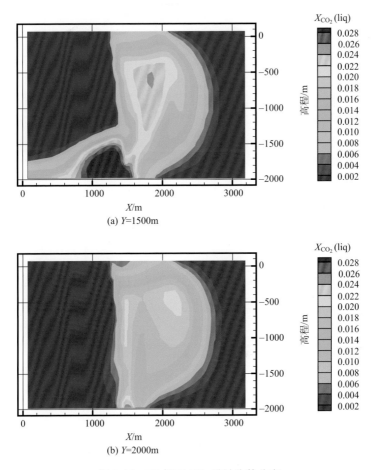

图 3-14　XZ 剖面 CO_2 质量分数分布

选取清水地热区若干井位观察井中 CO_2 质量分数分布随深度的变化情况，如图 3-15 所示。由于多数井处在断层破碎带中，断层中的流体运移速度快，井中的 CO_2 含量较高，其中 IC-05、IC-13、IC-14 井中 CO_2 在多数位置的含量都超过了 2%。在接近地表处溶解于水的 CO_2 含量减少，这是由于温度和压力降低，CO_2 转变为气体的形式并从水中溢出。

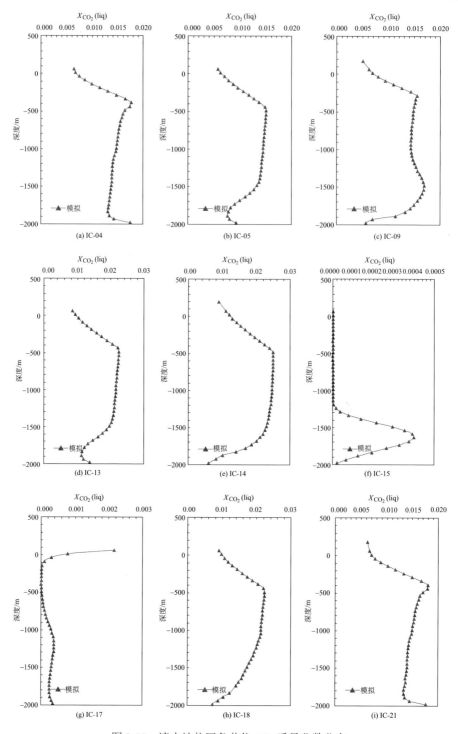

图 3-15　清水地热区各井位 CO_2 质量分数分布

3.1.5　1981～1993 年生产历史拟合模拟

生产流量是地热开采的重要指标参数，对流量的定量描述有助于对清水地区地热能资源的评估，通过数值模拟方法可以了解生产流量值大小以及生产时的物理参数变化。根据清水地区 1981～1993 年生产流量资料，在自然状态模型的基础上进行数值模拟运算，对 8 口生产井（IC-04、IC-05、IC-09、IC-13、IC-14、IC-16、IC-18、IC-19）进行开采模拟与历史拟合。8 口生产井在 1981～1993 年为当地发电厂提供 3000kW 发电。地热发电初期的平均生产量约为 283t/h，开采第二年降低为 202t/h，之后的几年开采流量持续降低，直至发电末期为 42t/h 而被迫停产。根据历史地热开采量和各井位的最大流量百分比分配 8 口生产井的生产流量，并用内插法得到 1991 年和 1992 年缺失的流量资料，根据生产流量对清水地区地热进行模拟计算和历史结果拟合。

根据开采流量信息，采取三种不同方案对 1981～1993 年的历史开采情况进行模拟，分别为变量开采、变压开采和定压开采。变量开采方案以各井位在不同年份的开采流量为依据，以生产流量值作为模型开采流量值进行模拟，由于各井位各年份的开采量大小不同，故称为变量开采。变压开采以各井位各年份的流量信息为依据并换算成相应的压力值进行模拟，将压力值作为模拟的开采变量，由于不同的流量值对应不同的开采压力，故称为变压开采，通过压力变化，可以初步等效估算碳酸盐结垢导致孔口附近渗透率的变化情况。定压开采将生产第一年流量换算为相应的开采压力值，以此开采压力值作为各井位的起始压力，通过改变底部入流量或者增加开采年限观察生产开采量的变化。

1. 变量开采模型

根据 8 口生产井不同年份的开采流量值，模拟变量开采方案，得到了 1981～1993 年的开采生产情况，8 口生产井模拟开采网格的深度与实际资料是一一对应的。变量开采方案以不同井位不同年份的流量值大小作为开采依据，如 IC-04 井在 1981 年的流量为 15.58kg/s，那么模拟时对应网格设置的开采量大小为 15.58kg/s，达到与历史开采流量吻合的效果，在流量信息吻合的情况下观察系统的温度和压力变化等。

将 8 个开采点在开采过程中的压力和温度变化情况列出（图 3-16 和图 3-17）。由图 3-16 可以看出，8 口生产井在开采第一年压力降低值最大，之后随着开采量的减小，各井位的压力逐渐得到恢复。各井位变化趋势相似，压降最大约为 2MPa，开采流量值的大小与系统压力呈正相关关系。由图 3-17 可以看出，8 口生产井在模拟开采过程中，温度略有上升，这是生产过程中水流将地层深部的热量传导上来的缘故，井温度升高幅度为 2～14℃不等，IC-16 和 IC-18 井开采深度较深，开采点落于初始条件固定温度区域，故而温度值无变化。

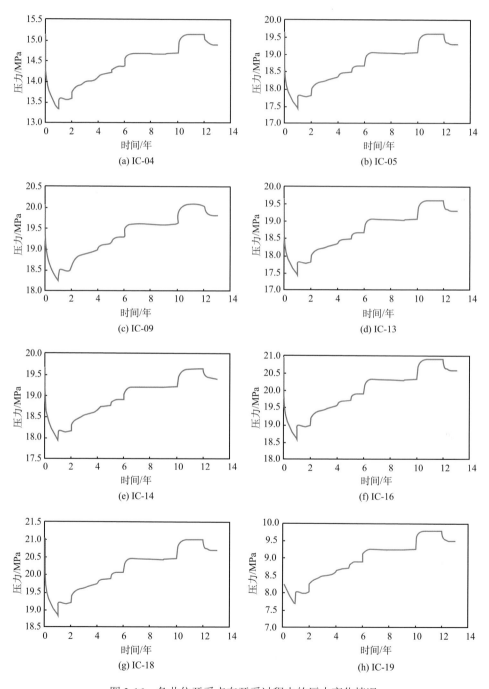

图 3-16　各井位开采点在开采过程中的压力变化情况

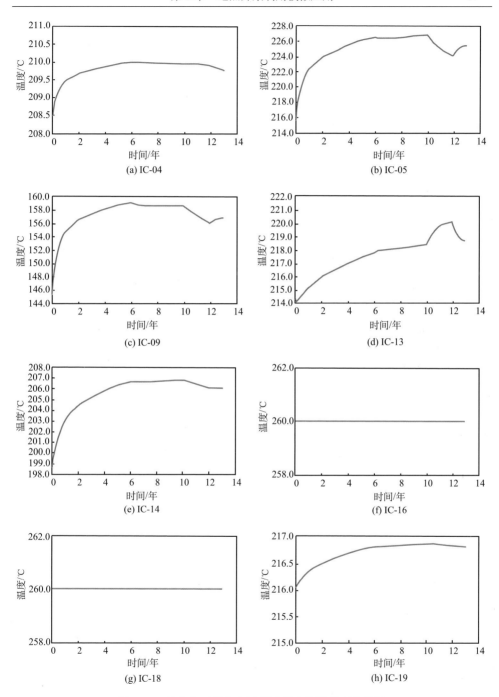

图 3-17　各井位开采点在开采过程中的温度变化情况

2. 变压开采模型

从 1981~1993 年的历史生产资料中得出,开采量从生产初期开始呈现出逐步降低的趋势,第 3~5 年及第 7~10 年基本上为稳定值,第 13 年达到历史最低。依据生产流量信息,采取变压力开采方案,多次调节开采压力参数,使模拟开采值与生产开采值有较好的拟合,得到最终变压开采方案各井位的流量拟合结果(图3-18)。

变压开采方案中,通过对 8 口生产井开采压力的校正,得到与历史流量结果吻合较好的结果。选取任意一口生产井 IC-04 的流量拟合图,可以观察到随着开采压力的改变,模拟流量值逐年降低,能够很好地与实际开采情况匹配。由变压开采模型得出,对地热开采井口压力进行有效控制可以得到所需求的生产流量值。

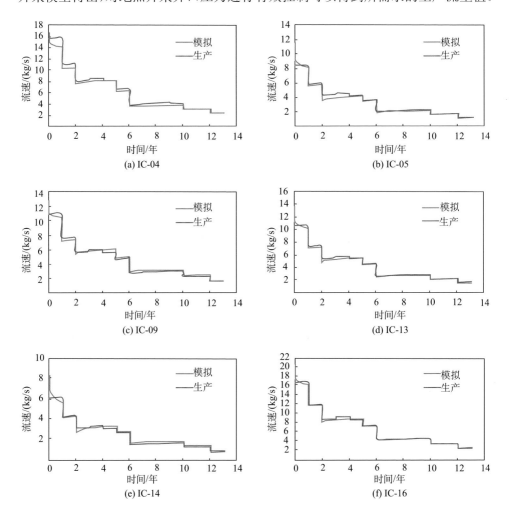

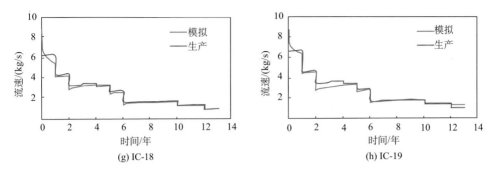

(g) IC-18　　　　　　　　　　　　　　(h) IC-19

图 3-18　各井位流量历史拟合

　　图 3-19 列出了变压开采方案拟合效果较好模型的系统温度和压力分布 3D 图。由于整个系统的开采量并不大，开采年限并不长，故而温度和压力较自然状态区别较小。可见系统稳定性较好，并不会出现压力变化或者温度降低等现象，导致开采井的水流量降低而停产。

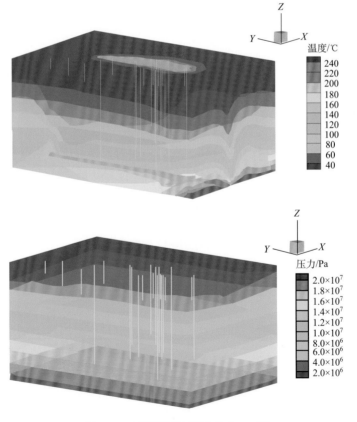

图 3-19　系统温度和压力分布 3D 图

3. 定压开采模型

1）基础方案

定压开采方案中，开采压力值恒定，设为第一年的开采流量对应的压力。从图 3-20 中可以看出，模拟流量值起初有所降低，在开采两年之后便达到了稳定，流量值从开采初期的 75kg/s 降低至 57kg/s 后不再变化。而生产流量在 13 年内降低幅度过大，是固定压力方案难以得到的结果。

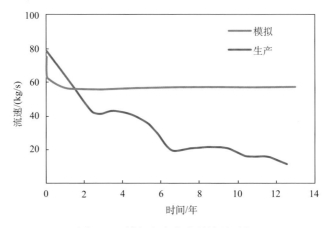

图 3-20　模拟和生产流量结果对比

2）改变开采压力

由于各井位开采压力与流量变化呈现出正相关关系，进而分析不同开采压力对结果的影响。表 3-2 中的开采压力差分别设置为 1MPa、5MPa 和 10MPa，结果发现在开采期内给定某个固定的压力值，得到的开采流量都不会发生较大的变化，难以与实际情况相匹配。

表 3-2　单井开采不同方案 13 年内流量变化　　　　（单位：kg/s）

方案	1MPa	5MPa	10MPa
原始流量	1.6→1.5	8.2→7.6	16.4→15.2
断层底部入流量加倍	1.6→1.7	8.2→7.8	16.4→15.5
断层底部入流量减半	1.6→1.4	8.2→7.5	16.4→15.1

3）改变底部入流量

考虑到底部入流量可能是模型的敏感参数，通过改变断层的流量，分析此因素对结果的影响。单井方案中，断层底部入流量的加倍或减半在不同压力方案下均对结果有影响，开采流量的变化量最多只有 1.3kg/s。多井开采方案中，通过底

部入流量减半方案（表 3-3），13 年后的稳定开采量为 55.91kg/s；将底部入流量
设置为 1.59kg/s、7.93kg/s、15.85kg/s，对开采流量有一定的影响，证明底部入流
量是模型的敏感参数之一，但是此方案将底部入流量作十倍变化仍未能达到所需
求的结果。由于储层的范围较大、开采年限较短，底部入流量的改变在短期内对
井开采流量值的影响较小，无法得到 1993 年最终稳定出水量的数值，可见定压方
案通过改变底部入流量也未能得到拟合较好的结果（图 3-21）。

表 3-3　多井开采不同方案稳定状态流量变化　　　　（单位：kg/s）

井位	基础方案	断层底部入流量减半	定压（长期）
IC-04	13.29	13.13	9.49
IC-05	5.87	5.69	5.72
IC-09	5.85	5.71	6.98
IC-13	8.07	7.89	6.31
IC-14	3.79	3.59	4.73
IC-16	15.15	14.97	16.33
IC-18	4.10	3.92	5.07
IC-19	1.04	1.01	0.29
合计	57.16	55.91	54.92

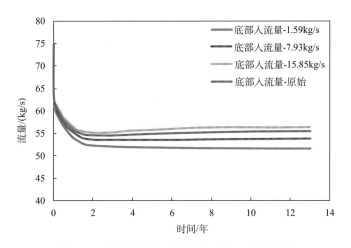

图 3-21　不同底部入流量条件下的生产量变化

另外，由多井定压开采方案可得，在保证初始开采量为 284t/h 的固定压力下，
13 年后，模型的开采量稳定在 206t/h，在此基础上延长开采年限达 13000 年，最
终模型的稳定开采量为 198t/h，仍不能与实际情况相吻合。可见定压开采方案中，

无论是改变开采压力、改变底部入流量，还是延长开采时间，对系统的整体开采量影响较小，未能达到预期结果。

4）改变钻孔附近渗透率方案

经过对历史资料的研究，发现碳酸盐结垢可能是引起清水地区地热开采流量异常降低的原因。清水地区地热产量由开采初期的 79kg/s 降低至 12kg/s，并非由于水源的枯竭或者开采过程中对压力和流量的控制，可能是碳酸盐结垢堵塞井口或地层孔隙所致。据调查，清水地区深部地热水中含有大量的 CO_2，当热流上升到地层浅部，压力和温度降低，CO_2 从热水中大量溢出，导致 pH 升高、碳酸钙过饱和，结果产生大量碳酸盐沉淀，使地热产量大幅降低，同时游离的 CO_2 会降低地热水的 pH，加速对钢铁的腐蚀作用。在定压开采方案的基础上，对网格的渗透率作修正，以期达到理想的结果。模型中对井周围渗透率进行逐年调小，通过对模拟流量与开采流量的不断拟合校正，发现模型可以达到与变压方案的等效结果。开采井的渗透率变化如图 3-22 所示，8 口开采井的渗透率随年份变化一致。模拟流量与生产流量拟合如图 3-23 所示，结果表明通过对井周围渗透率的调节可以得到与历史开采相符合的结果，且渗透率调节方案更接近历史实际情况。

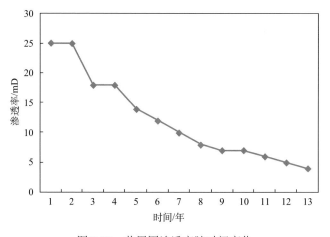

图 3-22　井周围渗透率随时间变化

4. 碳酸盐结垢问题

地热田结垢现象是阻碍地热开采利用的重大技术难题之一，目前还没有成熟的解决方法。深部地热水的矿化度较高，造成结垢的主要成分有碳酸钙、硅酸盐和硫酸钙等，地热水在地下一定深度时处于稳定的饱和状态，碳酸盐不会析出沉淀。但是，在地热开采过程中，地层系统的温度、压力发生了变化，特别是开采浅层 CO_2 分压不足，会使气体从溶液中溢出，此时原有的稳定状态被打破，碳酸盐就会析出产生沉淀结垢。水垢不但会对地热流量产生影响，还有可能造成管道破裂，发生井喷现象，在浅层地热能资源利用时，结垢物会减小管道的断面面积，影响供暖效果（王宏伟等，2002）。

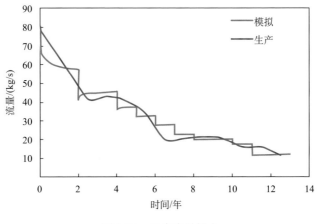

图 3-23 历史流量拟合

对此，提出有关清除地热水结垢的建议措施如下。

（1）用空心通井器周期性轮流通井除垢，可做到通井时减负荷不停机连续发电，此方法属于机械除垢法，其他常用方法有用轻型钻机刮落管壁上的沉积物垢、用高压水枪对管壁上产生的垢进行破碎等；

（2）对不能自喷的地热井，采用深井泵升压引喷技术，保持足够的地热水压力，使地热水不发生汽化现象，有效避免碳酸盐沉淀；

（3）对地热水、汽输送母管系统，在井口设加药泵并加入水质稳定剂，如低聚马来酸酐、磷酸盐等（周大吉，2003）；

（4）用盐酸等缓蚀剂溶液清洗母管，可以降低溶液的 pH，保持碳酸盐的溶解度；

（5）选择合适的防垢材料涂在管壁内部，防止管壁结垢；

（6）对结垢严重的管道设备及时进行更换，特别是汽轮机、汽水分离器、循环泵等（周支柱，2009）。

5. 小结

由变量开采、变压开采、定压开采这三种方案可以看出，变量开采和变压开采都能实现对生产历史流量的拟合，但并不能反映真实的开采条件。实际开采是在相对稳定的井口压力条件下完成的，基础定压方案却没有得到理想的效果。改变开采压力、底部入流量和开采时间拟合历史开采流量，结果发现在模型时空尺度内，上述方案对结果有一定的敏感性，但都不足以使得开采流量发生大幅降低，均未能得到预期的结果。在找出了 CO_2 导致井周围碳酸盐结垢问题后，对定压开采方案重新进行调整，发现通过对井附近渗透率的控制不但能得到理想的结果而且能够反映实际开采情况。

面对碳酸盐结垢问题，可以通过更换设备、定期轮流通井除垢、在井口设加药泵加入水质稳定剂等方法进行改善。另外，以本数值模型为基础结合地球化学反应模拟（Kiryukhin et al., 2004；Xu et al., 2004；Xu and Pruess, 2004），可以获得清水地区最佳生产压力，有效解决结垢问题。结垢问题得以解决，便可以对清水地热进行二次开采。以丰富的历史开采经验作为依据、以完善的数值模型作为参考，未来地热能资源必定可以得到更加高效、合理的开发利用。

3.1.6 未来开采预测模型

建立完善的数值模型是为了能够对未来地热能资源开采进行预测，保证开采工作的顺利进行，预防可能发生的危害。经过对清水地区地热模型自然状态的模拟和大量历史拟合的验证，模型已经较为合理和完善，具备进行未来开采预测的条件。

未来地热开采假设新钻 6 口 1400m 的生产井，开采井位均落在温度高于 200℃ 的地层中，总装机容量可以为 3MW 电厂提供需求。通过无回注、利用现有井回注和新钻井回注等不同方案实现地热开采未来方案的预测模拟，各方案的总开采量均为 300t/h，总开采时间均持续 30 年。新钻生产井位坐标及生产流量信息见表 3-4，未来开采方案见表 3-5，有回注方案的回注流量为 300t/h，回注温度为 80℃。需注意回注井的位置不当会引起热储快速冷却，从而降低开采井的出水温度和地热流体产量。

表 3-4　新钻井位坐标及生产流量

井位	X/m	Y/m	Z/m	对应网格	生产流量/（kg/s）
NW-1	1725	1561	−1125	H2372	13.89
NW-2	1775	1641	−1125	H2597	13.89
NW-3	1675	1661	−1125	H2651	13.89
NW-4	1775	1721	−1125	H2821	13.89
NW-5	1675	1821	−1125	H3099	13.89
NW-6	1775	1841	−1125	H3157	13.89

表 3-5　未来开采方案

方案	回注流量/（kg/s）	回注温度/℃	回注网格	回注深度/m
无回注方案	无	无	无	无
IC-14 井回注方案	83.33	80	90230	1723
IC-16 井回注方案	83.33	80	12791	2121
新钻井回注方案	83.33	80	10061	2121

　　地热尾水的温度往往高于周围环境，且含有较高的盐分或化学物质，尾水直接排放会引起地热污染和环境污染，破坏生态平衡（吕太等，2009）。过度开采还会导致地层压力降低，引起补给和开采的失衡，由此可能降低地热产量，甚至引起地面沉降，回灌技术可以有效地补充地层压力和地层水量，避免上述问题的产生。尾水回灌工程已经成为美国、冰岛、新西兰等国家地热开采运作过程中的重要组成部分，在我国天津等地也开始逐步兴起（刘久荣，2003）。尾水回灌不但可以减小热水排放给周围环境带来的危害，而且可以补充深部地层水体、维持热储层压力平衡、延长地热田寿命，实现热水可再生、可持续和可循环的利用过程（王贵玲等，2002；高宝珠和曾梅香，2007；刘雪玲和朱家玲，2009）。

1. 无回注方案

　　由无回注方案模型发现系统的温度变化不大，图 3-24 为系统开采 30 年后的温度分布 3D 图，与自然状态相比几乎没有变化，图 3-25 为 200℃等温面分布图。图 3-26 为 6 口生产井在 30 年内的压力变化情况，可以看出井内有一定的压降，开采初期的压降达到 1.5MPa，之后的 30 年内压降较为平缓，约为 2MPa 左右，整个开采过程压力呈现出持续降低趋势。在无回注条件下，系统温度变化较小，但是伴随着地热流体的持续开采生产，地层的压力会发生一定程度的降低。

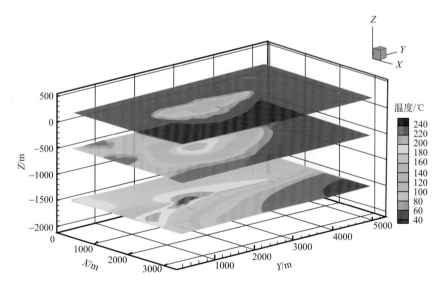

图 3-24　无回注方案模型温度分布 3D 图

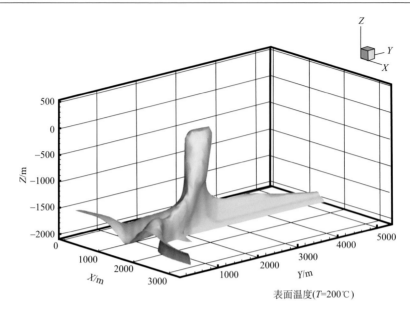

图 3-25　无回注方案 200℃等温面分布图

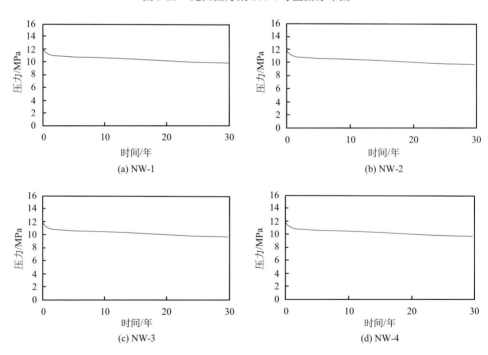

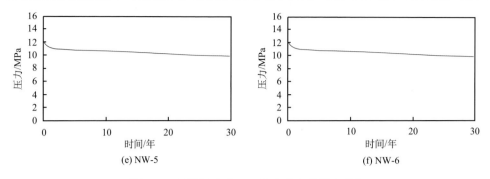

(e) NW-5　　　　　　　　　　　　(f) NW-6

图 3-26　无回注方案 6 口生产井内的压力变化

2. IC-14 井回注方案

IC-14 井位于生产井群的南侧，井深 1742m。以 IC-14 井作为回注井的模拟结果如下。图 3-27 为系统温度分布 3D 图，从图中底层切面可以看出，回注点周围的温度均降低至 100℃以下。由图 3-28 可以观察到回注点附近的空洞现象，分别代表 170℃、180℃、190℃和 200℃的系统温度分布，回注井周围的温度降低十分明显。IC-14 井中回注点的压力由 17MPa 增长到 24MPa（图 3-29）。由图 3-30 可以看出，在开采初期（28 h 内），6 口生产井的压力由 13.5MPa 迅速降低至 12.6MPa，之后的 30 年内压力几乎无变化，最大压降值不到 0.3MPa。系统的压力变化较为

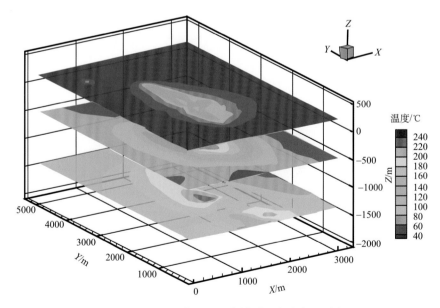

图 3-27　IC-14 井回注方案模型温度分布 3D 图

稳定，是回注井补充流量的缘故，前期的突变降低是回注与开采之间的短时间差，之后回注水及时补充到系统中，系统的压力达到了稳定。6 个开采点的温度变化如图 3-31 所示，NW-1 井温度降低值最大为 50℃，NW-2 和 NW-3 井的温度降低值约为 40℃，NW-4 井温度降低值约为 20℃，NW-5 井的温度变化较小，NW-6 井温度降低值约为 5℃。可见回注井与开采井距离较近的情况下，开采井内的温度会受到 80℃低温回注水的影响。

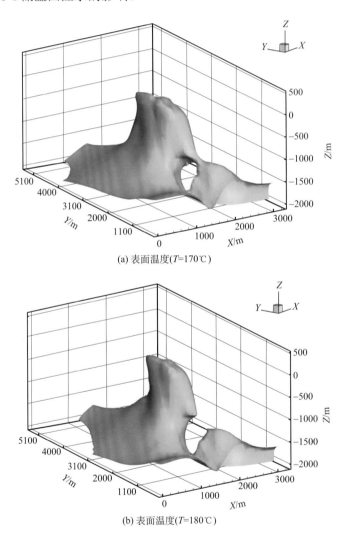

(a) 表面温度(T=170℃)

(b) 表面温度(T=180℃)

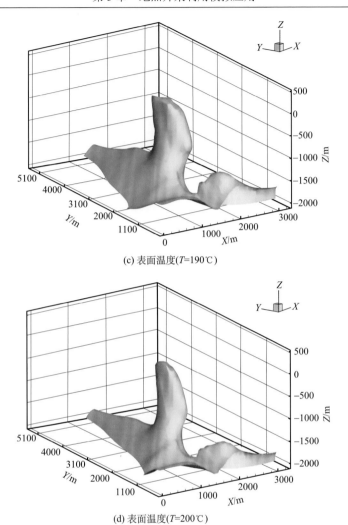

(c) 表面温度(*T*=190℃)

(d) 表面温度(*T*=200℃)

图 3-28　以 IC-14 井为回注井方案温度分布图

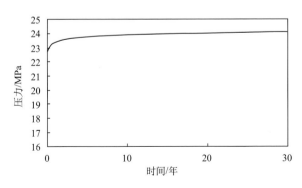

图 3-29　IC-14 井内压力变化

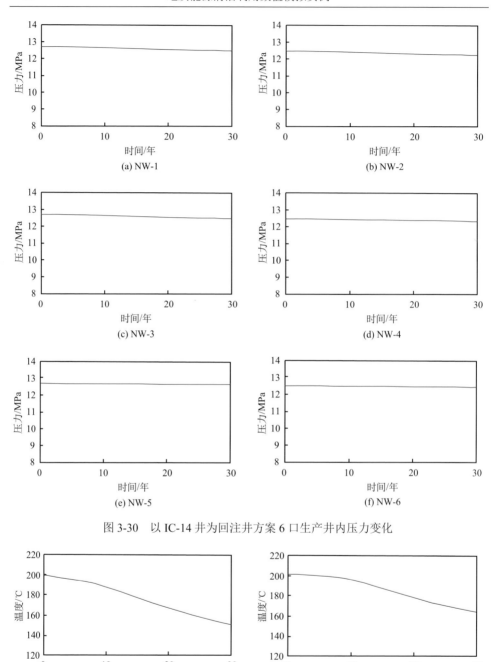

图 3-30　以 IC-14 井为回注井方案 6 口生产井内压力变化

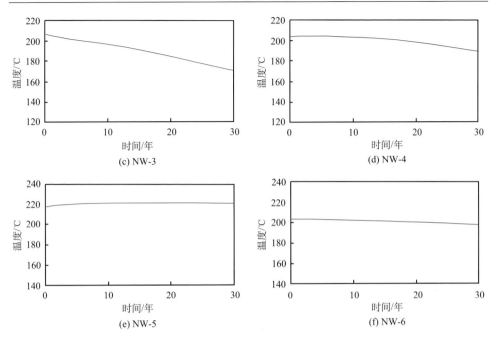

图 3-31　以 IC-14 井为回注井方案 6 口生产井内温度变化

3. IC-16 井回注方案

IC-16 井位于生产井群的西侧，井深 2121m。以 IC-16 井作为回注井的模拟结果如下。图 3-32 为系统温度分布 3D 图，图中底层切面回注点周围的温度明显降

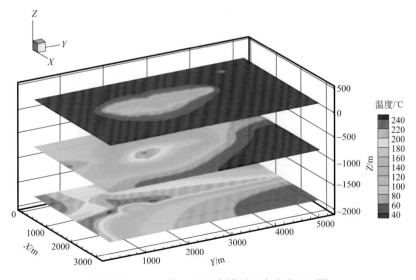

图 3-32　IC-16 井回注方案模型温度分布 3D 图

低至 100℃以下。由图 3-33 可以看出，180℃和 200℃系统温度分布的空洞现象，IC-16 井回注点附近的温度降低较为明显，此处的空洞现象较 IC-14 井回注方案更接近模型底部，是因为 IC-16 井比 IC-14 井更深。IC-16 井内回注点的压力升高值约为 8MPa（图 3-34）。6 口生产井的开采点的压力变化如图 3-35 所示，此方案的压力变化更小，除了初期由回注与开采的时间差导致的突变降压之外，30 年内的系统压力值几乎是不变的，稳定压力值约为 12.5MPa，可见地热水回灌措施能够

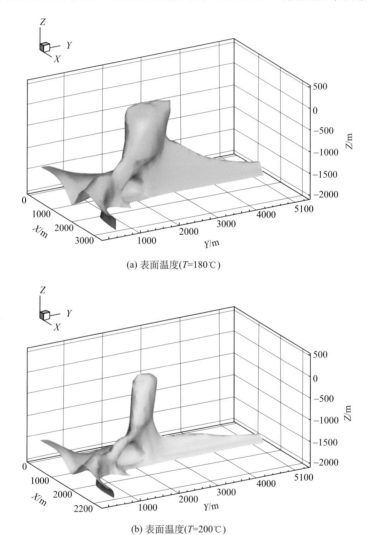

(a) 表面温度(T=180℃)

(b) 表面温度(T=200℃)

图 3-33　以 IC-16 井为回注井方案温度分布图

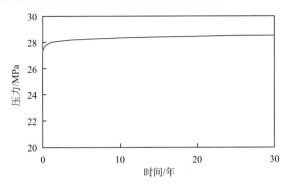

图 3-34　IC-16 井内压力变化

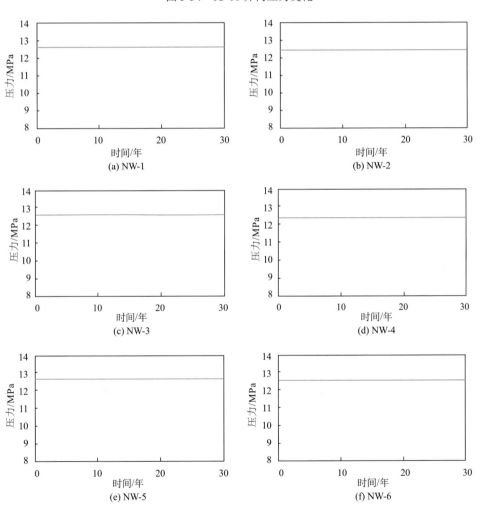

图 3-35　以 IC-16 井为回注井方案 6 口生产井内压力变化

有效稳定地层压力。6 个开采点的温度变化情况见图 3-36，NW-1、NW-2 和 NW-3 井的温度降低值约为 20℃，NW-4 井的温度降低值为 5℃，NW-5 井温度变化较为平稳，NW-6 井温度降低值约为 10℃。此方案的开采井温度降低较 IC-14 井回注方案更小，与回注点深度相关，IC-16 井几乎在系统的最底部，回注水温度对开采点的影响相对小。

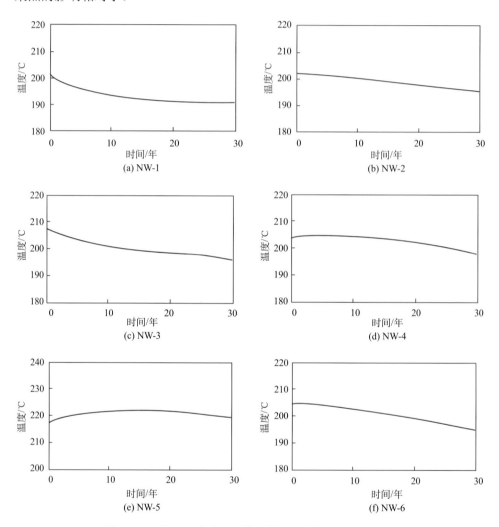

图 3-36　以 IC-16 井为回注井方案 6 口生产井内温度变化

4. 新钻井回注方案

新钻井位于生产井群的西南侧，距生产井较远，井深 2121m。以新钻井为回注井方案的模拟结果如下。图 3-37 为系统温度分布 3D 图，从图中可以观察到地层的高温区已经受回注水温度影响降低至 100℃以内。图 3-38 中出现了与 IC-14 井、IC-16 井方案一样的空洞现象，是回注点温度低于系统温度造成的，分别为 170℃、180℃、190℃和 200℃的等温剖面图。图 3-39 为回注井内的压力变化，起始压力为 20.6MPa，压力约升高 8.3MPa。图 3-40 为 6 口生产井内开采点的压力变化情况，从图中可以看出在开采 30 年内压力值几乎没有变化，曲线较为平稳。

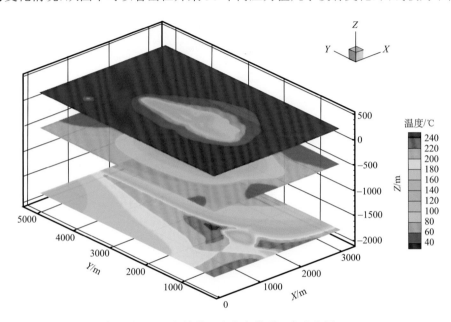

图 3-37 新钻井回注方案模型温度分布图

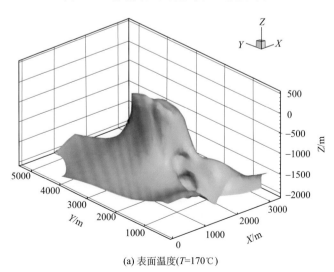

(a) 表面温度(T=170℃)

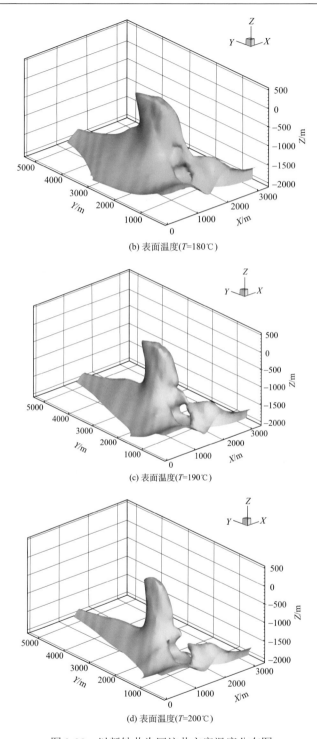

(b) 表面温度(T=180℃)

(c) 表面温度(T=190℃)

(d) 表面温度(T=200℃)

图 3-38　以新钻井为回注井方案温度分布图

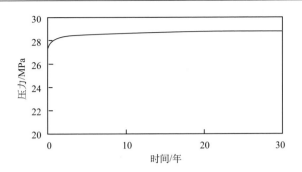

图 3-39 新钻井内压力变化

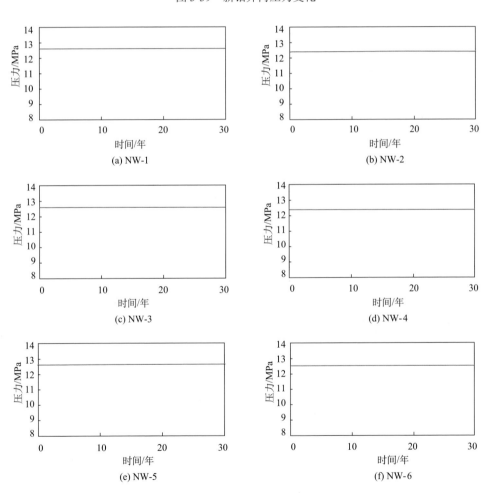

图 3-40 以新钻井为回注井方案 6 口生产井内压力变化

6 个开采点的温度变化如图 3-41 所示，其中 NW-1 和 NW-3 井温度降低值约为 15℃，NW-2 和 NW-6 井温度降低值约为 5℃，NW-4 井温度变化较小，NW-5 井温度升高 5℃左右。回注点距离开采井的位置较远且井位较深，故而对生产井内的温度影响不是很大。

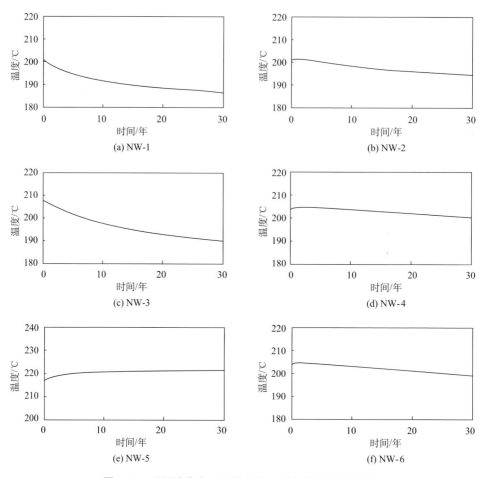

图 3-41　以新钻井为回注井方案 6 口生产井内温度变化

5. 小结

无回注方案中，系统及生产井内的温度值变化不是很大，但是由于没有及时给予足够的水源补充，地层及开采井内产生压力降低的现象。在 IC-14 井、IC-16 井、新钻井这三种回注方案中，NW-5 和 NW-6 井的温度变化均较小，是由于这两口井距离各方案的回注井位置均较远，回注水温对其影响较小。IC-14 井回注方案中，回注井距离 NW-1、NW-2 和 NW-3 井较近，受到回注水温的影响，井内温度降低值较大。IC-16 井回注方案中，这三口井的温度也有一定的降低，但是小于 IC-14 井回注方案。新钻井距离 NW-2 井较远，距离 NW-1 和 NW-3 井较近，此方案中 NW-1 和 NW-3 井温度有一定的降低，NW-2 井降低值较小。可见回注点距离开采井的水平或垂向距离直接影响到地热的开采率，回注点距离开采井较远，则井内的温度受到回注水温的影响较小，反之，回注井距离生产井较近，井内的温度会发生大幅的降低，将不利于地热能资源的开发利用。

总体来说回注方案相较于无回注方案可以减小开采井内的压降，起到恢复地层压力和改善地热产能的作用。对比三种回注方案，IC-14 井距离生产井较近，回注会导致井内温度降低较快，从而降低地热利用率，不建议作为生产回注井；IC-16 井距离生产井位置适中，同时具有足够的深度，模拟过程中开采井内的温度降低值较小、压力变化也较为平稳，可以作为生产回注井；新钻井方案中开采点的压力变化更为稳定，温度值降低也更小，在经费充裕的条件下，用新钻井作为未来开采的回注井更为合适。

另外，需要注意的是地热回注堵塞和沉淀现象。回灌水中的悬浮物颗粒，在回灌压力的作用下可能会被回注井壁或地层裂隙吸附，降低储层渗透率，从而影响回注的能力。回灌还可能产生化学反应，产生碳酸盐沉淀。地热回灌是一项非常复杂的技术，工程成本高，在大规模回灌之前需要进行相应的实验性生产，示踪剂方法是回灌试验的一种重要技术手段。

3.1.7 总结与建议

本节建立了清水地区地热场地精细数值模型，通过自然状态模型、历史拟合模拟和未来开采预测模型，全面地了解研究区的热流运移、CO_2 分布、系统的温度及压力等物理参数的变化情况。模型不但可以了解未知的地下情况、分析流体的运移规律、解释流量异常的原因，还可以有效防止对环境造成危害（高宗军等，2009）、提供未来开采方案，为工程项目节省大量的人力和物力。

首先，模型根据地热井温度剖面信息，对模拟结果进行参数拟合，得到与实际井温度曲线拟合较好的结果，以此作为自然状态模型即稳态模型。通过模型可以观察到地热区域在自然状态条件下的温度、压力、CO_2 质量分数、流体密度等参数的详细分布情况。由模型结果可以看出：系统的高温区主要分布在断层内部、多数井的温度值达到了 200℃ 以上、CO_2 伴随着热流沿断层做上升运动等现象。

之后，在自然状态模型的基础上，建立了 1981～1993 年 8 口生产井历史开采拟合模型。通过三种方案（变量方案、变压方案和定压方案）对模型进行历史拟合，结果表明变量方案和变压方案的流量结果都能够与历史流量吻合，却不能反映出真实的开采条件，变量开采方案的最大压降为 2MPa，井中温度升高 2～

14℃不等,基础定压方案和通过改变底部入流量、开采压力和开采时间参数的定压方案均不能得到预期的结果,在调查到底层中含有大量 CO_2 组分之后,在定压方案基础上设计调整井周围的渗透率方案,不但得到了理想的结果,而且能够反映出碳酸盐堵塞现象。

未来开采方案新增了 6 口生产井,开采总流量设计为 300t/h,可以提供 3MW装机容量的电厂需求。未来开采方案分为无回注方案、IC-14 井回注方案、IC-16井回注方案和新钻井回注方案,回灌水不但可以补充地热流体水资源、避免直接排放对环境造成的热污染,同时也可以起到恢复地层压力的作用。无回注方案中,生产井中的温度变化较小,地层压力有一定的降低。IC-14 井、IC-16 井和新钻井回注方案中,在回注井附近均出现了温度降低的空洞现象,以 IC-14 井为回注井方案中的生产井受回注温度影响较大,IC-16 井和新钻井能够保证正常开采,且三种回注方案中,地层的压力变化较为平稳。

建议下一阶段地热开采首要注意的问题是结垢现象,可以通过更换设备、定期除垢和加入水质稳定剂等方法防止碳酸盐堵塞井口。另外,以本数值模型为基础,结合地球化学反应模拟,可以获得清水地热区最佳生产压力,提供控压生产之压力,有效解决结垢问题。未来地热开采建议利用 IC-16 井作为回注井进行生产,在经费充裕条件下可选择在生产井位西南侧新钻一口回注井。本书提供的数值模型能够为实际工程提供技术借鉴,并可以作为未来地热开采的参考和依据。

3.2　地热开采模拟参数敏感性分析

西藏羊易地区具有丰富的地热能,单井开发潜力接近 10MW,对其深部热储进行 EGS 开采,可缓解西部能源紧缺问题。建立二维理想 EGS 开发模型,探讨深层地热开采过程中开采流量、注采方式、注入温度等参数对热储温度场分布及开采寿命的影响。基于羊易地区温度信息设计了 12 个数值模型,对比研究发现,开采流量对 EGS 开采的影响较大,为保证开采 50 年内的商业利用价值,最大开采流量应控制在 0.028kg/s 以下;考虑到钻井成本,注采方式的选择以高注高采为最佳;注入温度对热储开采影响较小,可选择 40～80℃任意温度的地热尾水进行回灌,实现地热能资源梯级利用(何满潮和李启民,2005)。

西藏羊易地区具有丰富的地热能,热流体产量大,地温梯度高,热源品质好,是我国目前探明的温度最高的基岩裂隙型高温地热田。前期勘探已钻遇接近300℃的高温热储,单井发电潜力接近 10MW,深部高温热储的发电潜力更是不可估量,具有建立高载荷地热发电站的热源前景(梁廷立,1993;卢润等,1992)。合理地开发利用可以解决周边的工业及生活用电问题,缓解西藏地区的能源紧缺现状(多吉等,2007;王绍亭和陈新民,1999)。

　　深层地热能是一种高效、清洁、稳定的能源，在未来可再生能源中扮演的角色不可忽视。EGS 是开发深层地热能的有效技术手段，其基础理念是恢复储存在地下岩石中的热能，首先通过岩石压裂技术如水力压裂等诱发新裂隙或增强天然裂隙形成人工热储，之后利用热传输流体在裂隙网中的循环流动将地下热能提取到地面用于生产发电，冷却后的流体再次注入热储形成一个闭合的回路（汪集旸，1989；赵阳升等，2004；王晓星等，2012b；郭剑等，2014）。

　　由于缺乏成熟的 EGS 商业示范，科学界对其机理尚未完全掌握。然而了解EGS 热能和流体变化过程对地热开采和储层可持续性来说是至关重要的，尤其是开采过程中热储的温度场变化情况和 EGS 的开采寿命是首先需要考虑的问题。鉴于我国目前 EGS 正处于探索过程，还没有实际的工程，本书选择数值模拟手段对深层地热开采的基础问题进行探讨研究。数值模拟技术不但能够描述地下流体行为和热储演变过程，可靠的模型还可以用于地热能的评估和预测（Vecchiarelli et al., 2013；Siffert et al., 2013；Zeng et al., 2013；Zeng et al., 2014；胡剑等，2014；翟海珍等，2014；蒋林等，2013；张亮等，2014；雷宏武等，2014；那金等，2014；Deo et al., 2013；Chen et al., 2013；Hofmann et al., 2013）。

　　本书使用数值模拟方法评估影响 EGS 开采的重要敏感性参数，分析 EGS 开采过程中的热储温度场变化，试图为未来的工程实施提供数据参考和技术借鉴。模型参数是影响流体运移的重要因素，流体运移改变储层的温度场分布，最终决定热储的热能效率和开采寿命。针对热储的模型参数研究，选择西藏羊易地热田作为研究对象，假想在羊易地区建立地热发电示范项目。以羊易地热田的温度信息为依据，建立二维理想数值模型，针对开采流量、注采方式、注入温度等参数设计多组模型案例，了解 EGS 在开采 50 年内的温度场变化情况，对比在不同参数条件下 EGS 温度场的分布及开采寿命，分析热储的可持续开采能力，探讨在EGS 开采前期的参数选择和场地设计。

3.2.1　基本模型设置

1. 水文地质背景

　　羊易地热田位于西藏当雄县羊八井区吉达乡南羊易村西侧，东距拉萨 72km。东西以第四系地层与基岩分界线为界，为一南北向断裂控制的断陷盆地，盆地地表为第四系沉积岩，西部有火山岩出露。地表出露古近系、新近系和第四系地层，下伏基岩为喜马拉雅期花岗斑岩及斑状花岗岩。下更新统地层均为河湖相砂砾黏土层。羊易地热田的岩浆岩主要可以分为两类：喜马拉雅早期酸性侵入岩和喜马拉雅晚期中性喷出岩。前者的主要成分是花岗斑岩和斑状花岗岩。喜马拉雅晚期中性喷出岩为中新世火山岩。由上面岩性分析可见，西藏羊易地区基岩地层主要为花岗岩（于进洋, 2013）。

构造地质环境决定了羊易地区具备地热能开发的潜力。图 3-42 为羊易地区的地理位置及浅层垂向地层的温度分布，从图中可以看出羊易地区多断层、喷泉、热泉、沸泉，水-热活动十分丰富，热显示较为明显，浅层地温梯度约为 50℃/100m。据勘探结果，羊易地区深部高温热储盖层地温梯度为 47～72℃/100m，此地区在 1800m 深度的温度接近 300℃。本书以 300℃温度为基础作为羊易地区热储的关键信息，建立理想地热热储模型，进行多参数多方案的数值模拟计算机分析。

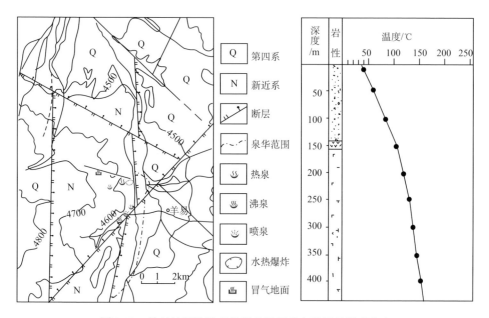

图 3-42　羊易地区的地理位置及浅层垂向地层的温度分布

2. 模型剖分

EGS 的热储温度是工程设计选择的首要对象，高品质的地热能资源能够降低发电成本。以羊易地热田温度信息为依据，建立理想二维地质模型，进行 EGS 地热能的开采模拟。设计 400m×400m 的剖面网格。X 方向以步长递增的方式增加网格宽度，两侧井筒处网格宽度为 0.1m。注入井和生产井分别位于模型两侧，注入点和开采点对应的网格位于模型中间位置。Z 方向均分为 40 个网格，每个厚度为 10m，起始网格为地表以下 3000m 深度。羊易地区深层地热开采概念模型见图 3-43。

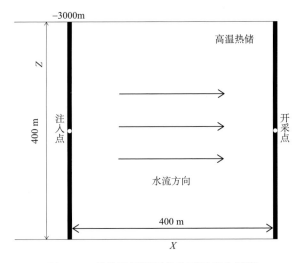

图 3-43　羊易地区深层地热开采概念模型

3. 初始边界条件

初始地层压力为静水平衡压力条件，根据重力、水密度和地层深度进行计算。初始系统温度为 300℃，即所有网格的温度一致。模型四周设置为无流量边界。注入点为给定流量、给定温度边界。开采点为给定流量边界。假设热储中已经充满用于 EGS 循环的地热流体，即模型为饱和水状态。另外，假设流体在注入井与生产井循环过程中的水损为零。模拟使用 TOUGH2 并行版本（Zhang et al., 2008）的 EOS3 模块，其是专门用于模拟地下水-热活动的数值模拟器，主要包含水和空气两种组分。

3.2.2　不同开采流量、注采方式和注入水温度敏感性分析

热储的参数决定了流体的运移速度、温度场分布和地热能开采寿命。数值模拟方法可以通过量化各个参数值，分析不同参数对开采结果的影响，为工程的实施提供借鉴和参考。根据国内外文献和 TOUGH2 手册中的案例（Deo et al., 2013；Chen et al., 2013；Hofmann et al., 2013；Xiong et al., 2013；Peluchette, 2013）确定模型的基本热物理学参数，如表 3-6 所示。

表 3-6　模型基本热物理学参数

参数	数值
岩石密度/（kg/m^3）	2600
渗透率/m^2	10^{-13}
孔隙度（井筒）	0.99

参数	数值
孔隙度（热储）	0.2
导热系数（井筒）/[W/（m·℃）]	2.51
导热系数（热储）/[W/（m·℃）]	2.2
比热容（井筒）/[J/（kg·℃）]	920
比热容（热储）/[J/（kg·℃）]	775
热储温度/℃	300
注入水温度/℃	80
注水率/开采率/（kg/s）	0.014

分别对开采流量、注采方式和注入水温度进行了不同的方案设计，对各模型方案进行详细的模拟分析，研究热储模型的参数敏感性，各方案之间具有一定的对比度和参考价值，模型方案见表 3-7。

表 3-7　不同参数设计的模型方案

模型案例	编号	数值/方式
开采流量/（kg/s）	1	0.014
	2	0.028
	3	0.069
注采方式	4	低注高采
	5	低注中采
	6	中注高采
	1	中注中采
	7	高注高采
	8	高注中采
注入水温度/℃	9	40
	10	50
	11	60
	12	70
	1	80

1. 开采流量

流量不但决定了地热能的发电功率，直接反映工程需求，而且是影响热储寿命的重要开采参数，研究流量对热储的温度场影响十分必要。设计三种不同数值的开采流量方案，进行 50 年的定量开采模拟，以了解流量值对热储温度分布的影响。基础方案的开采流量为 0.014kg/s，对比方案的流量分别约为基础方案的 2 倍和 5 倍，为 0.028kg/s 和 0.069kg/s。三个流量方案分别对应表 3-7 中的方案 1、方案 2、方案 3。为维持 EGS 热储中流体的平衡状态，设计模拟注入流量与开采流量在数值上是一致的。

根据以上方案设计，用 TOUGH2 的 EOS3 模块进行模拟计算，得到了基础方案在开采 50 年内的温度场变化情况，如图 3-44 所示。开采第 1 年，只有注入点周围出现了较小范围的降温。开采第 5 年，在垂向重力作用的影响下，冷水向下运移的距离大于水平运移的距离，垂向上的温度影响范围约为 215m，水平方向约为 60m。开采第 10 年，温度降低的影响范围到达模型底部，并在水平方向上延伸到 180m。开采第 20 年，水平方向的温度场影响范围为 360m，垂向上几乎没有变化。开采第 30 年，温度变化影响范围到达开采井所在的模型边界位置。开采第 50 年，热储有超过一半的面积发生了不同程度的温度降低，以注入点为中心到开采点发生梯度降低，此时开采点的温度约为 270℃，仍具有较大的开采潜力。

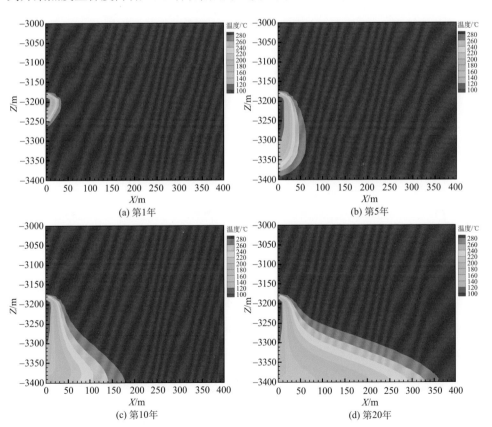

(a) 第1年　　　　　　　　　　　　　　　　(b) 第5年

(c) 第10年　　　　　　　　　　　　　　　(d) 第20年

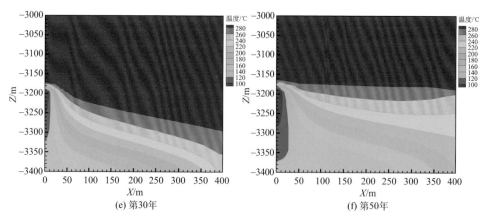

图 3-44　EGS 开采 50 年内热储温度场分布

将开采点至注入点连线上的温度进行作图对比，如图 3-45 所示。这些控制点不但描述了注入点、开采点周围的温度变化，也可以反映整个热储的降温情况。整体上看，方案 1 的热储温度较为稳定，到开采第 30 年时，曲线温度有略微降低，第 50 年时大约降低到 250℃附近。方案 2 在开采前 20 年较为稳定，在第 30 年曲线开始逐渐衰退，开采结束后，大部分点位的温度降低至 200℃以下。方案 3 的降温幅度则较为明显，在第 50 年整个曲线几乎只有 80℃，说明热储下半部分已经完全冷却。

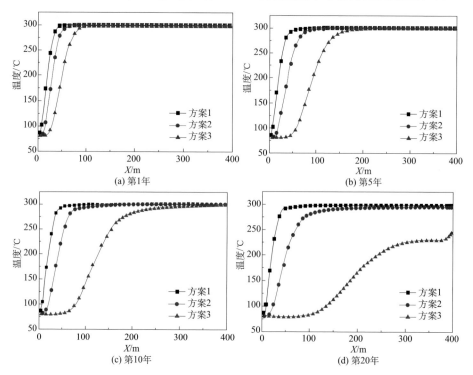

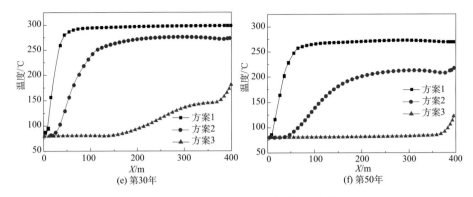

图 3-45　注入点与开采点连线温度变化

开采第 1 年, 方案 1 和方案 2 的降温范围不到 50m, 方案 3 的降温范围在 100m 左右, 其余范围内几乎没有发生温度降低。第 5 年, 各方案在第 1 年的基础上略微降低。第 10 年, 方案 3 的影响范围接近 350m, 且 80℃ 低温影响带接近 100m。第 20 年, 方案 2 的开采影响范围接近模型边界, 方案 1 和方案 2 接近开采井的温度曲线逐渐开始分离, 方案 3 降温幅度最明显, 开采点已降至 230℃。第 30 年, 方案 2 的曲线发生了整体降温, 但大部分仍维持在 250℃ 左右, 方案 3 有超过 1/2 的距离已经降低至 80℃, 其余部分也不足 200℃。第 50 年, 方案 1 曲线也发生了整体的降温, 热储大部分温度降到 250℃ 附近, 方案 2 的曲线进一步衰退, 方案 3 在开采点与注入点连线上几乎只有 80℃。

根据美国麻省理工学院的报告, 当开采温度低于 150℃ 时, EGS 热储就已经失去了商业利用价值。可以通过观察开采点的温度变化情况, 确定热储的开采寿命, 图 3-46 为三种流量方案 50 年内开采点的温度变化情况。从图中可以看出, 方案 1 在开采的前 25 年, 温度几乎没有发生变化, 之后曲线有缓慢的下降趋势,

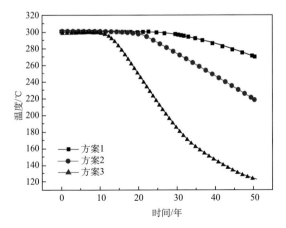

图 3-46　不同流量方案下开采点的温度变化情况

到 50 年时仍有 270℃的开采温度，热储仍具有较大的开采潜力，热储寿命大于 50 年。方案 2 在开采前 20 年温度较为稳定，20 年后曲线呈现线性下滑，最终开采点温度为 220℃，仍然可以维持开采，热储寿命大于 50 年。方案 3 的开采点温度只维持了 10 年，之后曲线就开始大幅度降落，到第 38 年的时候降低至 150℃，此时 EGS 达不到商业开采的需求，热储寿命已尽。

根据上述三种流量方案的计算结果对比，以及开采点温度变化情况的分析，在保证热储温度>150℃和开采寿命>50 年的条件下，开采点可选择方案 2（0.028kg/s），流量越小，开采点的温度变化越缓慢，地热能的工程稳定性越高，但过小的流量不一定能达到工程开采的实际需求。当流量超过 0.028kg/s 时，热储的开采寿命将会逐渐降低，并且不利于后期的热储温度恢复，开采 50 年寿命的临界流量在 0.028～0.069kg/s，具体数值需要进一步更细化的模拟。

2. 注采方式

不同的注采方式，对应不同的钻井深度，决定了 EGS 工程前期的投入成本。根据注入点和开采点在模型中的位置，设计了低注高采、低注中采、中注高采、中注中采、高注高采、高注中采 6 种注采方案，其中高、中、低三个点位分别对应模型纵坐标的–3000m、–3200m、–3400m。案例没有设计低采模式，是因为冷水的密度大，在重力作用下会先发生下沉，低点位开采会较快地抽取到冷水，从而缩短 EGS 热储的寿命。

根据数值模型的结果进行对比，发现低注高采和低注中采、中注高采和中注中采、高注高采和高注中采的温度分布分别是相似的，仅仅在开采点附近有细微的区别，即得出开采点对结果的影响与注入点对结果的影响相比作用微小甚至可以忽略。因此，最终选取低注高采、中注高采和高注高采三个方案在开采 50 年时热储温度场分布进行分析，如图 3-47 所示。低注高采经过 50 年的地热开采，模型的二维温度场左下角出现了一片冷却区域，垂向和水平的影响距离分别为 100m 和 250m。热储温度整体降低面积较小，未超过模型的 1/2，开采点发生第一梯度的温度降低，约为 280℃。注入点左下角到开采点温度呈现出稳定的梯度降低。中注高采方案在注入点一侧有小面积细长条的低温区域。在开采点一侧，高采比中采方案的温度降低速度略快一些。相对于低注模型，中注模型的冷却带面积较小，开采点位置温度降低幅度差别不大。高注高采模型的冷却带出现在模型左上角，呈细长条状。EGS 热储整体温度降低影响范围较大，超过了模型面积的 5/8。

对比注采方式不同的 6 个案例可以得出，在同一种注入模式的条件下，开采点的位置对结果影响较小。对热储温度和寿命影响较大的是注入点的位置选取，低点位注入会在热储内聚集较大范围的冷却区域，热储开采点的温度几乎没有发生变化；中点位注入的冷却面积较小，开采点温度降低也不大，维持在 270℃；

高点位注入的模拟结果与中点位的结果下半部分是相似的，不同之处是在模型上半部分也有降温，对整个热储温度影响的面积较大。为避免系统大面积降温和大范围的低温区形成，选择中点位注入模式更为理想，其次为高点位注入。EGS 开采 50 年内，开采点的位置可以任选，为降低钻井施工投入成本，建议对地热能进行高点位开采。

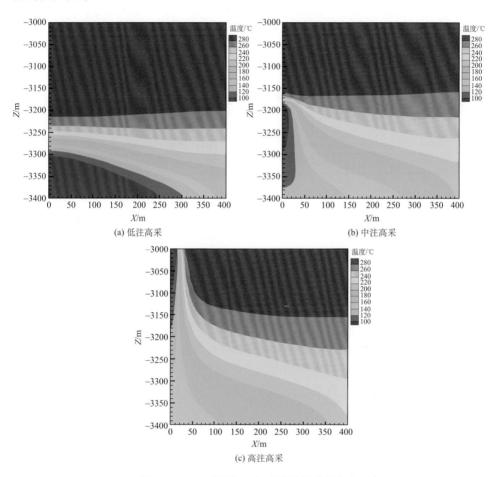

图 3-47　EGS 开采 50 年时热储温度场分布

3. 注入水温度

采出的高温地热能一般用于发电，发电后的余热可以进行供暖、养殖等二次利用，进行充分的梯级利用之后残余的地热水再进行生产回注，形成 EGS 开采的水循环过程，水循环可大大减少水资源的浪费，同时避免了地热尾水的污染，是最理想的方式。经梯级利用后的热水剩余温度，即循环注入水的温度，分别设置了 40℃、50℃、60℃、70℃ 和 80℃ 五种模拟方案，观察注入水温度对开采的影响。

根据不同注入水温度方案的数值模拟结果发现，注入水温度对热储二维温度场分布的影响较小。图 3-48 显示了不同注入水温度条件下开采点温度随时间的变化情况。注入水温度对开采点的影响前期并不明显，后期才逐渐显现出来。大约 20 年后，开采点温度开始出现下降，表明 EGS 稳定开采寿命至少有 20 年，50 年后温度最大降低为 36℃，最小降低为 30℃，各模型相差范围在 6℃ 以内，注入水温度越低，开采点的温度降低幅度越大。

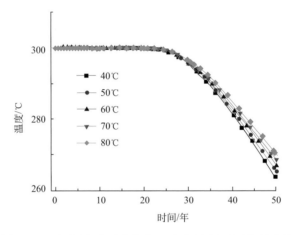

图 3-48　不同注入水温度条件下开采点温度随时间的变化

EGS 使用的注入水，一般是开采利用后的地热尾水，既然不同注入温度对模型的影响在可接受的范围内，则可待地热能进行充分的梯级利用后，再进行回注。80℃ 以上的地热水还具有可观的商业价值，40℃ 以下的地热水利用价值则较小，为保持热储可持续性及地热能充分利用，可选择 40~80℃ 任意温度的地热尾水进行回注生产。

4. 小结

以羊易地热田温度信息为主要依据，建立 EGS 二维模型，用数值模拟的方法分析了开采流量、注采模式和注入水温度对 EGS 开采的影响，得到的结果可为工程实施提供数据参考和借鉴。

（1）开采流量对热储影响较大，开采流量与热储温度降低呈现出正相关关系，在保证 50 年商业开采价值的条件下，选取 0.028kg/s 的开采流量。

（2）注采模式对开采结果的影响主要体现在注入点的位置上，中点位注入模式优于高点位，低点位不作考虑，在考虑钻井成本的前提下，高注高采和中注高采都是比较理想的方案。

（3）注入水温度对模型结果的影响较小，可以在充分进行地热能梯级利用后，用 40~80℃任意温度的地热尾水进行回注生产，实现循环利用。

开采流量、注采模式和注入水温度是影响地热能开采的几个重要参数。通过对参数的优化，建立合理的模型，可延长 EGS 热储的生产寿命，提高开采点的热能效率，最小化热损失。

采用数值模拟的方法，建立了西藏羊易地区的二维 EGS 开采模型，计算得到的结果具有一定的参考价值，可为未来工程实施提供开采方案和技术参考。但是鉴于地层非均质、非理想的实际情况，模型存在一定的不确定性和有待改进之处。研究结果不确定性主要为地质参数的不确定性，相关地质参数缺少原位测量的相关数据，参数多取自文献和资料，结果不一定是准确的。但是最主要的温度参数是实际测得的，对结果的可靠性提供了一个重要的保障。另外，基于对 EGS 已有知识的了解对参数进行了慎重的选择，保证所有参数在合理的范围内，其中一些参数是实际的场地数据。数值的选取仅为定量，可根据不同的场地变化或开采变动进行调整，模型的合理性和稳定性才是未来地热能产量预测的重要前提，一旦得到场地实测数据并对模型进行拟合和调整，基于物理模型建立的数值模型就可以应用到实际中，为地热能的开采提供能量评估、方案决策和寿命预估。本小节仍有许多有待解决的问题和改进之处。例如，模型有待根据实际场地进行改进，若进行示范工程，可建立三维复杂网格系统及符合实际的不规则边界网格。在获得地质参数之后，可以建立真实的数值模型进行计算与评估，可对实际工程进行对比拟合，之后可以用来对 EGS 进行预估和风险评估。另外有待对其他参数进行进一步的数值评估，如地层厚度、渗透率、开采模式、边界条件等。

3.2.3 渗透率对地热开采的影响

以西藏羊易地热田的温度信息为依据，假想激发不同渗透率的 EGS 热储，采用数值模拟的方法，观察开采 50 年内系统温度场分布，分析热储的可持续开采能力、冷却影响范围等。共设计了 9 个 EGS 开采案例，根据模拟结果的温度场分布形状，可将模型划分为极高、高、低渗透率三种类型。结果表明，高渗透率模型在开采过程中的温度降低幅度不大，50 年后开采点温度为 270℃，热储仍具有开采潜力，此案例适用于热储可持续性和后期热恢复要求较高的地热开采；低渗透率模型在开采过程中出现了大面积低于 100℃的冷却区域，模拟结束后开采点的温度基本不变，此案例适用于对地热能资源开采稳定性要求较高的情况；极高渗透率模型的开采寿命只有 20 年。

近年来，可再生能源的寻找和开发已经逐渐成为国际能源领域的热点。其中，深层地热能因其独特优势而受到重视，特别是主要用于发电的 EGS，作为开发深层高温地热的有效手段，将会逐步成为地热领域的重要发展方向。EGS 可提供持续电力和热能基础载荷，且能源利用系数高达 73%，环境危害小（Cinar and Kampusu, 2013）。

EGS 开发目标是地下 3～10km 深度赋存的深层地热，基本概念是首先钻一口深井，到达深部高温结晶质岩层，温度可达 150～650℃，再通过岩石压裂技术等井下作业措施，在高温岩体中诱发产生高渗透性的裂隙体系或增强天然裂隙体系，形成人工热储，然后再钻一口井，两口井（注入井和生产井）之间由人工热储连通，最后向注入井中注入冷水，冷水在孔隙-裂隙构造中通过热交换提取岩体中的热能，高温热水通过生产井输送到地面实现热电转化。因此，EGS 开发的关键在于发现高温岩体，并能够在高温岩体中制造出高品质的人工热储，保证大量流体能够顺利通过热储网格，在热储体系中实现高效的水岩热交换，最后产出高温流体。热储渗透率是 EGS 温度场分布和采热效率评价的关键参数。

渗透率是指流体通过热储岩石的能力，作为热储层的重要地质参数，其数值的大小直接影响流体的运移，从而改变热储的温度场分布，决定热储的开采寿命。在 EGS 开采初期，需要人工激发具有一定渗透率的基岩热储，只有了解在不同渗透率条件下 EGS 的运行和热储的温度场变化，才能确保后期的顺利发电。热储渗透率过高，可能导致冷水过快流动，造成短路；热储渗透率过低，水循环速度慢，可能影响热开采效率。只有明确在不同渗透率条件下的热储情况，才能最大效率地开采地热能资源。国内外关于渗透率参数的文献十分鲜见，Siffert 等（2013）采用 TOUGH2 模拟器对苏尔士（Soultz）地热储层上部的斑砂岩底层地温梯度异常进行方法学研究，渗透率测量值来自垂直和平行于储层的岩石物理数据，分布范围为 0.1～100mD，证明莱茵地堑砂岩和泥岩互层组成的斑砂岩所含的地热潜能来自断层流体侵入。Deo 等（2013）设计了 5 个不同的地热模型：多储层结构模型、单储层模型、低温系统模型、低渗透率模型、短回路模型，分析地热系统 30 年之后的温度变化，发现低渗透率模型结果最好，发电量可达 140MW。

了解 EGS 热-流过程对地热开采和储层可持续性来说是至关重要的，复杂的运移过程分析需要借助数值模拟手段。地质模型能够量化地下流体的行为，描述热储的演变过程，可靠的模型还可用来进行地热评估和预测。数值模拟技术已经广泛应用于设计和管理地热能系统，并行计算处理能力的增加，使之能够模拟更复杂、更精细的系统（O'sullivan et al., 2013）。

以羊易地热田的温度信息为依据，采用数值模拟手段，设计不同渗透率模型，了解 EGS 热储在开采 50 年内的温度场变化情况，对比在不同渗透率条件下温度场的分布形状及开采寿命，分析热储的可持续开采能力，探讨在 EGS 开采前期选择压裂花岗岩渗透率的数量级。

1. 初始边界条件和参数设置

初始地层压力为静水平衡压力，初始系统温度为 300℃，模型四周为无流量边界，假设热储中已经充满流体，为饱和水状态。另外，假设流体在注入井与生产井循环过程中的水损为零。本书模拟所使用的软件为 TOUGH2 并行版本 EOS3 模块，EOS3 专门用于模拟地下水-热活动，主要包含水和空气两种组分。模型的基本热物理学参数同表 3-6。

2. 模型案例

在 EGS 开采前期，需要激发具有一定渗透率的基岩，热储渗透率决定了流体的运移速率、热储的温度场分布和地热能的开采寿命，是地热开采重要的参数之一。数值模拟方法可以通过量化渗透率的大小，分析不同数量级的渗透率对开采结果的影响，为工程上实施水力压裂技术提供借鉴和参考。根据国内外参考文献、场地测量数据和 TOUGH2 手册中的一些案例，设计了 9 对不同的热储渗透率和井筒渗透率，各案例之间具有一定的对比和参考价值。热储渗透率和井筒渗透率取值见表 3-8。

表 3-8　各案例中热储渗透率和井筒渗透率取值

案例编号	热储渗透率/m²	井筒渗透率/m²
1	10^{-13}	10^{-13}
2	10^{-14}	10^{-14}
3	6×10^{-15}	6×10^{-15}
4	2×10^{-10}	2×10^{-10}
5	10^{-12}	10^{-12}
6	3×10^{-13}	3×10^{-13}
7	3×10^{-14}	3×10^{-14}
8	10^{-13}	2×10^{-9}
9	10^{-13}	10^{-12}

3. 结果分析

热储温度场的变化是 EGS 中最需要关注的信息，根据模拟结果的热储温度场分布形状，可将模型案例分为三大类：第一类称作高渗透率热储模型，以案例 1、5、6、8、9 为代表，这些案例的温度场形状呈现出侵入式分布，即冷却区域从模型左下角梯度递增；第二类称作低渗透率热储模型，以案例 2、3、7 位代表，这些案例的温度场形状以注入点为中心呈近似半圆形对称分布；第三类以案例 4 为代表，模型从底部开始均匀降温，二维剖面温度场为层状分布，称作极高渗透率模型。

对 9 个模型案例进行统计，发现当热储渗透率高于 $10^{-14}\mathrm{m}^2$ 时，模拟 50 年后，开采点的温度会有一定幅度的降低，系统温度变化较为平缓，没有出现明显的低温区；当渗透率低于 $10^{-14}\mathrm{m}^2$ 时，开采点的温度在 50 年内并没有受到低温注入水的影响，系统低温区（<100℃）面积较大，集中在注入点周围；当渗透率高于 $2\times10^{-12}\mathrm{m}^2$ 时，热储降温幅度和冷却面积都较大。选取案例 1、2、4 分别作为高、低、极高渗透率的典型模型进行讨论与分析。

1）高渗透率模型——案例 1（$k=10^{-13}\mathrm{m}^2$）

案例 1 为高渗透率模型的代表，热储渗透率和井筒渗透率均为 $10^{-13}\mathrm{m}^2$，模拟结果如图 3-49 所示。从图 3-49 中可以看出，伴随着低温水（80℃）的注入，开采第 1 年，冷却区域开始向四周扩散，注入点附近温度最低，注入点与未受影响

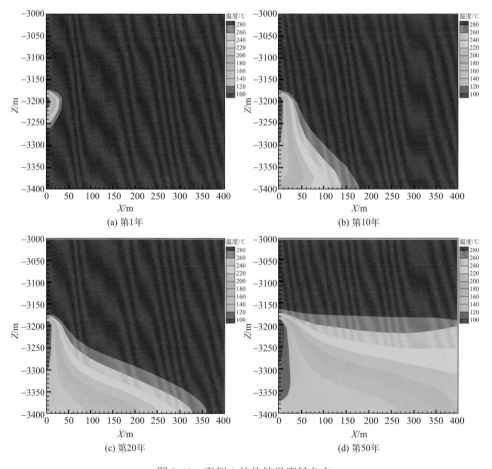

图 3-49　案例 1 的热储温度场分布

热储之间的温度呈现递增变化趋势。在垂直方向上,冷却区域向下扩散速度较向上扩散速度更快,下半部分的冷却区域面积更大,这是由于冷水密度大于热水密度,低温注入水在重力作用下产生了下沉的现象,且越接近注入点,下沉现象越明显;开采第 10 年,EGS 开采对热储的温度影响在水平方向上达到了180m,垂直方向上影响了整个模型的下半部分,低温注入水同时发生水平运移和向下运移,且向下运移速度更快;开采第 20 年,随着低温水的不断注入和对 EGS 热储的开采,系统温度进一步降低,冷却区域在水平方向上接近系统边缘,垂直方向上影响范围不变,仍维持在–3175m 附近;开采第 50 年,整个 EGS 热储的下半部分由于受到低温注入水的影响,温度产生了不同程度的降低,温度低于 100℃ 的区域在垂直方向上达到 110m,180℃ 等温线达到模型底部右下角边缘。

从模拟结果可以看出,在热储渗透率为 $10^{-13}m^2$ 的高渗透条件下,EGS 经过 50年的开采,只有注入点小范围内温度降低较为明显,系统整体降温幅度不大,开采点温度在270℃ 左右,温度层状降低从左下角开始扩散,EGS 仍可以继续运行。

图 3-50 为注入井网格垂直方向上的温度随时间变化情况,开采第 1 年,注入点以上 40m 及以下 80m 范围内的温度有不同程度的降低,其他位置温度保持300℃ 不变;开采第 10 年,注入点整个下半部分的温度都有所降低,最高温度为183℃,上部温度几乎没有变化;开采第 20 年,底部最高温度降低至 142℃,上部温度变化较小;开采第 50 年,底部最高温度仅为 125℃,上部低温影响范围增加了 10m,连接注入点网格上方的温度从 167℃ 降低至 102℃。垂直方向上井筒的温度变化情况及低温影响范围与模拟结果的二维温度分布是一致的。

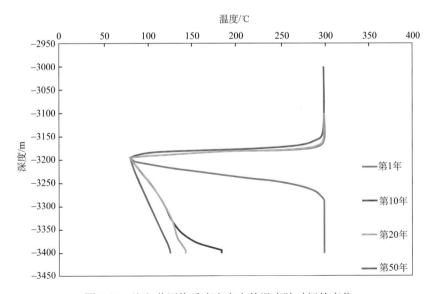

图 3-50　注入井网格垂直方向上的温度随时间的变化

2）低渗透率模型——案例 2（$k=10^{-14}\text{m}^2$）

案例 2 为低渗透率模型的代表，热储渗透率和井筒渗透率均为 10^{-14}m^2，模拟结果如图 3-51 所示。由图 3-51 可以看出，开采第 1 年，注入点附近出现了近似半圆形的冷却区域，以注入点位置水平线 $Z=-3195\text{m}$ 为对称轴；开采第 10 年，冷却区域最大影响范围水平距离达到 110m，远低于案例 1 的 180m。可见，在低渗透率的情况下，流体运移速度明显减缓。在垂直方向上，冷却区域向下运移的距离达到 120m，与向上运移的距离相差 30m，较案例 1 仅向下部运移的情况也有明显的区别，这是由于热储渗透率低，温度的传播受对流影响变弱，热传导作用增强，岩石与流体接触时间延长。开采第 20 年，冷却区域半圆形面积继续增长，温度影响在水平方向上达到 150m，此时可以看出受到重力的作用，有部分冷水

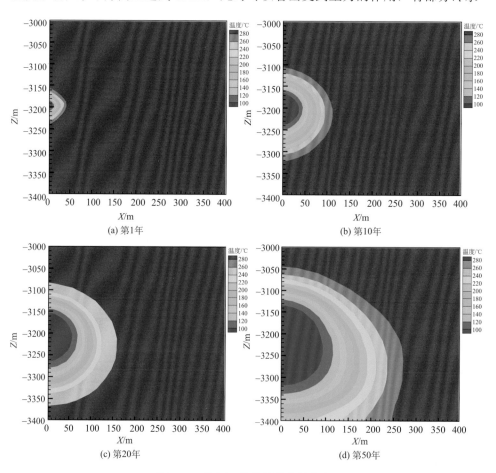

图 3-51　案例 2 的热储温度场分布

出现了下沉的趋势。开采第 50 年，温度影响达到模型底部，低于 100℃区域在水平方向上达到 100m 处，温度降低最大影响距离为 270m，与开采井仍有一定的距离。

与高渗透率模型不同，低渗透率模型冷却区域更倾向于向注入点上部运移。在低渗透率模型中，流体对流明显减弱，热传导作用增强，冷水受到重力作用的下沉趋势变缓，冷却区域以注入点为中心向四周扩散。此模型的低温（<100℃）区域面积达到整个系统的 16%，这是由于冷却水与热储接触时间较长，对热储的冷却作用变得持久，热储出现的明显低温带可能不利于后期的温度恢复。在 EGS 模拟年限内，开采点附近热储温度未受到低温注入水的影响，维持在 300℃，系统仍具有较大的开采潜力。

图 3-52 为注入点与开采点连线上 50 年内的温度变化情况。在整个 EGS 开采过程中，注入点与开采点之间的温度变化呈现出以 300℃和 80℃为渐近线的 "S" 形曲线。从图 3-52 中可以看出，随着开采时间的增加，温度降低的影响距离是逐渐增大的，第 1 年约为 50m，第 10 年接近 150m，这与模型结果的二维图相对应。在同一 X 坐标对应的位置，随着时间的增加温度是逐渐降低的，如在 X=150m 处，50 年内温度共降低了 81℃。

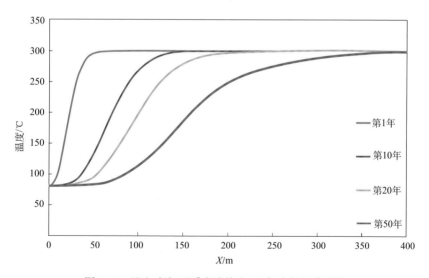

图 3-52　注入点与开采点连线上 50 年内的温度变化

3）极高渗透率模型——案例 4（$k=2\times10^{-10}\mathrm{m}^2$）

案例 4 为极高渗透率模型的代表，模拟结果如图 3-53 所示。由图 3-53 可以看出，开采第 1 年，温度影响范围已经达到模型底部及边界，在极高渗透率的条件下，水流经过热储的速度较快，温度场呈层状分布，储层最低温度高于 220℃，垂直方向上影响范围约为 200m；开采第 10 年，储层冷却区域面积为模型的 5/8，模型底部温度为 140℃左右，整个底部冷却带逐渐上移，垂直方向上高温区域较为集中；开采第 20 年，模型底部有将近一半面积热储的温度降低至 120℃以内，开采点附近的温度为 140~160℃，根据麻省理工学院的报告判断，热储几乎没有商业开采利用价值了；开采第 50 年，热储有超过 1/2 面积已经降低至 100℃以内。

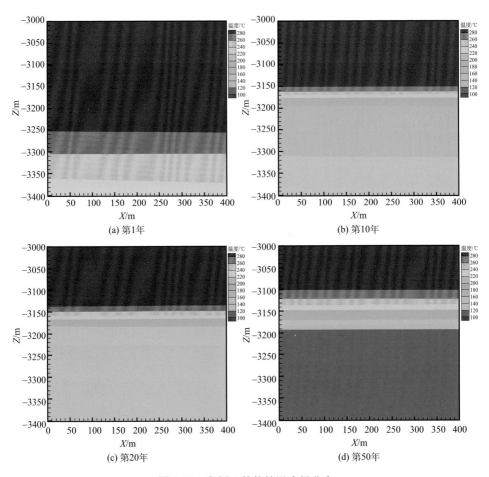

图 3-53　案例 4 的热储温度场分布

　　案例 4 中，在极高渗透率的影响下，流体在热储中运移速度十分快，冷水迅速下沉到模型底部，低温注入水与热储进行热交换使热储冷却，开采过程中温度场出现了层状水平分布的现象。该模型的开采寿命较短，只有 20 年左右。

　　4）井筒渗透率模型

　　案例 1、8、9 的热储渗透率相同，井筒渗透率差别较大，模拟结果如图 3-54 所示。在实际工程中，如果钻井之后未采取任何封井措施，可能造成井筒渗透率高于热储渗透率的现象。由图 3-54 可以看出，案例 1 和案例 9 的温度场分布基本相似，50 年后边缘温度分布有 10～20m 的差异。案例 8 中，在极高井筒渗透率的条件下，低温注入水优先选择沿着井筒向模型下方运移，然后再进行水平运动，模拟结束后，系统低温区域面积较大，约占模型的 1/4。因此，建议施工之后应对井筒进行封井处理。

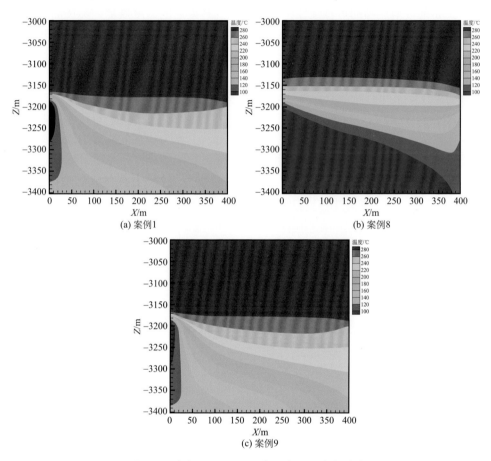

(a) 案例1

(b) 案例8

(c) 案例9

图 3-54　案例 1、8、9 开采 50 年后温度场分布

4. 小结

本小节进行了多方案不同渗透率的 EGS 热储开采模拟，根据各方案结果的温度场分布进行了模型分类，分别为高、低、极高渗透率模型。各模型代表反映了热储的温度分布情况、冷却影响范围、热储开采寿命等，从上述对模型结果的详细描述中，可以得到一些结果作为工程上的参考和选择。

　　针对案例 1、2、4 可得出：极高渗透率模型，由于开采寿命较短，大约只有
20 年，故在工程上不做推荐；高渗透率模型在系统运行 50 年后，开采点的温度
会有一定的降低，但是热储整体降温不大；低渗透率模型在系统运行 50 年后，在
注入点附近出现了明显的低温带，但是开采点并没有受到低温的影响，仍然维持
在 300℃。高渗透率和低渗透率模型各有优缺点，可以根据实际工程的需求进行
选择。如果希望热储的可持续性强，并考虑到开采后的温度恢复，则选高渗透率
模型；如果要在开采 50 年内，保持热储开采稳定性，则选低渗透率模型。若计划
在羊易地区进行深层地热能资源的开采，在进行基岩压裂工程之前，建议将以上
渗透率对热储开采的影响考虑到实际施工当中，能够更高效、安全地进行地热能
资源的开采，且可以根据实际需求，选择进行压裂地层的渗透率数量级。

　　针对 9 个案例，选取模型开采点与注入点的连线，观察 50 年后各案例的温
度变化情况，如图 3-55 所示。以案例 1、5、6、8、9 为代表的高渗透率模型温度
呈现出对数增长曲线，温度影响范围较大，低温影响范围则较窄。以案例 2、3、
7 为代表的低渗透率模型温度曲线呈现出"S"形变化趋势，在两端逐渐趋近 300℃
和 80℃的渐近线，低于 100℃的影响距离约为 100m。以案例 4 为代表的极高渗
透率模型的温度在注入点与开采点之间变化不大，为一条直线，温度约为 116℃。
可以根据曲线的形状判断模型属于哪一类渗透率热储。

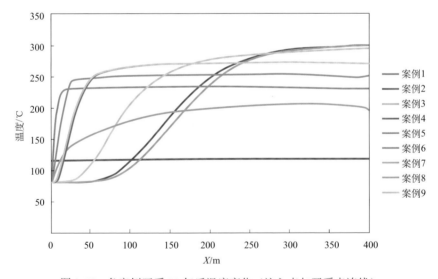

图 3-55　各案例开采 50 年后温度变化（注入点与开采点连线）

　　未来对羊易地区进行深层地热能资源开采，建议在基岩压裂之前，考虑到渗
透率对热储开采的影响，可根据实际工程的需求，选择压裂地层的渗透率参数数
量级，以便高效、安全、可持续地进行地热能资源开采。

第 4 章　压缩空气含水层储能

4.1　压缩空气含水层储能评价方法

CAESA 系统的设备与传统的 CAES 系统大致相同，不同点在于储气容器为充满水的含水层介质，故在实际运行中需要进行一定的特殊处理。国际学者在进行压缩空气含水层储能研究时，普遍采用穹顶结构的背斜含水层作为研究对象，但这大大地限制了系统应用场地的范围。Jarvis（2015）的研究指出平直的砂岩含水层也可以进行压缩空气储能，背斜含水层对于平直含水层来说，本质上的区别就在于背斜结构能够天然地形成一部分的封闭边界，考虑到这一区别，认为背斜结构的含水层是平直含水层的一个特例。故在构建 CAESA 系统一般的概念模型时（图 4-1），选择水平展布结构并上覆良好封闭盖层的含水层作为研究对象，在模型研究中通过设置平直含水层的边界范围和调整渗透率大小可以起到封闭背斜含水层结构的作用。

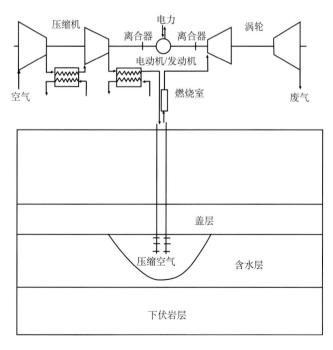

图 4-1　CAESA 系统概念模型

　　压缩空气含水层储能运行主要分为两个阶段：第一个阶段为向选定的含水层介质中注入一定量的缓冲气体（空气、N_2、CO_2 等），缓冲气体注入含水层后会形成一个大的初始气囊，气囊主要是为工作气体提供压力支持和防止水涌发生；根据艾奥瓦州的前期调查报告，初始阶段注入含水层中的缓冲气体量应该为循环过程中空气量的 $10\sim100$ 倍。第二阶段为储能释能阶段，此阶段注入和释放的气体称为工作气体，工作气体的循环周期一般为日循环或者周循环。从概念模型和操作过程来看，CAESA 系统的理论研究就是对空气-水-热量三组分气-水两相流在含水层中渗流和在井筒中流动过程的探索。

　　1. 系统原理

　　1）在含水层中渗流过程

　　压缩空气含水层储能与盐洞中的压缩空气储能不同的是储气库的介质特点。在盐洞中储存压缩空气由于其没有颗粒介质存在，因此在空气循环过程中盐洞内的压力分布较为均匀；而在含水层中由于固体颗粒介质的阻碍和渗透率限制等因素，从工作井向含水层四周会出现较大的压力梯度（Oldenburg and Pan, 2013b）。在工作气体循环中，含水层中的水和空气之间时刻处于相互驱替的过程以及空气向含水层中扩散和溶解等过程，所以要考虑开采压力不足和水涌等问题的发生。图 4-2 是微观状态下孔隙介质中水和空气在含水层中相互驱替的过程示意图。当空气注入含水层时，在压力梯度的驱动下，空气逐渐驱替含水层中的水，随着空气在孔隙中的饱和度逐渐增加，相对渗透率也逐渐增加，这时毛细压力在驱替过程中起着很重要的作用；当空气逐渐占据孔隙空间，孔隙中的气相饱和度不会达到 1，有一部分水会吸附在固体颗粒表面，这部分水就是残余水饱和度；当抽采气体时，由于压力的降低，含水层中的水会开始反向驱替孔隙介质中此前注入的空气。与空气驱替水相似，随着水逐渐占据空气的空间，两相的相对渗透率和毛细压力也会随着饱和度的变化而变化。同样，由于残余气体的存在，驱替的水也不会完全占据孔隙空间。CAESA 系统的抽采循环过程实质就是水和空气相互驱替的过程。此外，在水和空气在作用过程中，空气所挟带的热量也主要通过扩散和对流传热的方式进行交换。

　　根据空气-水-热量在含水层中的流动方式和原理可以得到其在渗流过程中的数学模型。对于水和空气两相情况下，可以采用连续性方程和相关的辅助方程来描述其在含水层中流动过程，具体如下。

　　（1）连续性方程。

　　气相：

$$\frac{\partial}{\partial t}[\Phi(S_w\rho_{dg}+S_g\rho_g)]=-\nabla(\rho_{dg}u_w+\rho_gu_g)+q_g \tag{4-1}$$

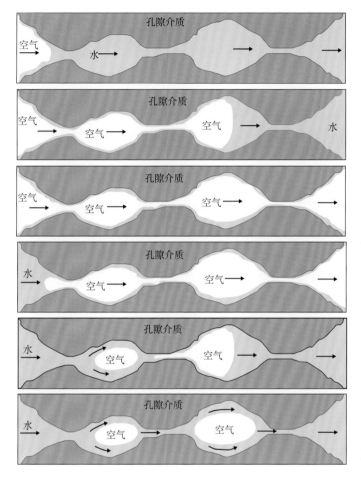

图 4-2　微观状态下孔隙介质中水和空气在含水层中相互驱替的过程示意图

水相：

$$\frac{\partial}{\partial t}[\varPhi(S_{\mathrm{w}}\rho_{\mathrm{w}})] = -\nabla(\rho_{\mathrm{w}}u_{\mathrm{w}}) + q_{\mathrm{w}} \qquad (4\text{-}2)$$

式（4-1）和式（4-2）中，t 为时间；$\varPhi$ 为孔隙度；S_{w} 和 S_{g} 分别为水相和气相的饱和度；ρ_{dg} 为水相中溶解气的密度；ρ_{g} 和 ρ_{w} 分别为在当前状态下空气和水的密度；u_{g} 和 u_{w} 分别为气相和水相的流速；q_{g} 和 q_{w} 分别为空气和水的源汇项。

（2）辅助方程。

饱和度方程：

$$\sum_{\beta} S_{\beta} = 1 \qquad (4\text{-}3)$$

相态的饱和度变化时，其对应的相对渗透率和毛细压力会发生变化，根据实际情况，需要选择不同的相对渗透率和毛细压力计算函数。

空气的状态方程：

$$P_a V_a = n_a Z R T \tag{4-4}$$

式中，P_a 为空气的分压；V_a 为空气在气相中占的体积；n_a 为空气物质的量；R 为理想气体常数；Z 为实际气体的压缩因子；T 为温度。此外，水随着压力和温度的变化，其状态方程可以采用国际化公式委员会提供的相关计算方法。

对于热量的流动来说，一般主要考虑热传导、对流和热辐射，其流动方程为

$$F = -\lambda \nabla T + \sum_\beta h_\beta F_\beta + f \sigma \nabla T^4 \tag{4-5}$$

式中，F 为热量流动矢量；λ 为热传导率；h_β 为 β 相流体的比焓；F_β 为 β 相流体的质量通量；f 为热辐射因子；σ 为 Stefan-Boltzmann 常数。

2）在井筒中流动过程

井筒在整个系统中承担着注入和开采通道以及连接地下含水层与地表装置的作用。循环过程中，井筒在目标含水层上部只存在与周围地层的热量交换，在贯穿目标含水层后根据不同位置压力的变化分配流量，由于井筒中不存在颗粒介质，流体在井筒流动中速度较大，故不符合渗流的达西定律过程。对于井筒内多相流体流动的描述，根据质量和能量守恒的方法，可以得到空气-水-热量三组分气-水两相流在井筒中一维流动的基本方程。

空气和水的质量守恒方程：

$$\frac{\partial M_w^\kappa}{\partial t} = F^\kappa + q^\kappa \tag{4-6}$$

式中，F^κ 为质量流动项；q^κ 为质量源汇项。

质量累积项：

$$M_w^\kappa = \rho_g S_g X_g^\kappa + \rho_w S_w X_w^\kappa \tag{4-7}$$

井筒中空气和水的质量流动项可表示为

$$F^\kappa = -\frac{1}{A} \left[\frac{\partial(A \rho_g X_g^\kappa S_g u_g)}{\partial z} + \frac{\partial(A \rho_w X_w^\kappa S_w u_w)}{\partial z} \right] \tag{4-8}$$

对于能量变化采用能量守恒来表示：

$$\frac{\partial E_w}{\partial t} = F^e + q^e \tag{4-9}$$

能量累积项：

$$E_w = \sum_\beta \rho_\beta S_\beta \left(\mu_\beta + \frac{1}{2} u_\beta^2 \right) \tag{4-10}$$

井筒中能量的流动相主要包括热对流、动能变化、势能变化及井筒内流体侧向交换的热量，总结可表示为

$$F^e = -\lambda \frac{\partial T}{\partial z} - \frac{1}{A} \sum_{\beta=1}^{2} \frac{\partial}{\partial z} \left[A\rho_\beta S_\beta u_\beta \left(h_\beta + \frac{u_\beta^2}{2} \right) \right] - \sum_{\beta=1}^{2} (\rho_\beta S_\beta u_\beta \mathrm{g}\cos\theta) - q'' \quad (4\text{-}11)$$

式（4-7）～式（4-11）中，M_w 为井筒中质量的累积量，上标 κ 代表质量组分（空气和水）；X_g^κ 和 X_w^κ 分别为气相和水相中组分的质量分数；E_w 为井筒中质量累积项；F^e 为井筒中能量流动；q^e 为能量的源汇项；A 为井筒内流体流动的横截面积；μ_β 为 β 相的比内能；q'' 为井筒热损失或者增加量；z 为垂向距离；θ 为网格连线与垂向的夹角。以上关于井筒内质量和能量的守恒方程是气-水两相流的基础，通过对气-水两相流的不同速度的描述和机理解释的不同，可以演化出不同的关于井筒内两相流的计算模型方法。

在这一部分中主要针对 CAESA 系统的概念模型和系统理论研究过程进行了分析，从研究中可以发现，就以储能过程来说，系统的运行过程研究主要就是对空气-水-热量三组分气-水两相流在含水层介质中的渗流和在井筒中的流动的分析。

2. 评价方法

在进行影响因素的敏感性分析前，首先确定 CAESA 系统表现评价方法。在 CAES 系统中常用的效率评价包括能量回收效率和系统循环次数。

从热力学第二定律角度出发，CAES 系统在储能过程中将高品位的电能转化成低品位的压缩空气的势能和热能进行存储，在释能过程中，将压缩空气的势能和热能转换成电能进行释放。在能量利用过程中将高品位能量转化成低品位能量，然后再将低品位能量转换回高品位能量，这中间存在了能量品位的贬值，因此，系统能量利用不合理，能量系统效率相对低。

对于 CAESA 系统地下含水层部分，从热力学第一定律出发，将 CAESA 系统看作开放系统，系统的能量变化等于热能的流入流出（Q）、系统做的功（W）及由动能、势能变化引起的能量变化，可用式（4-12）表达（Oldenburg and Pan, 2013a）：

$$E_2 - E_1 = Q + W + \frac{1}{2}mv^2 + mgz + mh \quad (4\text{-}12)$$

式中，v 为流体速度；h 为深度；$m = m_2 - m_1$，m_1 和 m_2 是状态点 1 和 2 空气质量。式（4-12）中左边 E_2 和 E_1 表示空气-岩石颗粒系统状态点 2 和 1 的内能，分别为气相空气的内能和岩石颗粒中内能之和：

$$E_1 = m_1 C_V T_1 + m_R C_R T_1$$

$$E_2 = m_2 C_V T_2 + m_R C_R T_2 \tag{4-13}$$

式中，下标 R 表示岩石颗粒；C_V 为定容比热容。如果忽略热流、系统做的功量、动能和势能，则系统的能量变化来源于注入空气热焓量，根据实际气体定律：

$$m_1 T_1 = P_1 V \frac{M}{ZR}$$

$$m_2 T_2 = P_2 V \frac{M}{ZR} \tag{4-14}$$

代入式（4-12），则如式（4-15）所示：

$$E_2 - E_1 = C_V \frac{M}{ZR} V (P_2 - P_1) + m_R C_R (T_2 - T_1) \tag{4-15}$$

式中，V 为空气占据的体积。如果考虑 CAESA 系统占据含水层总体积 V_{res} 及残余液相饱和度，则能量的变化为

$$E_2 - E_1 = C_V \frac{M}{ZR} V_{res} (1 - S_{lr})(P_2 - P_1) + V_{res}(1 - \Phi)\rho_R C_R (T_2 - T_1) \\ + V_{res} \Phi S_{lr} \rho_1 C_1 (T_2 - T_1) \tag{4-16}$$

由式（4-16）可知，CAESA 系统储能的原理是注入空气的热焓会引起空气压力和液相及岩石颗粒温度的升高。即使为等温状态，质量的变化也会导致压力的变化。

能量回收效率重点考虑地下部分效率，在 CAESA 系统，选择单次循环过程中地下部分能量回收效率作为评价系统表现的一个指标：

$$\eta = E_{out} / E_{in} \tag{4-17}$$

式中，η 为 CAESA 系统单次循环储能效率；E_{out} 为循环中能量回收量；E_{in} 为循环中能量储存量。

能量回收效率评价指标从能量方面有效评价储能系统的效率，针对储气罐等封闭储气库类及 CAESA 系统稳定运行后较为适用。但对于 CAESA 系统初期，由于水和空气的相互作用系统循环效率不稳定，单次循环储能效率不能完整评估整个系统表现。

随着循环的继续，由于水和空气的相互作用，空气逐渐运移远离注入井（在释能过程中难以被抽出利用）并且逐渐溶解到水中，气囊中可供利用的有效空气逐渐减少，在无补充气体条件下，当定量空气无法抽出释能时，系统循环的总次数称为可持续循环次数。该评价指标可有效评价不同操作参数、地层条件对系统整体表现的影响。系统可持续循环次数的确定需要系统从循环开始到循环结束时的信息，在实际工程中无法及时获取此类数据，因此需要借助数值模拟方法实现评价指标。

3. 经济可行性

在经济成本方面，各类储能方式成本如表 4-1 所示。从表 4-1 中可知，CAES系统在经济成本方面比抽水储能（pumped hydro storage, PHS）和硫钠电池具有优势。

表 4-1　各类储能方式成本比较

储能方式及功率	容量成本/[美元/(kW·h)]	能量成本/[美元/(kW·h)]	储能时间/h	总成本/[美元/(kW·h)]
CAES, 300MW	580	1.75	40	650
PHS, 1000MW	600	37.5	10	975
硫钠电池, 10MW	1720～1860	180～210	6～9	3100～3400

对于 CAESA 系统，其开发成本如表 4-2 所示。三个不同地区（奥奈达、罗克兰县、布法罗）的试验表明 CAESA 系统开发总成本为 2.0～7.0 美元/（kW·h），常规 CAES 系统开发成本为 6.0～10.0 美元/（kW·h）。通过对比可知，CAESA 系统在经济成本方面比常规 CAES 系统具有一定的经济成本优势，具有可行性。在增加储能规模成本方面，CAESA 系统也具有较大优势。以地下盐洞为代表的常规 CAES 系统，储能容量增大时所需成本约为 2 美元/（kW·h），而对于 CAESA 系统，其储能容量增加时所需成本仅为 0.11 美元/（kW·h）。

表 4-2　CAESA 系统开发成本

参数	奥奈达	罗克兰县	布法罗
深度/m	910	460	610
钻井/(美元/口)	775000	480000	520000
井的外围结构/(美元/口)	100000	100000	100000
集输系统/美元	2600000	2600000	2600000
井的数量/口	18～38	80～107	40～71
总成本/[美元/（kW·h）]	2.0～2.2	5.6～7.0	2.7～3.4

4.2　压缩空气含水层储能可行性模拟分析

4.2.1　压缩空气含水层储能过程模拟分析

根据概念模型，在模拟过程中建立以工作井为中心的径向扩散的网格系统。为了消除边界对结果的影响，选择网格的最远边界距离中心井孔 10000m。模型在垂向上的范围为从地表到地下 700m，其中目标含水层为水平展布且厚度为

50m，范围为从–700～–650m，垂向网格的精度为 2m。含水层以上为覆盖岩层，故把含水层以上的地层概化成非渗透的地层。为了详细研究循环过程中井口和含水层内的状态，考虑到计算收敛性的因素，在井口和上覆地层与含水层的接触面附近进行了网格垂向的逐渐细化。这种逐渐细化网格，可以防止网格从粗精度到细精度的突变引起计算的收敛困难问题。在径向上，由于离井越近流动变化状态越剧烈，故采取从中心向四周网格精度逐渐增大的方法，网格的分辨率从 0.25m 至 70m 逐渐变大。图 4-3 显示了模型在平面径向与剖面上网格剖分图，表 4-3 显示了模型中含水层的相关参数。在计算气-液两相相对渗透率和毛细压力时分别采用 van Genuchten-Mualem 模型和 van Genuchten 函数（Li et al., 2017b）。

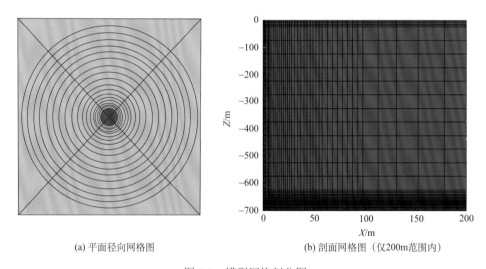

(a) 平面径向网格图　　　　　　　　　(b) 剖面网格图（仅200m范围内）

图 4-3　模型网格剖分图

表 4-3　模型中含水层的相关参数

参数	数值（模型/函数）
孔隙介质固体颗粒密度/（kg/m³）	2600
水平向的渗透率/m²	3.0×10^{-13}
垂直向的渗透率/m²	3.0×10^{-14}
孔隙度	0.2
压缩系数/Pa⁻¹	1.0×10^{-10}
热传导率/[W/（m·℃）]	2.51
岩石颗粒的比热容/[J/（kg·℃）]	920
相对渗透率计算模型	van Genuchten-Mualem 模型
毛细压力计算模型	van Genuchten 函数
指数的因子	0.60

续表

参数	数值（模型/函数）
残余液相饱和度	0.12
残余气相饱和度	0.05
气相和液相间的毛细压力强度参数/Pa	675.68
最大毛细压力/Pa	5.0×10^{5}
井的直径/m	0.5
井的长度/m	700
范宁摩擦系数/m	4.5×10^{-5}

模型的初始条件如下：初始时整个含水层充满液相水，饱和度为 1；初始整个模型的压力按照静水压力分布，地表的压力为标准大气压力 0.1MPa；初始温度按照地温梯度进行分布（38.5℃/km），地表温度设为 15℃。模型的边界条件如下：含水层远处的侧向边界为定压力边界，压力按照初始压力进行分布；底层边界为无流量边界，以此把含水层之下的地层视为下伏的非渗透边界，在工作井和上覆地层接触的部位为无质量流动但可以进行热量的相互交换。

为了保证系统的可持续运行次数，在实际的工程中如 Huntorf 电站，每个过程注入的工作气体总量会稍大于产出的空气总量，从而在每一个循环中有多余的气体去补充扩散损失的缓冲气体。但是在理论的研究中，每个循环的抽注气体总量常保持一致，方便计算储能效率（郭朝斌等，2016；Guo et al., 2016c, 2017, 2016a）。结合 Huntorf 电站和前人研究时整合的日循环操作模式，在研究中选择以下的日循环操作模式：连续注入阶段（12h），第一次停注阶段（4.5h），抽采阶段（3h），第二次停注阶段（4.5h），具体见图 4-4（图中正值代表注入速率，负值代表产出速率）。为了更好地计算储能效率，在每次的循环中保证总的注入和抽采的总量平衡。结合郭朝斌等采用 TOUGH2/EOS3 对系统的研究中使用的注入和开采速率（Guo et al., 2016b；郭朝斌等，2016），在研究中选择比其规模更大的速率进行探究（5 kg/s 注入、20 kg/s 产出），注入空气的比焓为 0.328 MJ/kg。注入和抽采过程中采用定流量的模式。由于初始情况下，含水层中充满水，如果直接进行循环模式的开采，极容易造成工作气体的循环压力过大和水涌现象。故在注入循环的空气（工作气体）之前，需要进行一段时间的大量气体注入形成一个初始的大气囊（缓冲气体），从而起到提供稳定压力和防止水侵的作用。在研究中循环操作之前，以拟定的注采规模通过先验模型的试算，从而决定初始气体的注入操作：持续 30 天注入 50 kg/s 的空气。

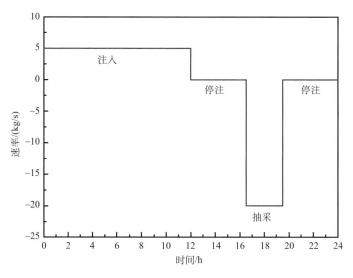

图 4-4　循环注入过程操作图

1. 初始气囊建立阶段

图 4-5 显示了连续注入 30 天空气后形成的初始气囊的气相饱和度的分布图。空气在被注入含水层后，气体驱替含水层中的水，气体的饱和度分布从井筒向远处逐渐减小。在离井筒很近的范围内，气体的饱和度达到最大值，岩石孔隙内除了附着于固体颗粒表面的残余饱和度的水之外全被压缩空气占满。随着与井孔距

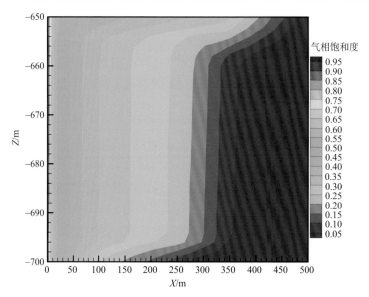

图 4-5　初始气囊的气相饱和度分布图

离的增加，岩石孔隙中的气相和液相同时存在，属于气水过渡区域，该区域内气相的饱和度分布随着远离注入端逐渐减少而液相饱和度逐渐增大，最后变成完全水饱和的区域。从图 4-5 中可以看出，在含水层上部，垂向相同位置处较含水层下部气体饱和度更大，产生这一现象的原因主要是压缩空气的密度小于原始含水层中水的密度，在浮力的作用下，压缩空气更倾向于向含水层上部移动。

图 4-6 显示了初始气囊注入过程中井口压力的变化情况。在向饱和含水层中注入大量空气时，由于地层中水的压力作用，初始的井口压力能够达到 15MPa 左右。随着气体的不断注入，含水层中气体的饱和度逐渐增加，使得在向含水层中注入相同量的空气时阻力减少，注入压力逐渐下降，在注入结束时井口压力到达 13MPa 以下。在初始气囊的注入过程中，不仅需要考虑注入的总量，还要考虑注入方式的不同可能会带来注入压力上的变化。过大的压力积聚可能会引起含水层中盖层岩石破裂等力学效应，从而对整个系统的安全造成一定的影响。采取定压注入或者间歇性注入可能会减小初始气囊的压力积聚，从而避免可能发生的安全问题。

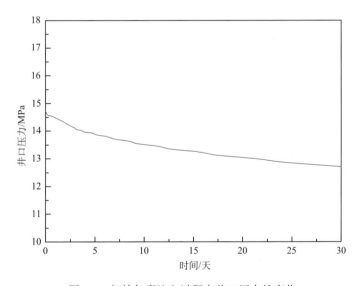

图 4-6 初始气囊注入过程中井口压力的变化

2. 压缩空气循环阶段

在初始气囊形成以后，下一阶段将进入压缩空气循环注采阶段，这个阶段主要是能量的储能-释能阶段。采用初始气囊形成之后的含水层中的气-液两相分布情况和含水层压力分布情况为循环阶段的初始条件，根据注入-停注-抽采-停注的标准日循环模式进行模拟研究。图 4-7 显示了系统 100 天内循环注采过程中井口压力的变化。在循环初期阶段，整体压力下降的速度加快，这主要是因为当初始气囊注入过程结束以后，含水层内的气相和液相之间尚未达到一个较为稳定的过程，这时气囊内气相的压力较周围地层水的压力高，使得在初始循环的阶段内，初始气囊内的气体迅速向周围含水层中扩散，导致开始阶段每次循环结束后整体压力变化较大。随着循环的不断进行，系统逐渐达到一个拟动态平衡的阶段，这时含水层中的气相压力和周围水的压力梯度变小，导致气体在向含水层中扩散的速度减小，该阶段内的井口压力虽然也在每次循环内都会有所降低，但是降低速率较小，这样系统会持续地运行直到气相扩散导致的循环压力不符合操作标准或水涌现象的产生使得系统整体效率降低，从而导致可能需要再次进行气体的补充注入。

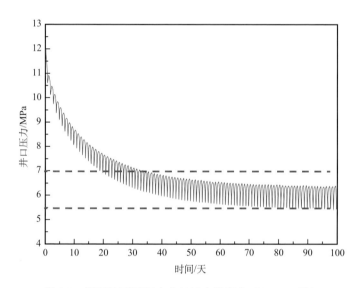

图 4-7　循环注采过程中井口压力的变化（0～100 天）

图 4-8 放大了循环过程中的井口压力和温度的变化情况（40～50 天），从图中可以清晰地看到每个循环过程中压力和温度的变化情况，进而详细地对注气-停注-抽采-停注的循环过程进行分析。在注入储能阶段，空气的注入导致井口压力逐渐增大，井口温度在注入的过程中有一个快速的增加阶段然后进入平稳达到空气恒定的注入温度，开始的加速增加阶段是由于上个循环阶段结束后井口温度较注入温度低；第一个停注阶段，注入阶段产生的压力梯度驱动压缩空气和地层水的驱替，气体逐渐扩散到含水层中导致井口压力逐渐减少，该阶段的井口温度也会出现轻微的降低，主要是由于井筒的热扩散过程；在抽采释能阶段，压力迅速下降，在本模型中压降的速度约为 0.3MPa/h，该阶段井口的高压空气温度急剧降低，引起这一现象的主要原因是气体压力骤降导致的膨胀降温、含水层中热能

的损失和井筒的热传递损失的综合因素；在最后一个停注阶段，由于抽气结束后，井孔附近压力较低，周围地下水逐渐驱替空气向井孔附近运移，井口附近压力和温度缓慢地恢复，但不超过注入时的压力和温度。在整个压缩空气含水层储能循环过程中，温度和压力也进行着循环的升高和降低。但是由于气体的扩散和少量的溶解存在，随着循环的进行，最高的压力和最低的压力都在逐渐降低，当不符合地表发电的要求压力或者经济效益时，系统停止。

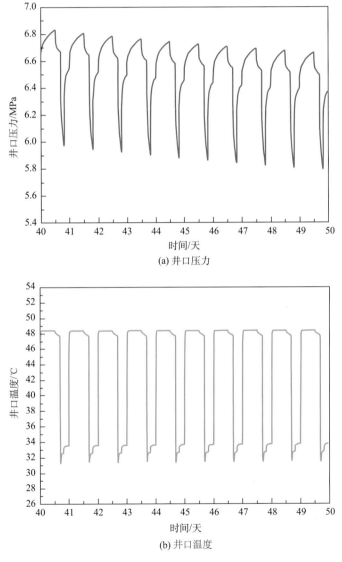

(a) 井口压力

(b) 井口温度

图 4-8　循环过程中井口压力和井口温度变化曲线（40～50 天）

　　图 4-9 分别显示了循环第 42 天和第 50 天含水层中气相饱和度分布图以及循环初始阶段气相饱和度分布的对比图。从图 4-9（a）和图 4-9（b）中可以发现，气体在循环过程中的分布等值线类似"S"形，这主要是浮力的作用使得气体倾向于向含水层上部移动，造成上部的压力积聚，从而气体向含水层中扩散得更远。在含水层的下部气体上浮，压力减小，使得地层中的水驱替前缘更接近于井筒，这种现象也造成了在抽气过程中，水涌现象会最先出现在井孔的最下端。图 4-9（c）显示了循环初始阶段、第 42 天和第 50 天的气相饱和度 0.2 和 0.3 等值线的相对位置，从图中可以看出随着循环的进行，气体逐渐向含水层中扩散，等值线的上部随着时间逐渐向远处延伸，而下部逐渐向井孔靠近。在循环开始阶段气体的扩散波动较快，在 40 天以后扩散的速度降低，第 42 天和第 50 天的气相饱和度等值线的位置变化较小。

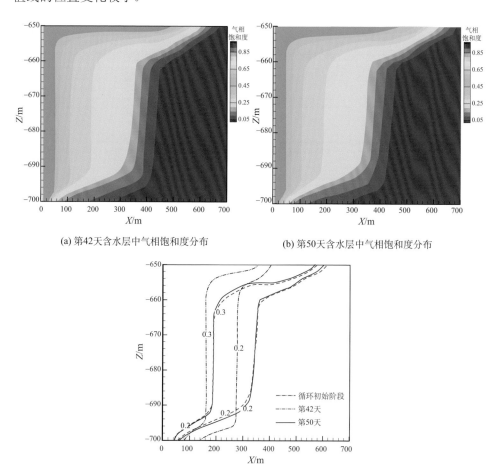

(a) 第42天含水层中气相饱和度分布　　　　　　　(b) 第50天含水层中气相饱和度分布

(c) 不同时间气相饱和度分布对比图

图 4-9　循环过程中气相饱和度分布

从以上对气体循环过程中压力、温度和气相饱和度分布变化来看，影响CAESA 系统可持续性的主要因素为气体在含水层中的扩散速度。在循环初始阶段，循环的压力波动较大，随着时间推移整个系统会逐渐趋近于一个较为稳定的状态。循环过程中气体和含水层中的水交替驱替，含水层中的气体在交替中逐渐扩散，最后引起开采压力不足进而导致整个系统的停止。下一步将针对 CAESA系统中的能量变化过程进行研究，并分析压缩空气含水层储能的储能效率。

3. 能量变化和效率分析

在 CAESA 系统中注入和抽采之后能量的变化是决定该系统是否能够成为有潜力的储能技术的重要标准。图 4-10 显示了该模型井口处在单次循环过程中能量流的变化过程，图中的正值代表能量的注入，负值代表释能时能量的采出量。从图 4-10 中可以看出，能量流的变化与日循环操作保持一致，在注入过程中由于模型的注入设置，能量流保持不变，在释能时由于能量在含水层和井筒中的损失，总能量相对于注入的总能量有一定的减小。为了更好地描述系统总的能量效率变化，在研究中定义了系统储能效率的计算方法。在计算储能效率时忽略压缩机和膨胀机等地表配套设配的效率，选择单次循环的注入和产出的能量比来评价含水层作为储气库可行性的评价标准。

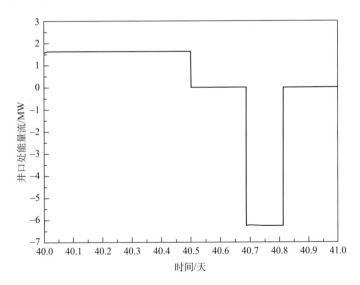

图 4-10　单次循环过程中井口处能量流的变化过程

图 4-11 显示了系统 50 次循环的储能效率变化图，图中显示单次系统的储能效率随着循环次数的延续，储能效率呈上升的趋势。整个储能效率从 93.8%到95.6%，储能效率整体在 90%以上，且开始阶段储能效率增长较快然后逐渐变小。

储能效率的变化原因可以从压力随着循环过程的变化中得到解释。初始阶段气相的扩散速度较快，导致有一部分势能损失，且由于开始阶段井筒内的温度较低，高温气体注入时向周围地层中的热损失较大，从而导致在开始阶段储能效率较低。随着循环的进行，井筒和周围地层的温度逐渐被加热，从而使得热量损失减小，且进入稳定阶段后压力和气体扩散也逐渐减小，使得系统中的储能效率提升。以该储能效率定义 Huntorf 电站的盐洞储气库的效率为 96.8%，略高于该模型中含水层的储气效率，造成这种现象的原因主要是盐洞中有良好的封闭边界阻止气体和储气库外围地层发生流量的相互交换。

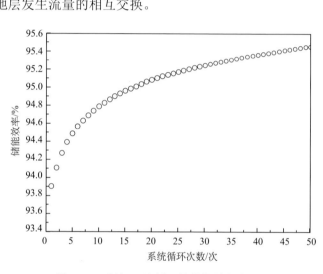

图 4-11　系统 50 次循环的储能效率变化图

　　通过建立理想模型对系统的气水流动过程和能量变化的分析可以发现，在具有良好盖层的合适的含水层中进行压缩空气储能，能够获得较好的储能效率。在整个过程中，气体的扩散损失和工作井与周边地层的热量交换影响系统运行持续时间和效率。

4.2.2　含水层和盐洞储气库储能效率对比分析

　　为对比盐洞和含水层作为储气库进行储能在系统表现方面的异同，借鉴德国 Huntorf 电站完整的地质数据和运行数据，相对应的 CAESA 系统参照 Huntorf 电站地质数据建立，如图 4-12 所示。地表设备部分假设相同，不在此模型考虑范围之内，只考虑地下储气库部分。Huntorf 电站中有两个相互独立的盐腔，选择 NK1 作为研究对象进行对比分析。含水层的厚度和岩腔的高度相同，为 150 m。在相同空间体积（140000m^3）下，含水层半径范围为 40.63 m。假设初始气囊区域地层类型为砂岩，且渗透率较高。典型砂岩的有效孔隙度为 0.05~0.30。根据普林斯顿大学的研究报告，适合 CAESA 系统的砂岩孔隙度应大于 0.16。美国劳伦斯伯克利国家实验室发表的相关文章中对 CAESA 系统中岩石孔隙度为 0.20，因此选择 0.20 作为初始气囊区域岩石孔隙度。初始气囊区域渗透率假设为 1.0×10^{-13} m^2（Guo et al., 2016a）。

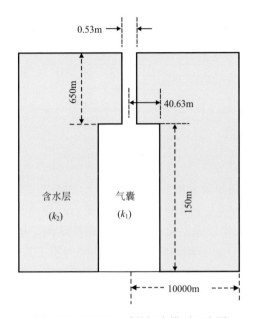

图 4-12　CAESA 系统概念模型示意图

含水层作为 CAESA 系统储气库，假设含水层发育条件理想，即含水层为背斜结构或透镜体结构，上覆层和下伏层封闭性良好，四周渗透率较低，形成类似于盐腔的封闭环境。实际中，废弃矿井或透镜体中可以实现此类地质条件。由于无实际监测数据用来设置模型初始条件，因此含水层初始温度根据地温梯度 31.25℃/km 分布，即井口温度为 15℃，井底温度为 40℃。

初始条件下，初始气囊区域处于饱和水状态，在注气形成初始气囊的过程中，空气逐渐驱替水，气相饱和度逐渐增加，液相饱和度逐渐降低到残余液相饱和度，模型中设定残余液相饱和度为 0.1。在盐洞系统中无须形成一定规模的初始气囊，因此假设在 CAESA 系统中初始气囊已经形成良好，其区域假设充满空气和残余液相水。循环时间周期采用相同日循环周期数据，具体参考 4.2.1 节内容。对于注气抽气速率，由于只模拟 Huntorf 电站的一个盐腔（NK1 盐腔），故注气抽气速率选择实际数据的一半，即注气速率为 54kg/s（持续 12h），抽气速率 216kg/s（持续 3h），在注气和抽气结束后停注 4.5h，如图 4-13 所示（图中正值代表注气速率，负值代表产出速率）。

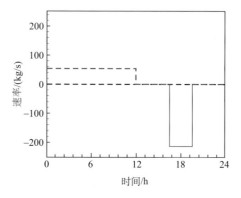

图 4-13　操作循环过程中注气抽气速率

1. 压力、温度变化

图 4-14 显示了盐洞和含水层系统中井孔压力和温度变化。其中含水层系统中井口和井底压力变化范围大于盐洞系统中井孔压力，具体表现为在开始注气时，含水层系统压力出现骤增现象，而盐洞系统中很快达到平衡，这是由于气体在孔隙结构（含水层）中存在岩石颗粒的阻挡，运移能力小于其在盐腔中的运移能力。根据达西定律，要达到一定量的注气速率需要一定的压力差，故含水层系统中压力出现骤增现象。由于温度的影响，盐洞和含水层系统压力增长速率不同。假设忽略温度的影响，恒温模型中压力变化如图 4-15 所示，除注气开始阶段压力骤增外，后续阶段压力增长率相同。

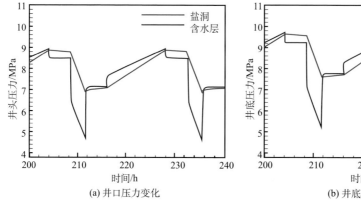

(a) 井口压力变化

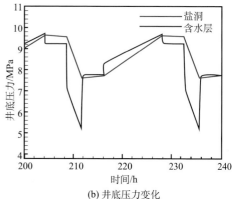

(b) 井底压力变化

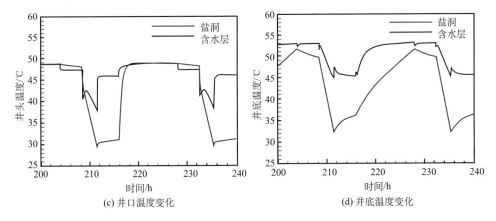

(c) 井口温度变化　　　　　　　　　(d) 井底温度变化

图 4-14　盐洞和含水层系统井孔压力和温度变化

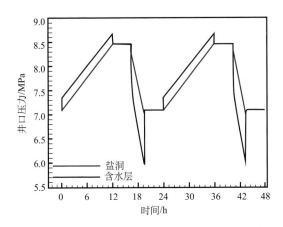

图 4-15　盐洞和含水层系统等温情况下井口压力变化

同样,在抽气过程中,含水层系统中空气由于岩石颗粒的阻碍,运移到井孔需要一定的压力差,故在抽气开始阶段出现压力骤降现象,而在盐洞系统的盐腔中空气压力缓慢下降。简言之,空气压力在盐洞系统中为连续缓慢变化,而在含水层系统中由于含水层孔隙结构岩石颗粒的阻挡会出现骤增或骤降的现象,压力的变化受到含水层渗透率等参数的影响。

根据图 4-16(c)和图 4-16(d),含水层系统中井孔温度变化相对于盐洞系统较平缓,这是因为组成含水层孔隙结构的岩石颗粒的比热容较大[920 J/(kg·℃)]。由于岩石颗粒质量较大(孔隙度为 0.2 及颗粒密度为 2600kg/m³),在注气过程中可以保存更多的热能,因此在含水层中温度变化相对平缓。

盐洞和含水层系统中一次循环过程中压力、温度沿井孔分布随时间的变化如图 4-16 所示。盐洞和含水层系统整体上变化趋势相同,明显的不同表现在循环过程变化及井孔盐腔交界处。在循环过程改变时,由于空气运移能力的不同,两个系统中压力出现明显的不同，与上述分析中压缩空气含水层系统中压力出现的骤增或骤降现象的原因相同。

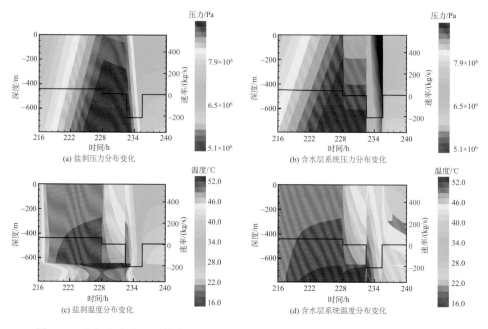

图 4-16　盐洞和含水层系统中一次循环过程中压力、温度沿井孔分布随时间的变化

2. 能量速率结果分析

图 4-17 为盐洞和含水层系统中井口能量流速对比图，除在抽气释能开始阶段有微小差异外，其余过程能量流速差异不明显。图 4-17 中内嵌图为抽气释能开始阶段能量流速放大图，从图中可以看出含水层系统中能量流速在抽气过程中缓慢变化，而盐洞系统在开始阶段存在骤变过程，这与两种系统中温度变化有关。由于盐腔中空气较好的运移能力，开始阶段盐洞系统中的高温气体被抽出，因此此时能量流速高于含水层系统中井口能量流速。随着抽气释能的继续，系统压力降低引起膨胀效应，导致井孔中空气温度降低，井口能量流速逐渐降低。含水层系统中空气由于和岩石颗粒进行一定热交换，温度降低速率比盐洞系统缓慢，因此在抽气释能过程中井孔中温度相对高一些，故含水层系统中井口能量速率相对高一些。用注入和抽出气体的总热焓表示能量效率，在含水层系统总共抽取出 7.52MJ，相比较盐洞系统中的 7.38MJ，高出约 2%。两系统中总注入空气热焓相同，为 7.62MJ。能量储能效率为抽取总热焓与注入总热焓的比值，则含水层系统的储能效率约为 98.7%，高于盐洞系统的储能效率（约为 96.9%）。Huntorf 电站的实际运行效率为 42%，是由于地表设备（压缩机、膨胀机）部分的能量损失。

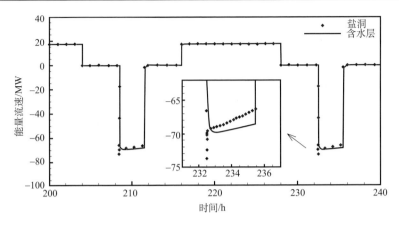

图 4-17 盐洞和含水层系统中井口能量流速对比图

压力、温度及能量流速变化的结果表明 CAES 系统可以在适当性质的含水层中实现。在系统循环的某一时刻,含水层中压力从井孔到边界保持一个较大的压力梯度,而不是盐腔中快速平衡的压力值。在循环过程改变时,即使在注气或抽气过程结束后经历若干小时的停注阶段,CAESA 系统中压力也会出现较大差异,对地表设备产生一定的影响。为减少压力骤变的影响,在 CAESA 系统操作时应考虑缓慢增加注气或抽气速率,但同时也会影响系统启动时间等方面。盐洞和含水层系统的另一个明显不同的地方是岩石颗粒比热容的影响。对于盐洞系统,由于岩壁安全稳定性的影响,注气温度控制在一定范围内,如 Huntorf 电站注气温度被限制在 52 ℃以下。而对于 CAESA 系统,由于储气库中充满岩石颗粒,其允许注气温度范围大幅提升。因此可以考虑利用含水层系统储存地表压缩机产生的压缩热,从而提高储热、储能效率。

通过盐洞与含水层系统的对比,两种储气库在压力、温度、能量流速等方面表现出不同,在 CAESA 系统设计时需要特别注意。

4.3　含水层地质条件影响因素分析

4.3.1　含水层系统结构

选择 3 种典型地质结构研究其对系统效率的影响,包括背斜、向斜及水平地层结构。野外地质条件中,褶皱的两翼变化较大,即褶皱的高宽比在较大范围内变化。选择高宽比为 0.1 的褶皱并按照理想化正态分布(μ=0.0,σ=44.7)进行向斜和背斜形状的刻画,如图 4-18 所示。褶皱的转折端与水平地层水平线差 10m,即背斜中转折端处比水平地层高 10m,向斜中转折端处比水平地层低 10m,褶皱两翼距离转折端 100m。其他的参数与水平地层中相同(Guo et al., 2016b)。

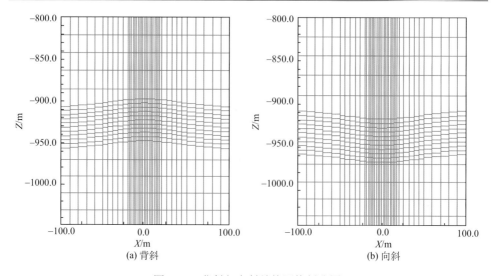

图 4-18　背斜与向斜结构网格剖分图

　　模拟结果表明不同地质结构对系统效率（系统可持续循环次数）影响较大。图 4-19 显示了不同地质结构中系统可持续循环次数，背斜、水平及向斜结构中系统可持续循环次数分别为 124 次、111 次和 92 次。背斜中系统循环次数最多，比水平地层、向斜地层多 11.7% 和 34.8%。这是因为背斜结构中两翼可阻挡空气向四周运移，减少能量的损失。3 个方案中，初始气囊注气量相同，均为恒定注入速率 10kg/s，注气 20 天。初始气囊形成后气相饱和度分布如图 4-20 所示。3 种地质结构中（向斜、水平、背斜）初始气囊中气相饱和度（S_g=0.05）的下边缘分别为–965.5 m、–948.4 m 和–945.5 m。背斜结构中，更多的气体集中在注入点附近，因此可以提供更多次数的系统循环。

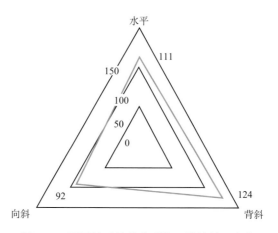

图 4-19　不同地质结构中系统可持续循环次数

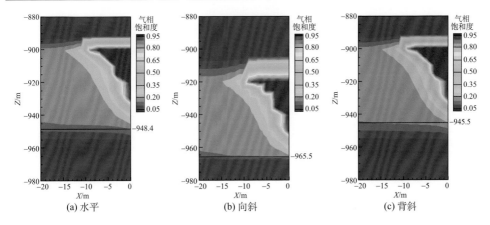

图 4-20 不同地质结构中初始气囊中气相饱和度分布图

研究分析显示了含水层结构的不同，直接影响着对压缩空气扩散阻碍作用的强弱，从而对整个系统有着重要的影响。背斜结构含水层因其天然的封闭气体的结构而获得良好的储能效果，故在选址时，背斜结构含水层是首要考虑的结构。但是由于在实际情况下，不一定有合适的背斜结构含水层可供压缩空气电站使用，这时具有合适渗透率和具有低渗透率边界的平直含水层也可以得到与背斜含水层相似的良好效果。

4.3.2 含水层介质渗透性

渗透率是代表流体在含水层中运移能力的参数。针对 CAESA 系统来说，对两种不同情况下渗透率的影响进行分析，即均质渗透率含水层系统和具有低渗透率边界的含水层系统。

1. 均质渗透率含水层系统

设计不同地层渗透率方案研究其对初始气囊的形成及后续系统可持续循环次数的影响，方案设计如表 4-4 所示，低渗方案（0.05～0.40D）和高渗方案（1.00～3.00D）（Guo et al., 2016b）。

表 4-4 不同渗透率方案设计 （单位：D）

方案	渗透率				
低渗方案	0.05	0.10	0.20	0.30	0.40
基本方案	0.50	0.50	0.50	0.50	0.50
高渗方案	1.00	1.50	2.00	2.50	3.00

　　模拟结果表明在定量抽气速率下，存在最佳渗透率对应最佳系统可持续循环次数。图 4-21 显示了不同渗透率模型及不同抽气速率（4kg/s、8kg/s 和 12kg/s）下系统可持续循环次数。以 8 kg/s 的抽气速率为例，相同注气、抽气循环周期条件，存在最佳渗透率（约 0.2D）范围对应最佳系统可持续循环次数。假设选择 200 次作为可允许系统可持续循环次数，则此方案中最佳渗透率范围为 0.15～0.22D。根据 4kg/s 抽气速率方案，可以得到相似结论。然而，当抽气速率达到 12kg/s 时，一定量的系统可持续循环次数（200 次）在较低渗透率条件下不能完成。这是因为在较低渗透率条件下，根据达西定律，需要较大压力差才能够以 12kg/s 的速率抽出空气，而此时井底压力无法满足条件。结果表明不同抽气速率（储能规模）对应着不同的最佳渗透率范围，即最佳渗透率的确定需要根据储能规模进行判断。

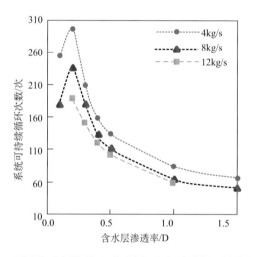

图 4-21　不同渗透率模型及不同抽气速率下系统可持续循环次数

　　当渗透率逐渐增大时，初始气囊边缘到注入井的距离逐渐增大，这会引起注入井附近有效可利用气体量减少，从而减少系统可持续循环次数。图 4-22 为不同渗透率下初始气囊形成后气相饱和度分布图，在低渗方案（k=0.1D）中，注入的压缩空气大多集聚在注入井附近，以气相饱和度 S_g=0.2 为例，此时下边缘位于−951.4m。随着渗透率的增加到 1.0D，等值线的下边缘位于−941.0m，侧边缘扩展到距离注入井更远的距离。相同量的气体，低渗方案中聚集在注入井附近，高渗方案中运移远离注入井致使在后续循环中可利用的有效气体量减少。

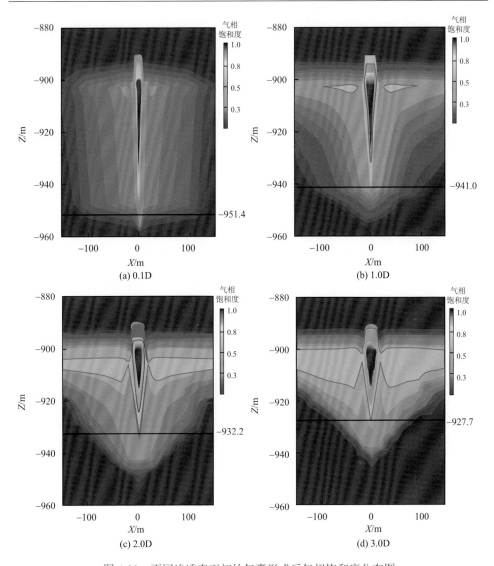

图 4-22　不同渗透率下初始气囊形成后气相饱和度分布图

　　渗透率表征含水层允许流体通过的能力，较低的含水层渗透率条件下空气运移较慢。在 0.1D 和 1.0D 方案下，距离注入井 0.5 m 位置（r=0.5m）的气相饱和度变化如图 4-23 所示。对于 0.1D 方案，在抽气释能阶段其气相饱和度逐渐降低，在随后的停注阶段和注气阶段中增加到饱和。而对于高渗方案，在前期循环阶段，监测点位置气相饱和度始终保持近饱和状态。

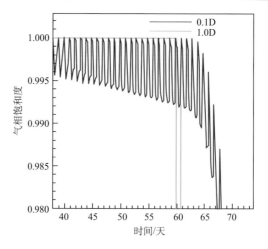

图 4-23　不同渗透率方案下气相饱和度变化（r=0.5m）

　　压力的消散可在一定程度上反映地层的储能能力，为研究不同渗透率条件对压力消散时间（time of pressure dissipation，TPD）的影响，在初始气囊形成后继续模拟 580 天，分析压力随时间的消散情况。图 4-24 表示基本模型中压力随时间消散情况，横坐标表示时间，纵坐标（P/P_0）表示当前监测点（r=0.5m）的压力与初始静水压力的比值。定义压力消散时间为压力消散到静水压力或特定值的时间。对于低渗方案，在模拟时间内未能消散到初始静水压力，因此选择一个比初始静水压力稍大的数值作为定义压力消散时间的标准，选择 1.05 倍的初始静水压力（$1.05P_0$），渗透率为 1.0D 的模型的压力消散时间为 31.57 天。

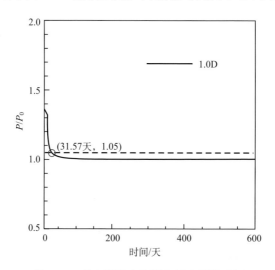

图 4-24　基本模型中监测点压力消散时间

随着渗透率的增加，压力消散时间表现出幂指数形式（在此方案中为 $TPD=37.48k^{-0.707}$）下降，如图 4-25 所示。这表明较低的渗透率有利于压力的储存，地层储能能力较好。

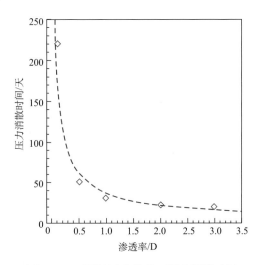

图 4-25　不同渗透率条件下压力消散时间

然而，较低的渗透方案中循环过程压力变化较大，如图 4-26 所示。这是因为较低的渗透率限制了地层压缩空气的注入能力和运移能力，在注气过程注入的压

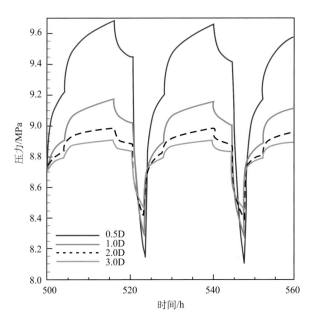

图 4-26　两个具体循环中压力变化（500～560h）

缩空气无法快速向四周运移，聚集在注入井附近造成压力的积聚，而在抽气过程中，压力急剧下降，这种压力的急剧变化会增加地层的不稳定性，易出现安全问题（如地层的破裂），影响 CAESA 系统。

综上所述，较低的渗透率限制空气的注入能力和运移能力，而较高的渗透率则大大减少系统循环周期（系统储能效率降低）。因此，一个合适的目标含水层应该不仅有很好的注气能力，而且应能提供较多次数的系统循环，即存在最佳渗透率。

2. 具有低渗透率边界的含水层系统

上述均质含水层的研究表明，对于 CAESA 系统来说，高渗透率能够保持规模较大的注采循环，而低渗透率地层能够减少有效气体的扩散。理想的含水层应该是在保证高渗透率的储气空间的条件下，还应该具有良好的低渗透率边界，从而阻止气体扩散和能量的损失。在自然环境中这种较为理想的含水层可见于背斜结构封闭下的高渗透率含水层、高渗透率砂岩的透镜体和断层分开下的高渗透率含水层结构。以上理想的含水层结构可以统一概化为具有不同低渗透率边界的平直含水层模型，图 4-27 上半部显示了自然条件下的理想含水层状态，下半部分显示了渗透率的概念模型（其中 k_1 代表储气空间的高渗透率，k_2 代表储气空间的边界渗透率）。

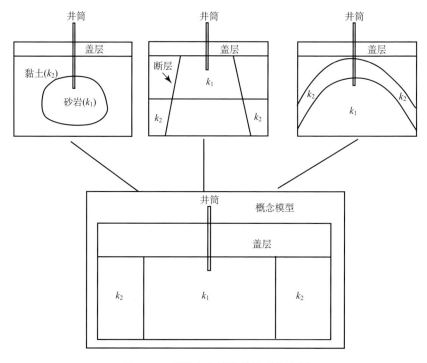

图 4-27　理想含水层的渗透率分布图

为了量化高渗透率储气空间和低渗透率边界的 CAESA 系统的效果，研究时同样采用系统可持续循环次数的概念进行评价。同时，为了展现该含水层配置的优势，研究时采用了与 Huntorf 电站 NK1 溶洞的储能规模，即注气速率为 54kg/s、抽气速率为 216kg/s 的大规模储能循环，在模拟中假设初始气囊在 k_1 区域气相饱和度为 1，k_2 区域液相饱和度为 1，并使得 k_1 区域为高渗透率地层（10 D），通过改变 k_2 区域的渗透率来量化最后的系统可持续循环次数。图 4-28 展示了随着边界渗透率 k_2 的变化，系统可持续循环次数的变化情况。

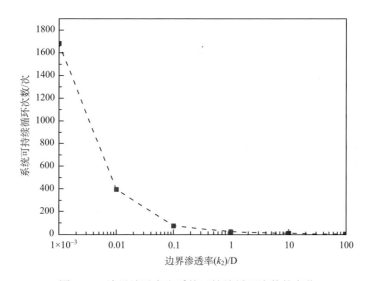

图 4-28　边界渗透率和系统可持续循环次数的变化

结果显示随着边界渗透率的逐渐降低，系统可持续循环次数呈现类似指数的增长，当边界渗透率达到 1 mD 时，系统可持续循环次数能够达到 1700 天左右。这主要是由于随着边界渗透率的降低，含水层系统结构已经成了类似于洞穴类型的储气库，气体向外进行扩散的速率很低，从而能够维持较为长久的系统可持续循环。

从两种不同系统来看，均质渗透率含水层系统需要整体考虑抽吸能力和气体扩散，对于不同规模的储能系统都对应着一个最佳的含水层渗透率范围，这就需要在实际过程中全方位考虑储能规模和现有含水层状况，从而获得更加理想的经济效益；对于具有低渗透率边界的含水层系统来说，高渗透率的储气空间和低渗透率的边界能够很好地满足 CAESA 系统的含水层要求，随着边界渗透率的减小，整个系统能够更加持久地运行，对于该类型的含水层系统在实际工程中需要更多地考虑如何建立或者维护低渗透率边界的稳定性。同时，从含水层渗透率的变化对整个系统的影响来看，因其对循环过程中气体的扩散起着较为重要的作用，故而对系统的可持续循环次数和储能效率起着重要的作用，需要在选址时进行重点调查和分析。美国在计划设计的首个压缩空气含水层储能电站——Iowa 电站，就是由于通过调查后发现含水层的渗透率较小，无法满足经济效益的储能规模，最后不得不停止该项目。对于压缩空气含水层储能选址中含水层的渗透率最低阈值，之前的研究者统一认为是 300 mD（Stottlemyre, 1978；Allen et al., 1983；Succar and Williams, 2008）。

4.3.3　含水层埋深

不同的含水层埋深不仅会影响初始气囊的形成过程，还可能会对循环过程中的压力、温度和储能效率等造成影响。在之前学者对选址的研究中分别建议目标含水层层顶深度的范围为 183～1220m（Stottlemyre, 1978）、200～1500m（Allen et al., 1983）、140～760 m（Succar and Williams, 2008）。根据前人研究深度范围，选择五个不同的含水层顶层深度（150～900m）进行深度影响分析。模型参数相同，不同的是模型深度的范围，含水层厚度在所有情况下均为 50 m，表 4-5 显示了五种情形下含水层的深度范围。

表 4-5　不同情况下的含水层层顶深度范围　　　　　　（单位：m）

情形	目标含水层层顶深度
情形 1	150～200
情形 2	250～300
情形 3	450～500
情形 4	650～700
情形 5	850～900

不同的目标含水层层顶深度会形成不同的初始气囊，在初始气囊的建立阶段，向含水层中以 50 kg/s 的速度注入空气 30 天。图 4-29 显示了五种深度下初始气囊 0～10 m 范围内气相饱和度分布。图中显示不同情况下的气相饱和分布差别不明显，以气相饱和度为 0.95 的等值线为标准，可以发现当含水层的深度更大时，0.95 等值线离中心井孔的距离越远，五种深度下该等值线的距离变化范围为 1～2.2 m。这种现象能够解释为更大的深度对应着更大的含水层压力，从而获得更大的压缩空气储存密度，使得气体集中在工作井附近，缩短了整个气相晕的范围。

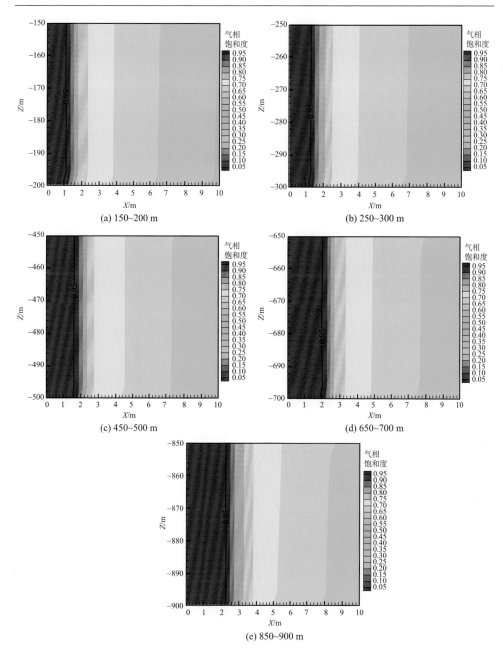

(a) 150~200 m

(b) 250~300 m

(c) 450~500 m

(d) 650~700 m

(e) 850~900 m

图 4-29　五种深度情形下初始气囊（0～10 m）中气相饱和度的分布情况

　　在下一阶段的循环过程中，采用与 Huntorf 电站相同的循环操作方式和速率，不同的是注入温度变为 30℃，这主要是考虑不同深度对应着不同的地热温度，在研究深度影响压力和气相饱和度的同时，初步探讨地热可能对整个系统的影响。

图 4-30 显示了循环过程中 41.0～43.0 天的井口温度变化。由于原位地层中的地温随着含水层深度的增加而增加，井口内的温度和周围地层的温度由于彼此的差异进行热量的交替补给。在含水层深度较深的情况下，井孔内和含水层内的压缩空气受到地热的补给，从而使得开采出来的压缩空气温度高于含水层深度较浅的情形，且由于含水层深度原因，热量更多地以压缩热的形式存在，从而进一步降低了含水层中气体扩散的热量损失。在五种不同深度的情况下，抽采出来的气体的温度变化从最低的 25℃甚至增加到高于注入温度（31℃）。

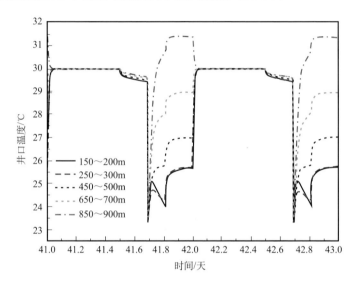

图 4-30　循环注采阶段五种不同深度含水层情况下井口温度变化

图 4-31 显示了五种不同深度情况下在第 40 次循环时不同阶段的井孔内温度剖面的变化情况。在含水层深度较浅的情形中（150～200 m 和 250～300 m），地层背景温度在整个深度范围内都低于井孔内的温度，从而导致在整个循环的不同阶段，热量流的方向都是从井孔向周围地层扩散，导致了热量的损失，在这种情况下，深度的增加反而导致了井筒向周围热量损失总面积的增加，在图中可以发现，250～300 m 抽采时压缩空气的温度较浅情况下的井口温度要更高。随着地层深度的增加（450～500 m，650～700 m，850～900 m），地层背景温度随着深度逐渐增加，当周围地层内的温度高于井筒内的气体温度时，热量流的方向发生逆转，从周围地层向井筒内进行热量的补充，这可能导致在最后的抽采过程中，压缩空气的温度高于注入时的温度。此外，随着深度的增加，在停注的时期内，压缩空气在目标含水层中也能随着深度的增加而减小热量在含水层中的损失，甚至当含水层的温度高于压缩空气时，也能获得地热能的补给作用。不同阶段，井筒和含水层中压缩空气与周围地层随着深度变化而产生的热量相互交换，导致了

随着深度的增加，抽采的压缩空气温度逐渐升高。

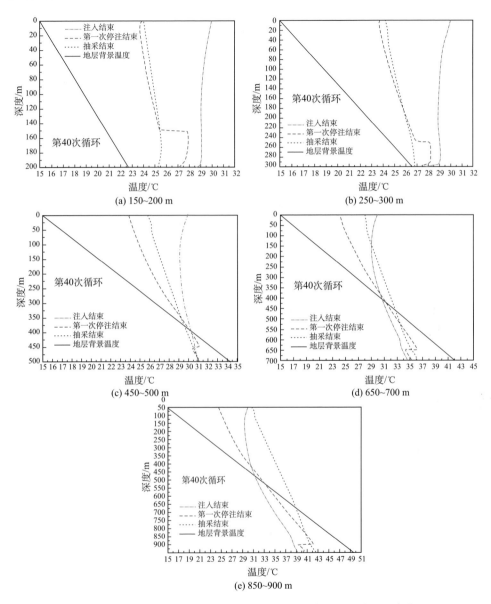

图 4-31 五种不同深度情况下井筒剖面上的温度在不同阶段的变化

图 4-32 显示了五种深度情况下储能效率的变化，从图中可以发现储能效率随着含水层深度的增大而增大。出现这种储能效率的变化可以主要归结为两个因素。一是地热能的影响作用。在图 4-32 中情形 1 和情形 2 由于周围的背景温度较低，

井筒和含水层的热量容易损失到周围的地层中，从而降低了储能效率。在这两种情形中，更深的含水层和更长的井筒长度增大了热量损失的面积，使得情形1中虽然含水层的深度较小但是总的储能效率却大于情形2。当地层的背景温度逐渐升高至大于压缩空气的温度时（如情形3、情形4、情形5），更深的目标含水层能够减少热能在含水层中的损失，甚至能够得到周围地层中的地热能补给，从而获得更大的储能效率。二是更深的目标含水层具有更大的能量储存密度和更高的储存压力。随着深度增大，压缩空气的压力增高导致储存密度变大，从而使得气体集中在井孔附近，从而避免了大的气体区域引起更大扩散最后造成更大的能量损失。此外，更大的压缩空气压力能够把更多的热能通过压缩热的形式储存起来，减少热能的损失。从图4-32中可以发现，当深度为850~900m时，整个系统在含水层中的储能效率接近1.000。通过对以上两个因素的分析也可以推断当一个更深的含水层系统或者原始地层的地温梯度更大时，由于可能的地热补给作用，最后得出来总的储能效率可能超过1.000,这个可能的情形能够启发对地热能和压缩空气储能的联合系统研究。

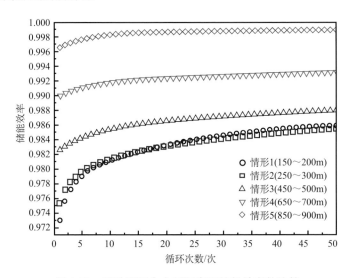

图 4-32　五种不同含水层深度下储能效率的比较

　　综合对含水层埋深的研究可以发现，含水层的埋深主要决定了系统在缓冲气体注入和循环过程中的压力变化范围。不同的压力变化范围大小对储盖层和地表压缩机、膨胀机的整体设计都有很大的影响。在研究中发现，当不考虑深度对于压缩机和膨胀机设计的影响时，目标含水层的埋深越大，整个系统的储能效率越高，越可能从周边的地层中获得地热能的补给。但是随着深度的增加，注入缓冲气体和循环注抽空气时，其压力更大，容易引起储盖层的力学破坏。特别地是，由于更大的空气注入和抽采压力，需要更多级的压缩机和膨胀机，以及需要增加额外的储热单元，从而使得在对设备的要求和设计上需要投入更大的成本。因此在选址时，含水层埋深既不能太小（循环压力过小引起储能效率低且需要更大的储气空间），也不能太大（压力受到系统安全性、经济性和设备发展的限制）。

表 4-6 显示了已有和计划采用盐洞和含水层等进行储能的工程深度（Wiles and Mccann, 1983, Crotogino et al., 2001；Davis and Schainker, 2006；Schulte et al., 2012）表 4-7 显示了前人对压缩空气含水层储能选址时考虑的深度限制（Stottlemyre, 1978；Allen, 1985；Allen et al., 1983, Succar and Williams, 2008）。在合适的深度范围内，埋深越大，储能效果越好。

表 4-6　已有和计划工程含水层深度　　　　　（单位：m）

已有和计划工程	含水层深度
Huntorf 电站（盐洞）	650~800
McIntosh 电站（盐洞）	460~760
Norton 电站（石灰岩岩洞）	670
Iowa 电站（含水层）	780~900
Pittsfield 试验（含水层）	200~300

表 4-7　学者研究的含水层深度范围　　　　　（单位：m）

研究含水层的学者	含水层深度
Stottlemyre（1978）	183~1220
Allen 等（1983）	200~1500
Allen 等（1985）	200~1000
Succar 和 Williams（2008）	170~760

4.3.4　含水层原生矿物类型

压缩空气中含有大量的氧气，当压缩空气被注入含水层中时，可能会与含水层中的相关矿物发生氧化反应，从而改变储层的性质，甚至会对盖层造成一定的破坏作用。压缩空气含水层储能过程中，在储层发生的化学反应与储层中的原生矿物类型有关。在 Pittsfield 试验的试注中发现，当压缩空气被注入含水层中时，由于发生氧化反应，抽出来的压缩空气中的氧气占比减小。此外，试验中也发现在大时间尺度下这种氧气的减少作用才相对明显，短期储存时这种现象可以忽略不计。为了研究氧化反应可能会对储层造成的影响，以 Pittsfield 储层中的硫化矿物（FeS_2）为例，简要说明可能发生的化学反应和对储层的影响（Bui et al., 1990）。

二硫化铁矿物在遇到注入压缩空气中的大量氧气时，可能会发生完全氧化反应和不完全氧化反应。当发生完全氧化反应时，其消耗压缩空气中的氧气生成的产物对储层的影响不大，但生成的 SO_2 可能会使得含水层的 pH 降低，使含水层处于酸性的环境。但是当发生不完全氧化反应时，生成了胶质的铁的氢氧化物，一方面沉淀造成了孔隙的堵塞，从而影响储层的渗透率，另一方面该类反应物的体积是原始二硫化铁矿物的五倍，这种体积增大可以导致孔隙的堵塞。同时体积的膨胀产生的膨胀应力可能对盖层造成一定的损害，从而造成压缩空气的泄漏和能量损失。

储层中氧化反应的发生不仅改变了储层的性质，从而对整个系统造成影响，同时在传统的压缩空气系统发电过程中，需要通过抽采的压缩空气与一定的燃料进行燃烧，对空气进行加热，从而膨胀做功发电，抽采空气中的氧气减少会导致整个燃烧效率降低，从而影响整个系统的发电效率。

因此，在实际选址过程中，调查储层中的原生矿物组分，从而判断在系统运行过程中可能会发生的化学反应对储层和盖层的影响，这对整个系统的效率和环境安全都有重要的作用。此外，由于水分在化学反应中起到了很大的作用，含水层中进行压缩空气储能时，由于储层中含水，故无法对空气进行除湿处理来减弱氧化反应的影响。

4.4　系统操作影响因素分析

4.4.1　工作井设计影响分析

1. 综合井筒热传导系数影响

在压缩空气含水层储能中，井筒与周围地层热传导物理模型如图 4-33 所示，整个热传导过程可以被分成三个主要的过程：①流体在井孔内流动过程中的热传递过程；②热量在井筒整个结构的热传导过程，包括绝热层、环空介质和水泥环之间的热量传输；③井筒结构外围到周围地层的热传输过程。过程①主要是流体（特别是气相）在井孔中运动时的热对流传输过程。在过程②中热量在井筒整个结构的热传导过程的热阻主要采用综合井筒热传导系数来计算。过程③中热量在井筒外围表面和地层中的热交换的能力主要采用耦合地层中的热传导过程来确定（Li et al.，2017c）。

综合井筒热传导系数是衡量井筒整个结构导热效果的重要参数，其数值的大小代表热阻效果的好坏。在井筒热传导模型中，该参数是过程②的主要影响因素，也是连接过程①和过程③热量传输的重要因素。分别选取当综合井筒热传导系数为 1 W/（$m^2 \cdot \text{℃}$）、30 W/（$m^2 \cdot \text{℃}$）和 900 W/（$m^2 \cdot \text{℃}$）三种情况进行结果的对比

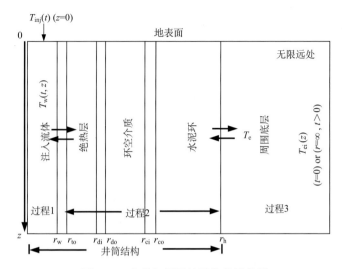

图 4-33　井筒与周围地层热传导模型

r-到井孔中心的距离（m）；r_w-内管内径（m）；r_{to}-内管外径（m）；r_{di}-外管内径（m）；r_{do}-外管外径（m）；r_{ci}-套管内径（m）；r_{co}-套管外径（m）；r_h-井孔半径（m）；T_e-地层温度（℃）；T_{inj}-注入流体温度（℃）；T_{ei}-地层初始温度（℃）；T_w-井孔中流体温度（℃）；t-时间（s）；z-深度（m）

分析。图 4-34 显示了不同综合井筒热传导系数下井底温度随时间的变化情况，从图中可以发现当综合井筒热传导系数不同时，井底温度和时间的变化曲线形态几乎没有变化，不同的是随着该参数的减小，后期温度缓慢上升过程中温度更高。这个结果的出现可以反映出综合井筒热传导系数的值越小，其代表的井筒结构的保温性能越强，从流体到周围地层之间的热阻越大。当热阻较大时，从井孔内流体传到地层的热损失越小。除此之外，从图 4-34 中还可以发现，该参数按一定倍数增大时，其对结果的影响程度反而减小。为了进一步研究该参数的变化对结果的敏感性，对更多不同大小的综合井筒热传导系数进行了计算和分析。图 4-35 中显示了在空气注入 12h 后，井底温度随着综合井筒热传导系数的变化图，从图中发现，随着综合井筒热传导系数的增加，其对整个温度结果的影响程度逐渐降低。当该参数值小于 100 时，随着该参数值的增加，井底温度急速降低；当参数值大于 100 时，随着参数值的增加，井底温度几乎没有改变。这说明小的综合井筒热传导系数对应大的热阻，对于整个温度结果的影响更加敏感。这种现象可能是因为当井筒结构的热阻过小时，热量的传递虽然更为容易，但是由于受到周围地层热扩散率的限制，热量向地层传递的速度受到了限制，最终可能引起井孔内流体和井筒地层接触面的温度差值受到制约，从而使得即使井筒热阻特别小也无法导致井孔内气体的温度降低。

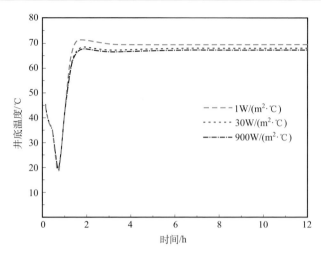

图4-34　不同综合井筒热传导系数下井底温度随时间的变化

通过上述分析，可以得出两个重要的结论：一是为了保证井孔内流体向周围地层的热损失，井筒结构的保温性能尤为重要；二是当周围地层的热传导性能一定时，综合井筒热传导系数存在一个临界值，当小于这个临界值时，参数的越小对于结果的影响越大，大于这个临界值时，井筒结构保温的效果对于整个结果的影响不大。除此之外，需要注意的是，在这个模型中由于井口注入温度较高，在整个过程中热量都是从高温高压空气向地层中流动，这时为了减小热损失需要进行更好的保温处理，但是当注入温度较低时可能会存在周围地热补充空气热量的情况，这时需要针对实际情况分段设计井筒结构。

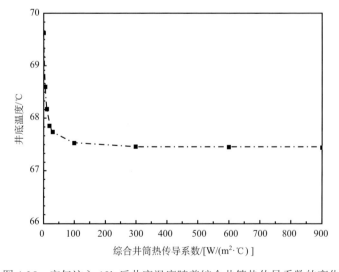

图4-35　空气注入12h后井底温度随着综合井筒热传导系数的变化

2. 井筒贯穿目标含水层程度研究

压缩空气含水层储能中井筒贯穿程度的研究主要指工作井在目标含水层中射开的范围对整个系统的初始气囊建立和后续循环注采的影响研究。该研究对在实际工程中如何选择射开含水层的范围有着重要的作用，在之前国际上并未有此方面的研究，以往研究者通常只打通工作井上覆盖层或者完全射开整个含水层进行模拟研究，而从没考虑过应该如何配置工作井在含水层中的射开程度。设置三种不同的工作井在含水层中贯穿射开的情形进行分析，分别为贯穿射开含水层10 m、30 m 和完全贯穿 50 m（图 4-36）。在进行模拟结果的分析时，将分别通过初始气囊的影响变化、循环过程中井口压力和温度变化及整体能量效率的变化进行研究和探讨（Li et al., 2017b）。

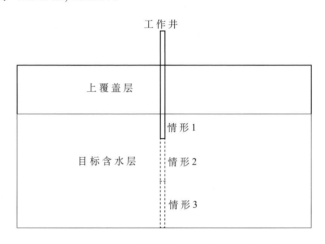

图 4-36　工作井贯穿射开含水层的情况示意图

1）初始气囊阶段结果分析

图 4-37 显示了空气连续注入 30 天后，不同贯穿射开情况下初始气囊中气相饱和度的分布，从图中可以发现不同的情形形成的气囊的形态不同。为了更为方便地讨论三种情形的饱和度分布情况的不同，在图中着重标出了气相饱和度为 0.5 的等值线。在初始气囊注入结束后，情形 1 形成了相对扁平的气囊（气相饱和度大于 0.5 的范围在水平方向上延伸接近 60 m，竖直方向上接近 25 m），而情形 2 和情形 3 的气相饱和度大于 0.5 的水平和垂直的范围分别为 40 m×41 m 和 25 m×50 m。增加的贯穿射开深度形成的初始气囊更倾向在竖直方向的延伸，而当初始气囊在水平方向上延伸更大时更容易引起循环操作工程中气体和压力的扩散，从而可能加快初始气囊作为缓冲气体的损失，导致需要额外补充气体的注入。这种初始气囊形状的不同是由于贯穿射开含水层小的井筒情况对应着向含水层注入

空气的有效接触范围减小，这样在浮力和地层水平渗透率大于竖直渗透率的影响下，注入的空气更倾向于在含水层的上部和水平方向上扩展。

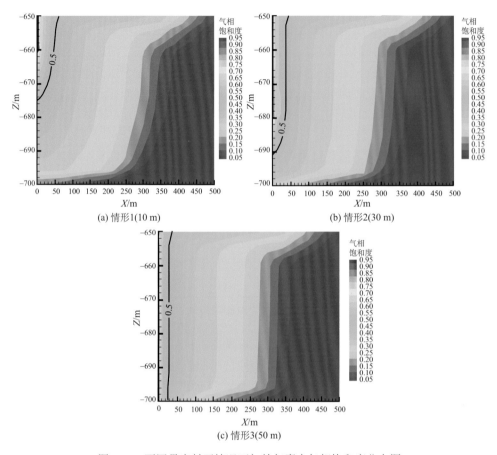

(a) 情形1(10 m)　　　　　　　　　　　　　　　(b) 情形2(30 m)

(c) 情形3(50 m)

图 4-37　不同贯穿射开情况下初始气囊中气相饱和度分布图

　　图 4-38 显示了不同贯穿射开情况下井口压力的变化情况，从图中可以发现井口压力随着贯穿射开距离的增大而减小，这与初始气囊形态不同的原因相同，更小的空气注入面积导致了更大的压力积聚。在情形 1 中最大的井口压力能够达到 22MPa 以上，大的压力积聚下有可能超过上覆盖层的安全压力导致盖层被破坏，从而引起气体的泄漏，大幅度地影响储能效率，过大的含水层压力也可能会导致其他可能的安全问题。此外，注入压力过大可能需要增加多级的压缩机，压缩过程中温度升高引起的热量损失也可能会增加，从而增大经济成本和整体效率。

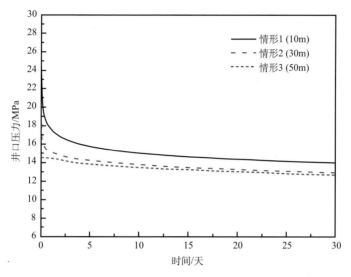

图 4-38　不同贯穿射开情况下井口压力的变化

2）循环阶段压力和温度结果分析

在空气循环注采阶段中，分别以三种贯穿射开情况下建立的初始气囊为各自的模型初始条件，采用 Huntorf 电站的注采循环操作和速率进行模拟计算，研究在循环阶段，井筒的不同情形造成的工作气体的状态的变化。图 4-39 显示了在循环过程中不同贯穿射开情况下井口压力的变化情况。从图 4-39 中可以发现，在循环过程中贯穿射开程度小的情况下其井口在注入过程中压力更高，而在抽采过程

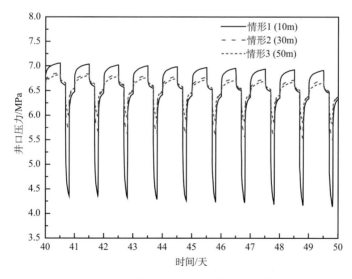

图 4-39　不同贯穿射开情况下井口压力的变化

中其压力降低得更快更低。这种结果是由于在循环进出气过程中，贯穿射开程度
越小，其气体注入含水层的通道面积越小，导致在注入速率相同的情况下，贯穿
射开程度小的情况需要更大的井口注入压力注入相同的气体量，同时需要更小的
开采压力达到要求的采集量。此外，对于 CAES 系统来说，抽采的高压气体用于
后续发电存在一个最小的压力，这样在实际过程中，贯穿射开程度小的情形可能
会随着循环的进行更快地达到这一需求的最小压力以下，造成系统的停止。

　　图 4-40 显示了不同贯穿射开情况下井口温度的变化情况，为了更好地分析循
环中温度的变化，在图中放大了一个循环的变化情况。

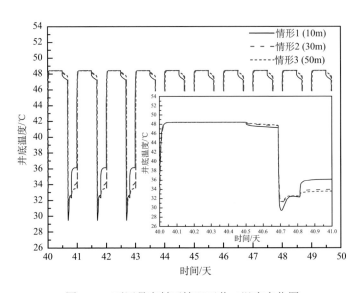

图 4-40　不同贯穿射开情况下井口温度变化图

　　在第一个停注阶段，井口压力的降低使得空气膨胀导致井口温度随之降低，
在这个阶段贯穿射开程度小的情形井口温度更低，这种情形可以从压力的变化看
出，由于在这一过程中其压力降低的程度越大，引起的温度降低越大。在抽采阶
段，井口温度的降低可能是由包括气体的膨胀、能量在含水层中的损失、热量在
井筒和地层中损失等因素综合造成的，在这一过程中贯穿射开程度小的情形，温
度相对更低，这可能是因为在贯穿程度较大的情形中，其井筒延伸所在范围的周
围地层温度更高，使得压缩空气在含水层中或者井筒流动中的能量损失较小，从
而导致其温度会略高于贯穿程度小的情形。在抽采后的停注阶段，井口的温度由
于压力的逐渐恢复而升高，在这一阶段可以发现，贯穿射开程度小的情形温度恢
复相对高，这种现象可能是因为小的贯穿射开程度在压力恢复阶段，其恢复的压
力更大，从而压缩空气产生更高的恢复温度。

从循环过程中压力和温度的变化中可以发现，贯穿射开程度越小的情况对压力和温度结果的变化越敏感。情形 1 和情形 2 的贯穿程度的差值与情形 2 和情形 3 的差值一样，但是情形 1 和情形 2 中压力和温度的改变却更为明显。

3）能量流速变化和储能效率分析

图 4-41 显示了不同情形下井口能量流速的变化情况，从图中可以发现三种情形下能量流速的不同主要出现在抽采阶段。在图中集中放大了抽采阶段的能量流速变化情况，井筒贯穿射开含水层较长的情形能量产出相对要更高一些，能量流速的变化规律和井口温度的变化情况几乎一致，长贯穿井筒能够抽采更高压和更高温的空气，从而获得更多的能量。

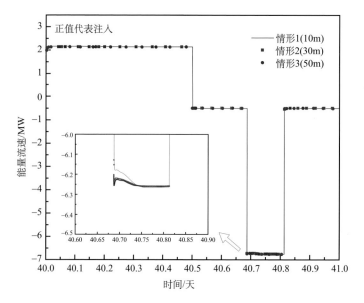

图 4-41　不同情形下的井口处能量流速变化

图 4-42 显示了三种情形下 50 个循环内的储能效率的变化图。随着高温气体的不断注入，周围地层不断升温，从而导致压缩空气的能量损失减少，整体储能效率不断上升，从 0.936 左右增加到 0.954 左右。贯穿射开井筒较长情形的储能效率略高于贯穿射开井筒较短的情形，当井筒完全贯穿射开整个含水层时，情形 3 储能效率比情形 1 增加 0.2%（13.2 kW）。此外随着井筒贯穿射开含水层的增大，这种储能效率的变化相对不敏感。尽管在三种情形下的储能效率增加得不明显，但是当应用于大规模储能时，总的能量增加就会变得明显。

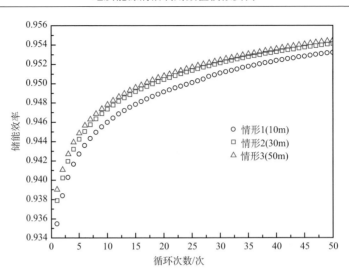

图 4-42 不同情形下储能效率的对比变化

通过分析初始气囊、循环过程中压力、温度和储能效率的变化可以发现，贯穿射开含水层大的情况对整个系统的发展起着良好的作用。井筒贯穿射开含水层较深时能够得到稳定且充足的高压空气，从而很好地进行后续释能发电过程。此外，在研究中还可以发现，井筒贯穿射开含水层的范围深度越大，能够获得更好的抽采能力，从而当进行大规模储能时，可以通过加大贯穿射开含水层范围的方法减小工作井的数量，最终减少大规模压缩空气含水层储能总的经济成本。

4.4.2 初始气囊体积的影响

初始气囊的形成是 CAESA 系统设计时需要考虑的一个重要方面，初始气囊的空间体积影响到项目的选址及工程费用等方面。在与盐洞系统对比模型中，初始气囊的体积选择与 Huntorf 电站其中一个盐腔的体积相同，即 140000m³。在 CAESA 系统中，初始气囊的体积依赖储层的性质，体积变化范围较大。为研究不同初始气囊体积对 CAESA 系统的影响，引入体积倍数因子设计方案，结果如表 4-8 所示，气囊厚度相同，均为 150 m（Guo et al., 2016a）。

表 4-8 不同初始气囊体积方案设计

参数	数值			
体积倍数因子	1.0	5.0	10.0	100.0
半径/m	40.63	90.84	128.47	406.26

不同初始气囊体积方案模拟结果如图 4-43 所示，大体积方案中注气过程压力

增长缓慢，在抽气过程中由于前期较低的压力值表现出较小的最低压力。在抽气结束后的短暂停注过程中，不同体积方案井口压力恢复到接近相同水平，而由于大体积方案中以较低压力升高到相同压力，气体被压缩，产生较多压缩热，井孔中温度升高较大。在注气过程中，由于注入空气温度相同，故各方案温度差异不明显。在注气结束后的停注阶段，大体积方案中由于良好的空气运移能力温度降低较快。在抽气过程中由于抽出相同量的空气，压力差降低相同，故温度降低值相近，未出现明显差异。

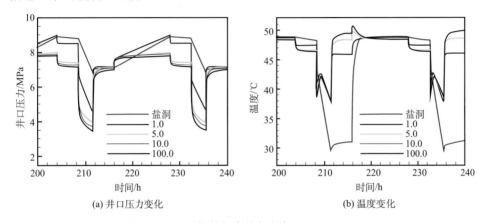

(a) 井口压力变化　　　　　　　　　　(b) 温度变化

图 4-43　不同初始气囊体积方案（200～240h）

选取其中一个循环中的抽气释能阶段（208～212h），井口能量流速如图 4-44 所示，纵坐标负值表示井口能量的抽出，数值越小表示能量抽出越多。随着体积的增大，井口能量流速增大，但这种抽出能量增加不明显，且主要发生在体积倍数因子从 1.0 增大到 5.0 期间，从 5.0 增大到 100.0 时此现象不明显，说明初始气囊体积增大到一定程度后对循环过程中的储能效率影响不大。

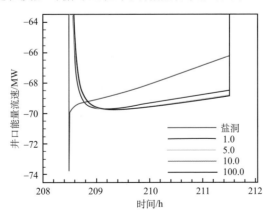

图 4-44　不同初始气囊体积方案抽气释能阶段井口能量流速对比（208～212h）

不同初始气囊体积方案中总能量抽出量如图 4-45 所示。与井口能量流速结果相同，随着初始气囊体积的增大，抽出总能量增加，但这种释能量的增加不明显，当体积倍数因子从 1.0 增大到 100.0 时，释能量仅增加了 0.38%，且增加主要发生在体积倍数因子从 1.0 增大到 5.0 期间。

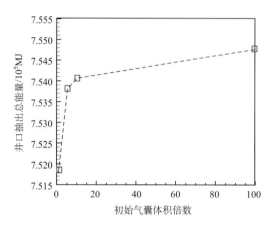

图 4-45   不同初始气囊体积方案抽气释能阶段井口抽出总能量对比

模拟结果表明，增大初始气囊体积可在一定程度上提高系统储能效率，但效果不明显，且效率的提高发生在较小范围内的体积增大。因此在初始气囊及经济成本允许的前提下，可适当增大初始气囊的体积。

4.4.3 注气量对系统可持续循环次数的影响

设计不同情景以分析空气总注入量对系统可持续循环次数的影响。空气注入量是指注入速率与注入时间的乘积。相同注气时间不同注气速率方案设计如表 4-9 所示。注气速率（代表空气注入量）与三种地质构造下系统可持续循环次数之间关系结果如图 4-46 所示。可以看出，随着注入空气量的增加，系统可持续循环次数以对数形式增加。当总注入量达到或接近每秒最大注入量（基本模型中 40 kg/s），系统可持续循环次数的增速逐渐降低。

表 4-9   不同空气注入量模型设计

注入参数	数值					
注气速率/（kg/s）	2	5	10	20	30	40
时间/天	20	20	20	20	20	20

空气的注入量应该能够支持足够大的气相饱和度以提供最低产气率需求并防止水的抽出。较多的空气注入量并不一定反映 CAESA 系统性能更好，因为一

个大气泡会产生多余压力导致空气损失。此外，较大的空气注入量会大幅增加初始气囊的操作成本。另外，随着注气速率的增加，背斜构造的系统可持续循环次数增长比其他两种地质构造的系统可持续循环次数增长趋势更加明显。

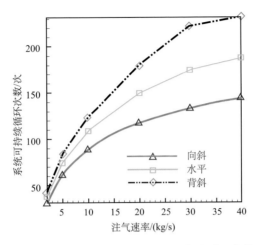

图 4-46　不同注气量模型下系统可持续循环次数

4.4.4　注气速率对系统可持续循环次数的影响

1. 恒定注气速率

在形成初始气囊的过程中，设计不同注气速率方案研究其对后续系统可持续循环次数的影响，设计方案如表 4-10 所示。首先考虑恒定速率注入，各个方案中初始气囊中总注气量相同，不同注气速率对应不同的注气时间（Guo et al., 2016a）。

表 4-10　相同空气注入量不同注气速率模型设计

注入参数	数值			
时间/天	40	20	10	5
注气速率/（kg/s）	5	10	20	40
总质量/kg	$1.728×10^7$			

相同注气量不同注气速率对系统可持续循环次数的影响如图 4-47 所示，从图中可知，随着注气速率的增加，系统可持续循环次数呈现抛物线式的变化，表明存在最佳注气速率对应最佳系统可持续循环次数。

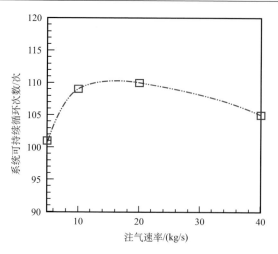

图 4-47　相同空气注入量不同注气速率下系统可持续循环次数变化

图 4-48 所示为不同注气速率下监测点（r =143.2m）气相饱和度的变化。在相同的空气注入量条件下，在长时间的较小注气速率下，注气停止后，监测点处气相饱和度较大，说明相同的注气量下，较多的气体远离注入井。较大的气泡扩散范围导致气泡边缘处空气逐渐溶解到水中，在抽气过程中不能被抽出，致使有效气体减少，影响系统可持续循环次数。

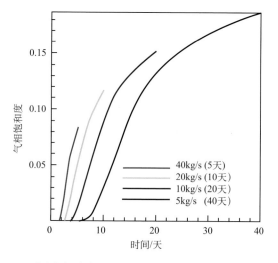

图 4-48　不同注气速率下监测点（r =143.2m）气相饱和度变化

以两倍初始静水压力作为地层的安全压力，如图 4-49 所示，大多数恒定速率注气方案中压力积聚超出安全压力值。虽然不同的注气速率对系统可持续循环次数产生影响，但总体影响较小，不同注气速率对应的系统可持续循环次数在平均系统可持续循环次数 2%差距范围内变化。另外，较大的注气速率会引起压力积聚，破坏地层的稳定性。因此，在形成初始气囊时，应该以适中的注气速率进行。

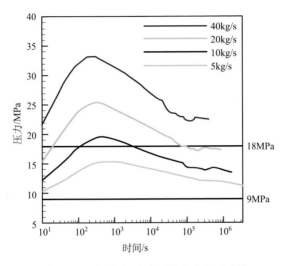

图 4-49　不同注气速率下注入点压力变化

2. 分阶段变速率注气

为避免较大的压力积聚，在形成初始气囊的过程中考虑分段注入。将注气过程按速率大小分成三个阶段（a、b、c），如表 4-11 所示。

表 4-11　变速率注气模型设计

注入参数	a	b	c
注入时间/天	5	10	5
	1	10	19
	2	10	18
注入速率/（kg/s）	3	10	17
	4	10	16
	5	10	15

结果表明，对于变速率注入，对系统可持续循环次数没有明显的影响，与基本模型的系统可持续循环次数 1%差距范围内变化，可以忽略影响。但是，与恒定速率注气方案相比，变速率注入方案中的压力积聚现象不明显，如图 4-50 所示。在这些变速率注气方案中，阶段 a 中 5 kg/s 的注气方案在开始阶段压力积聚超出安全压力值，其他方案均在安全压力范围内。而且随着注气的进行，压力逐渐降

低，这是因为注入井附近空气饱和度逐渐增加，空气较大的压缩性使得压力积聚效应减弱。在阶段 b 和 c，各方案中压力均在安全压力值内且差距不明显。

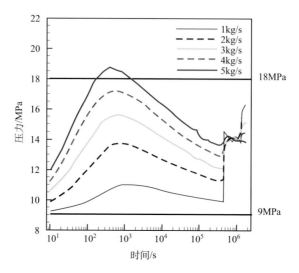

图 4-50 变速率注入方案中压力变化

变速率注气方案可较好地控制初始气囊的压力在安全压力范围内，且对后续系统可持续循环次数影响较小。因此，在实际工程中，在注气阶段应该严格控制注气速率，根据地层压力不断调整注气速率，或可根据地层安全压力进行定压注入形成初始气囊。

4.4.5　注气温度对系统的影响

不同压缩热储存量可利用不同注气温度表示，设计方案如表 4-12 所示。以 40℃作为基本模型的注气温度，高温注气方案温度选择 60℃ 和 80℃。另外，根据浅部含水层中地源热泵系统的原理，注入的低温气体被地层加热后抽出，从而达到利用地热能的目的，故设计 20℃注气温度作为低温注气方案。选择 20～80℃ 作为温度变化范围，一方面是由于较高温度条件下温度差会降低效率；另一方面 T2Well/EOS3 中将空气作为理想气体进行计算，在此范围内模型误差较小（Guo et al., 2017）。

表 4-12　不同注气温度方案设计

参数	数值			
温度/℃	20	40	60	80

图 4-51 显示了经历 300 次循环后气泡周围压力分布。由于气泡边界的渗透率较小，故压力在气泡边界处（X=40.63 m）较大。以压力等值线（8 MPa）为例进行说明，随着注气温度的增加（从 20℃到 60℃），8 MPa 压力等值线的上边界逐渐向上扩展（从–720 m 到–695 m），表示较大压力区域的扩大，整个系统的压力逐渐增加。

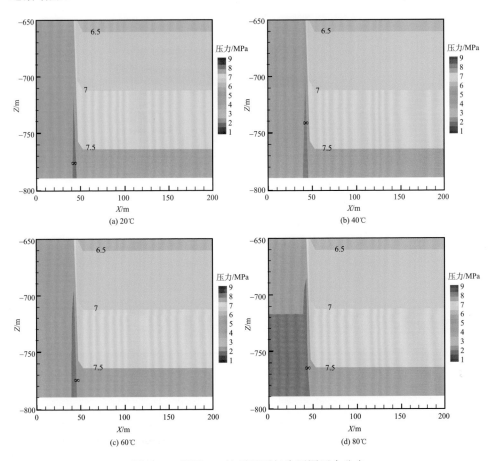

图 4-51　经历 300 次循环后气泡周围压力分布

在 300 次循环过程中，井口压力随时间变化如图 4-52 所示。随着操作循环的继续，在一次完整循环中井口最大压力及最小压力均逐渐升高。不同的注气温度方案中，注气温度越大，压力越大。一方面因为在相同的体积内，空气温度越高，根据理想气体定律，其压力越大。另一方面，从能量角度分析，注入地层中的能量，由于温度高于初始地层温度，能量从空气向地层传递，因此随着循环的继续，地层能量逐渐增加，表现为压力的增加。

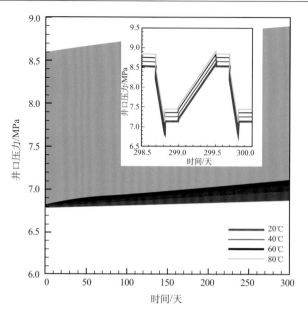

图 4-52　300 次循环过程中压力变化

　　气囊中空气初始温度为 40℃。经历过 300 次循环后，低温方案（20℃）中气泡周围温度分布如图 4-53（a）所示。从图 4-53（a）中可知，温度影响范围最大约为 20 m。在与气泡初始相同温度方案下，地层中温度分布呈现与原始地温梯度相同分布。对于注气 60℃方案[图 4-53（c）]，在经历 300 次循环后温度影响范围为距离注入井约 25 m。

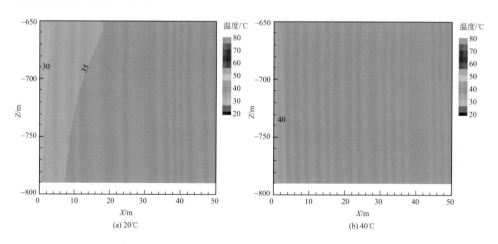

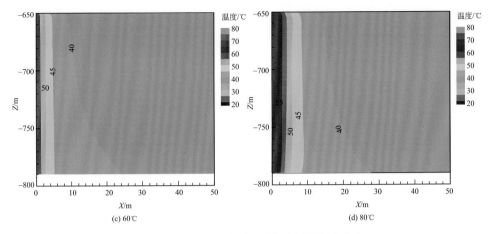

(c) 60℃　　　　　　　　　　　(d) 80℃

图 4-53　经历 300 次循环后气囊周围温度分布

井口初始温度为 15℃，第 1 次循环及第 300 次总循环中温度变化如图 4-54 所示。在注气阶段，所有方案中井口温度由初始温度逐渐升高到与注入空气相同的温度。在停注阶段，温度随时间较小幅度地降低，这是因为井口温度高于周围地层环境温度导致井口中空气的热损失。在抽气阶段，高温和低温注气方案中井口温度表现出不同的变化趋势。对于高温注气方案（60℃、80℃），在抽气阶段由于压力降低发生气体膨胀，温度降低。但是对于低温注气方案（20℃），温度则随着抽气过程升高，这是因为气囊中空气初始温度为 40℃，较高温度空气的抽取引起温度升高的效应大于由于压力下降发生气体膨胀温度降低的效应。在这种情况

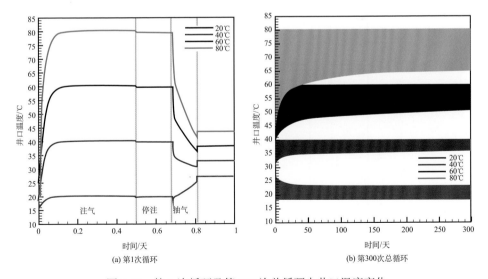

(a) 第1次循环　　　　　　　　　　　(b) 第300次总循环

图 4-54　第 1 次循环及第 300 次总循环中井口温度变化

下，压缩空气的抽取不仅是对注入能量的提取，也是对原始地层中地热能的利用。然而，从图 4-54（b）中可知，随着循环的继续，最高温度逐渐下降到相对稳定的数值，稳定后的抽气最高温度与注气温度存在约5℃的差，这意味着大规模地热能的利用效应较弱。

对于高温注气方案，井口最大温度保持在相同的注气温度，但是最低温度随着循环的继续逐渐升高，升高的速率减缓。在循环开始初期，由于井孔及周围地层存在温度差，井孔中空气向地层传热导致热损失。随着循环的继续，温度差逐渐减小，热损失相应减少，表现为温度的相对稳定。高温注气方案温度变化表明，较多热损失发生在循环的初期阶段，随着循环的继续热损失速率逐渐降低。

利用进出井口空气的热焓表示能量的注入与产出，图 4-55 显示了通过井口的能量流速随时间的变化，图中负值表示能量的产出。从图中可知，注气温度的升高会引起能量产出量的增加。例如，对于 80℃注气方案，在 300 次循环过程中总能量产出为 8.21×10^{11} J，比 40℃注气方案总能量产出（7.41×10^{11} J）高约 10.80%。图 4-56 表示不同注气温度方案中能量循环效率的对比。对于低温注气方案（20℃），在循环开始初期，由于初始气泡中较高温度的产出，其能量循环效率高于 1.00。随着循环的继续，能量循环效率降低到约 1.005。能量循环效率的快速降低表明低温注气利用地层中原始地热能的方案持续时间相对短暂，且整体储能规模较小。

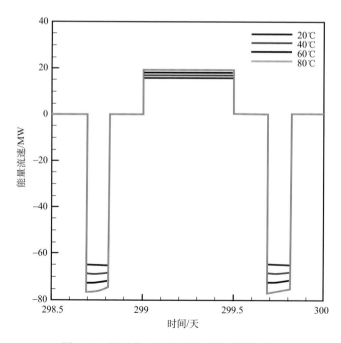

图 4-55　通过井口的能量流速随时间的变化

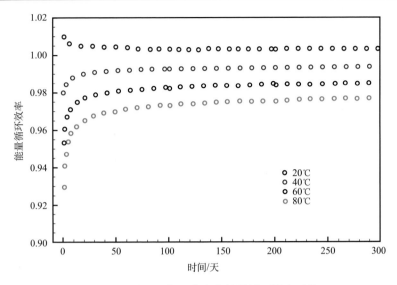

图 4-56　不同注气温度方案能量循环效率对比

在高温注气方案中，循环开始阶段能量回收效率较低，这是因为高温气体的注入带来的温度差会使高温空气向低温地层传热，导致能量的损失，故能量循环效率较低。随着循环的继续，温度差逐渐减小，热损失逐渐减小，能量循环效率达到稳定。对于 40℃、60℃ 和 80℃ 注气方案，在经过 300 次循环后，其能量循环效率稳定在 0.99、0.98 和 0.97 左右。

虽然随着注气温度的升高，能量循环效率逐渐降低，但整体效率降低不明显，每升高 1℃，能量循环效率降低 0.0005。较高温度空气的注入在总能量产出方面能带来较多的提升。另外，低温注气利用地层地热能的方案持续时间较为短暂，不能够长期利用。因此，提高注气温度（利用 CAESA 系统）能够有利于储能规模的提升并提高储热的效率。

4.5　系统改造与优化分析

4.5.1　含水层介质改造

从目标含水层的渗透率对整个储能效率的影响来看，高渗透率的含水层能够保证大规模的注采速率的需求，但是容易造成压缩空气在含水层中的快速扩散引起大的能量损失；而低渗透率的含水层虽然能够减少气体扩散和能量的损失，但是限制了整体的注采规模，从而需要对同等规模的储能系统设置更多的工作井，极大地降低了经济效益。理想的目标含水层应该是具有高渗透率的储气空间和低渗透率的气囊范围边界，使得其能够达到类似洞穴储气的空间结构。在自然条件中符合该理想含水层的结构有曲度较大的背斜、断层隔断的高渗透砂岩含水层和黏土含水层中大范围的砂岩透镜体等结构。但是这种自然结构往往在需要进行压缩空气储能工程的地区是不具备的，为了扩展该技术的应用范围，需要对目标地区的含水层进行一定的改良处理，使其达到较为理想的状态。改良含水层分为两种情况：含水层渗透率较低的情况和含水层渗透率整体过高的情况。

1. 水力压裂

在美国计划开展压缩空气含水层储能的 Iowa 电站中，经过长期的地质调查和模拟研究发现，含水层的渗透率较低使得整体储能规模无法达到预期的能够获得经济效益的能量规模，最后该项目不得不暂停。对于这种渗透率较低引起的储能规模较小的情况，改良含水层时一般采用水力压裂的方法（Feng et al., 2006；Montgomery and Smith, 2010；Rahm, 2011；Rachmawati et al., 2016），增强井筒附近一定范围内的渗透率。通过增大渗透率，可以在保证操作最低压力基础上增大注抽气的速率，从而提高储能规模。

以 Iowa 实际地层为例，设计不同方案，研究水力压裂对 CAESA 系统的影响。水力压裂的效果在模型中通过渗透率和孔隙度的提升来体现，即水力压裂的强度和范围用渗透率增加程度和渗透率范围来表现，方案设计如表 4-13 所示，与常规水力压裂有所不同，常规的水力压裂都是顺主应力方向，在这里假设为沿井周进行高压破碎。

表 4-13　注入井附近水力压裂方案设计

参数	数值			
水力压裂范围/m	5	10	20	50
孔隙度	0.5	0.5	0.5	0.5

模拟结果如图 4-57 和图 4-58 所示。图 4-57 为不同水力压裂范围方案中循环结束后井孔周围压力分布，图中黑色实线表示 10MPa 压力等值线，可以看出随着水力压裂范围的增大，抽气注气过程压力影响范围逐渐增大。图 4-58 为井孔底部压力变化，在采取水力压裂技术后，系统循环过程中注入井压力变化幅度缩小。随着水力压裂范围的增大，在 50 m 方案中循环过程最小压力均在操作允许最小压力之上，满足系统储能规模的需求。

水力压裂作为可以大幅度增强地层渗透率较成熟的技术，在石油开采、页岩气开采、CO_2 地质储存等地下工程中已经被广泛地利用。

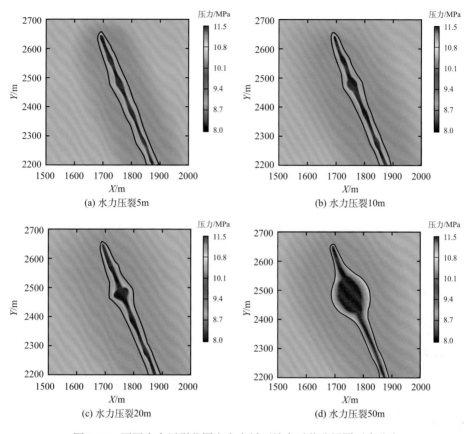

(a) 水力压裂5m

(b) 水力压裂10m

(c) 水力压裂20m

(d) 水力压裂50m

图 4-57　不同水力压裂范围方案中循环结束后井孔周围压力分布

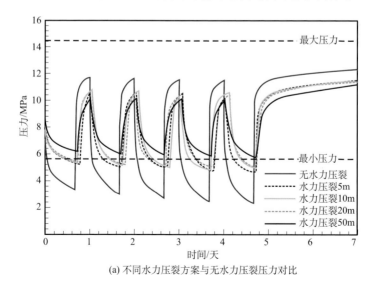

(a) 不同水力压裂方案与无水力压裂压力对比

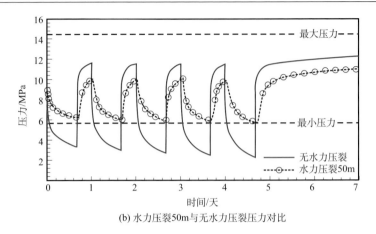

(b) 水力压裂50m与无水力压裂压力对比

图4-58 井孔底部水力压裂后与原始无水力压裂压力变化

2. 人造低渗透率边界

对于含水层渗透率较高的情况，通过对文献的调研发现，可以借鉴地下天然气储存工程和地下污染物隔离治理的研究。Witherspoon 等（1990）提出了通过向孔隙介质中注入泡沫材料，以此形成许多单独的片晶，从而有效地降低气相的渗透率，在实验中他们发现，为了能够很好地达到边界的作用，泡沫材料需要首先被驱替到距离注入井一定的距离，在这个过程中由于泡沫材料流体具有大的表观黏度，为了防止过大的压力对含水层的破坏，需要对驱替的距离和速度进行限制（何家欢等，2015）。1988 年，Mulkon 模拟器中包含了一个专门描述等温情况下气-水-泡沫系统的模块程序（Pruess and Wu, 1988）。Persoff 等（1990）随后采用实验和模拟的手段对泡沫边界的可行性进行了研究，他们发现当泡沫边界形成于天然气和水的接触表面上时，能够起到很好的隔绝气-水两相流的效果。Moridis 等（1996）进行了在地下创造低渗透率边界来阻止污染物迁移的研究，采用了专门开发的 TOUGH2/gel 模块进行模拟研究，通过模拟预测浆液在地下的运动规律和创造低渗透率边界的可行性，以此指导设计相关的实验研究。其发现具有相关化学性质的浆液流体，如硅质类胶体或者高分子的聚硅氧烷等材料，注入孔隙介质中能够形成良好的封闭边界。

浆液在地层水中的模拟过程根据浆液性质和成分的不同可以被看成是两相或者单相流。如果浆液是由聚硅氧烷成分组成，则其和地层水是不混溶的，这种情况下系统应该被认为是两相流系统；如果浆液与地层水是混溶的，如由硅质类胶体组成，则系统被认为是单相流系统。在真实情况中，凝胶的动力学过程也依赖于浆液的组成、孔隙介质的矿物组成和地层水的化学性质，所以要完整地描述浆液注入地层水中的固结凝胶过程是十分复杂的。通过大量的关于浆液模拟的文章及与相关资深学者的讨论，结合压缩空气储能过程中的特点，本书作者李毅通过 TOUGH2/gel 对建造低渗透率边界的可行性和影响因素进行了分析。

在概念模型的建立设计中，假设含水层是水平均质高渗透率的含水层且具有完整上覆密闭盖层。改良之后希望得到近似理想的含水层条件，即低渗透率边界需要距工作井一定距离并使得在边界和工作井之间保持较高渗透率的储气空间。根据这个要求，低渗透率边界建立过程如下：首先通过注入井向含水层注入一定量的建立低渗透率边界的浆液流体材料，随后通过相同的井注入足量的水，用水把浆液驱替到距离井足够远的位置并使之固结沉淀，降低含水层渗透率和孔隙度，形成相对封闭的边界。驱替浆液的流体最好直接选择压缩空气，这样在形成初始气囊的同时也形成了低渗透率边界，但是由于气溶胶机理模拟的复杂性，选择水作为驱替流体，先形成理想的含水层结构再通过类似抽水注气的配合操作完成初始气囊的形成。

1）可行性分析

图 4-59 显示了浆液和水注入过程中不同时间下的浆液浓度分布。在整个过程中随着后续水的注入，浆液晕被驱替远离注入井。后续注入的水驱替浆液使得在浆液晕的后缘到工作井的范围留下了浆液浓度为 0 的区域，且该部分空间范围不断变大。浆液的最大浓度在整个操作的 30 天、60 天和 200 天分别达到 0.58、0.34、0.11。图 4-60 显示了不同时间下浆液饱和度和浆液晕距注入井的距离分布曲线，从图中可以发现浆液晕的宽度在整个过程中不断地变大，晕的中心点到注入井的距离分别在 30 天、60 天和 200 天达到 25 m、30 m 和 52 m 左右，浆液晕中的巅峰浓度随着距离的增加逐渐减小。此外，研究中也注意到浆液晕的前缘比后缘距浓度最大值的分散范围更宽，这种分布可能是由于浆液晕的前缘与水混合的时间比后缘更长，且具有更大的与水接触面积。

浆液和水注入过程结束后，由于在停注阶段整个含水层的压力梯度较小等因素，浆液发生固结沉淀，从而堵塞孔隙，造成含水层的渗透率和孔隙度发生改变。TOUGH2/gel 模拟程序中描述浆液沉淀模型时，其固结沉淀程度是由停注后浆液在液相中的浓度而决定的。图 4-61 显示了整个过程注入 200 天结束后，浆液固结沉淀后新的孔隙介质系统的渗透率和孔隙度的分布图，从图中可以发现，新的孔隙介质系统的最小渗透率和最小孔隙度都在距离注入井 50m 左右的位置上，且渗透率和孔隙度从最小点的位置向两侧逐渐增加。最小的渗透率在接近 50m 处能降低到 1mD 以下（10^{-15}m²，降低到原始渗透率的万分之一），而从浆液沉淀到井孔（约 40m），渗透率逐渐恢复到原始渗透率并留下了大范围高渗透率的储气空间。

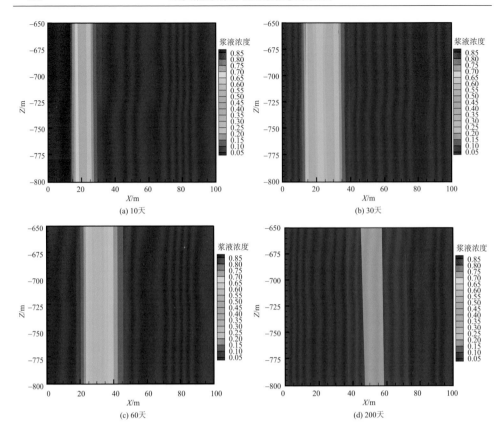

图 4-59　浆液和水注入过程中不同时间下的浆液浓度分布图

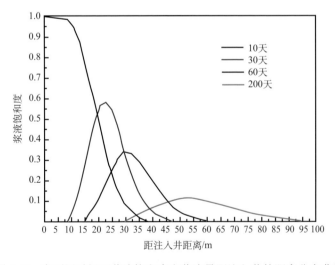

图 4-60　在不同时间下浆液饱和度和浆液晕距注入井的距离分布曲线

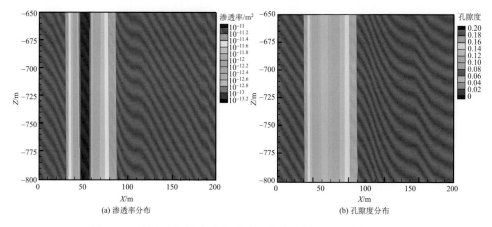

图 4-61　改造后新的孔隙介质系统的渗透率和孔隙度的分布图

　　为了评价人造低渗透率边界技术对整个储能系统的影响，采用 T2Well/EOS3 对改造后含水层的储能效率分析。循环过程的注抽气速率采用 Huntorf 电站平均化后的结果，抽气阶段为注气阶段速率的 4 倍（216kg/s）使得整个循环过程的质量保持守恒。初始条件采用设定在边界以内（本模型为 50 m）充满压缩空气，边界以外的水的饱和度为 1（Guo et al., 2016a）。这个假设条件省去了初始气囊的建立过程，便于在相同初始气体分布情况下研究循环过程中改造的低渗透率边界的重要作用。采用人造低渗透率边界改造后的含水层的条件和未经过改造后的含水层条件进行模拟分析。

　　图 4-62 显示了 30 个循环过程中系统储能效率、产气质量分数和产水质量分数在原始含水层和改造后的含水层中的对比图。在原始高渗透含水层中，气体在含水层中快速地扩散，使得能量大量损失且在抽采流体中很快出现了严重的水涌现象，储能效率在 13 次循环后，从 0.95 快速下降到 0.64 左右。而经过改造的含水层储能效率持续稳定在 0.98 左右，且抽采的流体中未见水涌现象，创造的低渗透率边界有效地减少了由大量压缩空气向远处含水层扩散而导致的能量损失和开采见水的情况。为了进一步对结果进行分析，图 4-63 和图 4-64 分别显示了循环过程中井口压力变化和 30 次循环后含水层中气相饱和度的分布情况。在未改造的高渗透率含水层中，井口压力快速降到 4.8 MPa 以下（在 Huntorf 电站中常规运行中要求抽采的最低空气压力为 4.8 MPa），在气相饱和度分布图（图 4-64）中可以发现，这主要是气体大面积向含水层上部远处扩散，使得地层水涌入井筒造成的压力损失。在改造后的含水层中低渗透率边界很好地阻止了气体在含水层中的扩散，使得仅有很小部分的压缩空气能够穿过低渗透率边界而扩散到远处含水层，结果是储气库内的压缩空气能够持久地保持在一定的高压状况下，抽采气体时储气库内的高渗透性能够较为稳定地提供大规模的气体速率供应。图 4-65 显示了

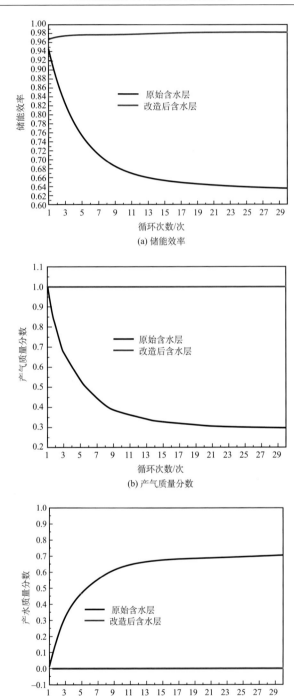

(a) 储能效率

(b) 产气质量分数

(c) 产水质量分数

图 4-62　原始和改造后的含水层储能效果对比

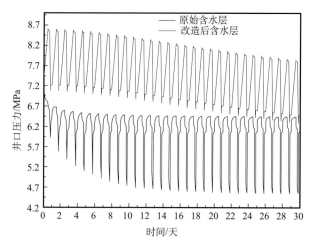

图 4-63　原始含水层和改造后的含水层在循环过程中井口压力变化图

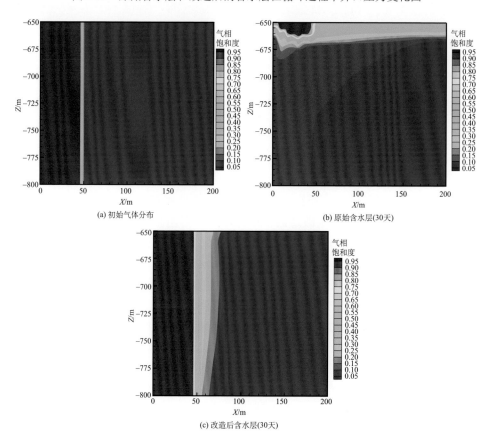

图 4-64　初始气体分布和 30 次循环后原始及改造后含水层中气相饱和度分布图

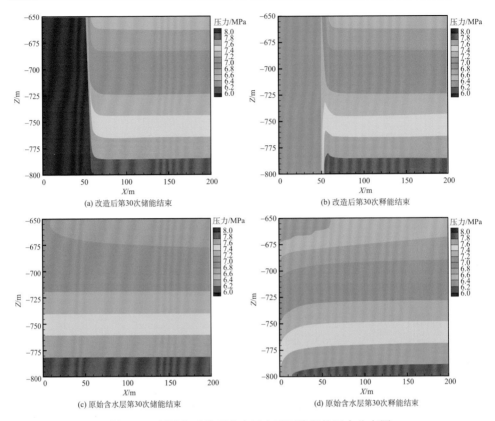

图 4-65　原始和改造后含水层中不同阶段的压力分布图

原始含水层和改造后的含水层在第 30 次循环储能结束和释能结束时的压力分布。从图 4-65 中可以明显地看出改造后低渗透率边界对阻止压力扩散的影响，可以预见的是人造低渗透率边界的建立能够保证循环过程中稳定的压力供应，从而在抽采阶段获得足够的压力，支持后续发电过程的实施。

　　通过压缩空气储能在原始高渗透率含水层和改造后具有低渗透率边界的两种情况下的模拟结果对比分析，显示了人造低渗透率边界能够有效地减少空气在含水层中的扩散损失和地层水涌入井筒产水现象。人造低渗透率边界技术能够使不符合含水层条件的场地经过改良后大幅度提高储能效率，从而使其适合进行压缩空气含水层储能项目的开展。该技术的理论研究扩展了压缩空气含水层储能的选址范围。然而，由于 TOUGH2/gel 程序本身的两个假设的限制，研究时无法完全贴近实际情况，如由于复杂的化学固结，低渗透率边界的范围可能在时间和空间上存在更复杂的变化等，更进一步复杂的情况需要进行更加详细的实验室和场地规模的研究。

　　在该技术经济可行性的分析中，通过注入浆液改造含水层可能会加大总系统的投资成本。由于没有实际工程去具体估算增加的成本，在经济成本计算时以岩屑回注的花费进行类比分析。岩屑回注的成本一般为 0.025～0.0625 美元/kg（项先忠等，2009）（考虑密度为 10^3 kg/m^3，这个成本花费包括钻井和相关配套设备的成本）。在设计的模型中，当改造后的含水层系统运行 155～390 个循环时，能够平衡注入材料所引起的系统成本的增加。而且由于在注入浆液时不需要在原有工作井的基础上增加钻井数量，人造低渗透率边界技术增加的成本将会比岩屑回注技术单位成本更低，多余的成本只包括注入浆液材料的成本。总的收回改造成本的循环时间将会比计算的更少，经济效益随着循环的进行会更加的显著。此外，该技术能够扩展 CAESA 系统的应用选址范围，更有效的清洁能源（如风能、太阳能）发电站的大规模建立、化石能源配比减少，从而减少环境污染等隐藏的经济效益将会更加明显。

2）人造低渗透率边界建立的影响因素研究

采用数值模拟的手段，对可能影响低渗透率边界成功建立的因素进行研究。研究的影响因素主要为浆液本身的相关固结性质和随后过程中注水驱替的相关参数。

（1）临界固结浓度影响。临界固结浓度是表征浆液固结条件的重要参数，这个参数主要与浆液本身的组成成分有关。在浆液固结时，如果浆液在液相中的浓度大于临界值，孔隙介质中的浆液将发生完全固结沉淀，从而堵塞孔隙空间，改变渗透率和孔隙度；当浆液浓度小于临界值时，发生部分固结沉淀，这时按照一定的浓度比例部分堵塞孔隙空间。为了探究不同临界固结浓度对低渗透率边界建立的影响，在研究中，基于基础模型相关参数，设置了三种不同的临界固结浓度情况（0.12、0.15、0.20）。

由于在程序中，固结沉淀模型是根据浆液运移之后的浓度分布进行计算的，故临界固结浓度的变化在 TOUGH2/gel 中只影响第二阶段固结过程。表 4-14 显示三种情形下创造的边界区域中心点最低的渗透率值。最低渗透率在三种情况下分别达到 0.2mD、50mD 和 900mD。随后为了对比不同情况下对整个系统的影响，按照基础模型的初始条件设置对不同改造后的含水层进行了压缩空气储能的循环注采模拟。图 4-66 显示了三种情况下的储能效率和采气质量分数的变化，在图中也加入了原始的含水层系统进行对比参照。

表 4-14　不同情况下中心点的最低渗透率　　　　　（单位：mD）

情形	最低渗透率
情形 1	0.2
情形 2	50
情形 3	900

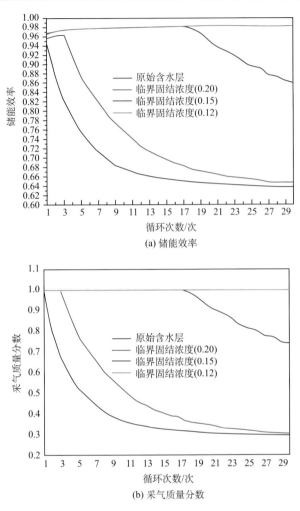

图 4-66　不同临界固结浓度下模拟结果分析

　　从图 4-66 中可以发现，随着临界固结浓度的增加，边界渗透率增大，储能效率逐渐减小，抽采流体中气体的质量分数减小。在临界固结浓度为 0.15 和 0.20 时，分别在第 18 次循环和第 4 次循环左右，开始出现水涌现象，这时系统的总储能效率也随之急速降低。这主要因为浆液在运移过程结束后，在固定位置上的浓度保持不变，随着临界固结浓度的增加，每个位置上的浓度比值发生变化。在临界固结浓度变化的情况下，完全固结发生的位置在高临界固结浓度的情况下可能只发生部分固结沉淀，渗透率降低得较少，故在随后的循环注采阶段，不同改造的边界对压缩空气的阻挡作用不同，更低渗透率的边界能够更好地防止能量的损失和水涌现象的发生。

图 4-67 显示了第 30 次循环结束后不同临界固结浓度和原始含水层的气相饱和度分布图，从图中可以看出，相比于临界固结浓度小的情形 1，情形 2 和情形 3 随着临界固结浓度的增大，30 次循环后气体在水中扩散的范围更大。在井筒附近，由于边界渗透率的增加，井筒下部大部分出现了水涌现象，附近的气相饱和度积聚的范围减小，气体的扩散导致了能量的大量损失。

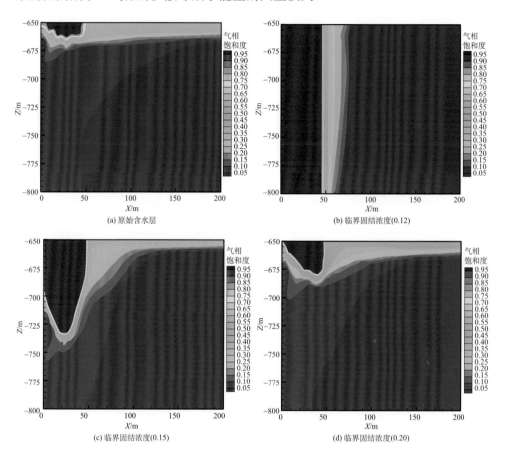

图 4-67　第 30 次循环结束后不同临界固结浓度和原始含水层的气相饱和度分布图

通过对临界固结浓度的研究发现，该参数主要影响浆液发生固结沉淀的程度，从而引起边界渗透率不同。临界固结浓度越大，边界的改造效果越差，越容易造成气体在含水层中的扩散损失和能量效率的降低。因此在进行注入浆液材料性质的选择时，应该选择临界固结浓度较小、更容易发生固结沉淀的材料。

（2）浆液黏度变化影响。在浆液运移的过程中，浆液的黏度变化能够影响浆液移动的难易程度，从而可能会影响浆液晕的分布情况。浆液的黏度变化是一个复杂的化学物理过程，在 TOUGH2/gel 中用浆液黏度随时间变化的拟合曲线来计算纯净浆液黏度的改变。在模型中，通过一个尺度因子来对实验室拟合的黏度变化曲线进行拉伸和缩短，从而代表不同黏度随时间变化速率的情况。当尺度因子较小时，代表在相同注入过程中浆液的黏度随时间变化增长得越快，浆液的运移可能变得越困难。在研究中通过五种不同大小尺度因子的变化来说明浆液黏度变化可能对低渗透率边界建造的影响。对以上五种情况的黏度随时间的变化过程进行了人造低渗透率边界建立的模拟。表 4-15 显示了五种不同情形下边界中的最低渗透率的值。结果显示当尺度因子越小时，能够得到渗透率更低的边界，尺度因子为 240 时，边界的最低渗透率能够达到 10^{-4} mD。这主要是因为越小的尺度因子代表浆液黏度随时间增加的速度越快，在同样的注入时间内浆液的黏度更大，从而导致浆液的运移能力更差。随着浆液运移能力的降低，浆液晕内部的浆液能够更加积聚。浆液的积聚倾向能够引起位置上浓度的升高，从而固结沉淀的程度更大，导致边界的渗透率降低。在临界固结浓度的结果分析中可以发现，创造的边界的渗透率越低，其更能有效地阻止气体的扩散和水涌现象的发生，从而提高整个系统的储能效率。

表 4-15　不同尺度因子情形下边界最低渗透率的值　　　　（单位：mD）

情形	最低渗透率
情形 1	10^{-4}
情形 2	10^{-3}
情形 3	0.2
情形 4	0.24
情形 5	0.25

此外，在结果中还可以发现，随着尺度因子的增加，黏度随时间的变化越不明显，引起的边界渗透率的变化越不敏感。当尺度因子处于较小的水平时，尺度因子的变化能够导致更大的渗透率改变。这可以解释为当黏度随时间变化程度越小时，浆液黏度在液相黏度影响中所占比例逐渐减小，导致对总的边界渗透率的改变影响不明显。从浆液黏度变化对低渗透率边界建立的影响研究来看，黏度随时间的变化程度在选择浆液材料性质时是一个重要的参数，浆液老化程度越快，边界的最低渗透率越低。

（3）浆液的密度影响。当注入浆液材料的密度与周边地层水密度不同时，注入的浆液可能会由于浮力的因素，根据其与周边地层水的相对密度大小，倾向于向含水层上部或者下部移动。这种移动的倾向会使浆液在含水层中积聚的位置不同，从而导致不能建立完全封闭整个含水层的良好边界。为了研究该因素的影响，在密度与水相同情况（1.00）以外分别设置了其他四种密度情况（1.2、1.1、0.9、

0.8)，其中两种情况密度大于周边地层水，两种密度小于周边地层水，共计五种情况进行对比分析。

图 4-68 为五种不同密度比情况下形成的低渗透率边界对比图，从图中可以发现在浆液密度大于地层水密度的情形 1 和情形 2（1.2、1.1），浆液在重力的作用

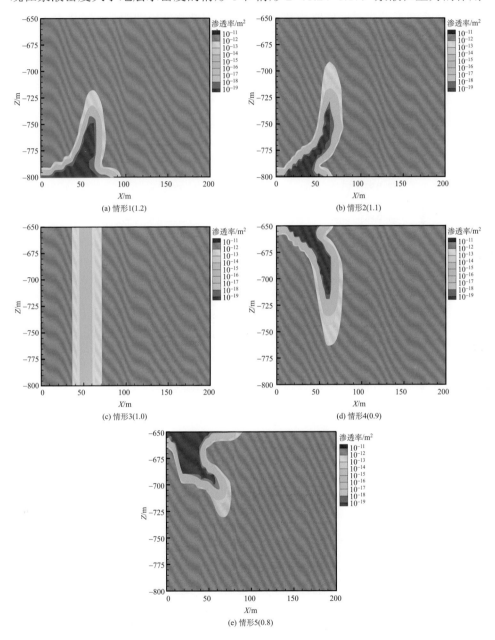

图 4-68　不同密度比情况下形成的低渗透率边界对比图

下倾向于在含水层下部积聚，固结沉淀后形成不完整的低渗透率边界，其边界从含水层下部向上部逐渐延伸，渗透率逐渐变大，最后在含水层上部消失，随着浆液密度逐渐接近于地层水，其形成的边界向上部延伸范围更大，更接近完整边界。在浆液密度小于地层水的情形 4 和情形 5（0.9、0.8），由于浮力的作用，浆液倾向于在含水层上部积聚，形成从含水层上部逐渐向底部延伸的不完整边界。但是不同密度情况下，由于其向上或者向下的积聚，固结沉淀后其形成的边界渗透率相对于基础情况更低。

　　为了比较不同密度比情况下的低渗透率边界对储能效率的影响情况，采用与基础模型相同的初始气体分布条件和循环注采速率进行模拟研究。图 4-69 和图 4-70 分别为五种密度比情况下储能效率和采气质量分数的对比图及 50 天后含

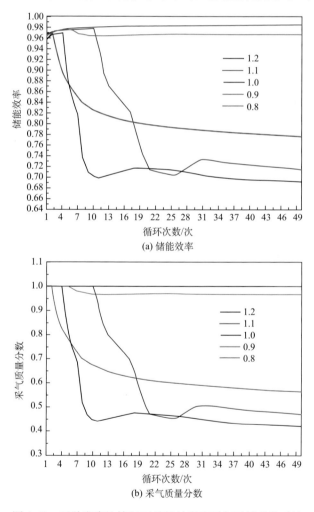

图 4-69　五种密度比情况下储能效率和采气质量分数对比

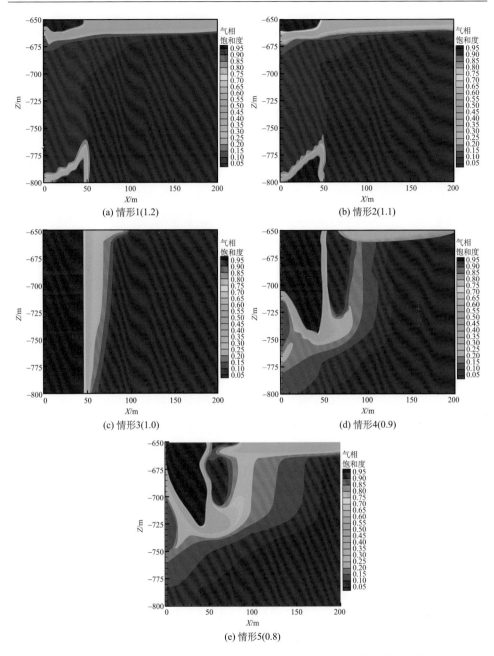

图 4-70　不同边界情况下循环注抽 50 天后含水层中气相饱和度分布图

水层中气相饱和度分布图，从图中可以发现，浆液密度较大时（情形 1 和情形 2），系统的储能效率在早期的循环过程中与基础模型（情形 3）相似。这是因为在一般采气过程中地层水往往首先从井筒底部进入，而形成的下部不完整边界阻止了地层水从含水层下部流入。然而由于该不完整边界无法阻止气体从上部扩散到远处含水层，从而引起了气囊压力的快速下降和地层水从上部涌入井筒。浆液的密度相对地层水越大，系统储能效率越差，情形1中系统储能效率在第4次循环后开始下降，而情形2中在第10次循环后储能效率才开始明显降低。此外，对于浆液密度小于地层水的情形4和情形5中，由于气体普遍更容易在含水层的上部移动扩散，形成的上部不完整边界能够更有效地阻止气体的扩散，地层水也更容易进入井筒底部。从结果中可以发现浆液密度小的情形比密度大的情形的储能效率先开始下降，但是随着循环的继续，密度小的情形相比于密度大的情形能够保持一个相对高的储能效率值，这是因为更少的气体扩散能够使得气囊保持相对高的压力，从而在循环进行中防止水涌的发生。这种现象在情形2和情形4中尤为明显，两者相对于地层水密度分别增大了和减小了10%，而情形4随着循环的进行，其储能效率能够保持在0.96，产气质量分数能够保持在0.95，与基础情况的结果相差不大。

需要注意的是在五种模型中，为了更方便地比较循环过程的结果，假设初始气囊在不同情况下都是相同的，在实际情况下不同的边界情况下初始气囊的情况也会不同，由此可能使得在浆液密度更大时，早期的储能效率与基础模型相似的情况无法出现。但是通过模拟研究可以确定的是当浆液密度和地层水相同或者稍小于地层水时，更容易产生良好的低渗透率边界，从而获得更高的储能效率，这种情形主要是因为空气密度小于地层水，空气更倾向于在含水层上部扩散。此外，含水层的结构可能也会对浆液材料密度的选择有影响。当含水层的结构是背斜时，相对于地层水密度较大的浆液形成的下部不完整边界能够和该结构下天然的上层封闭边界组成完整的边界，且在注入量相同时，密度大的浆液在下部聚集使得浆液浓度分布更集中，更容易发生完全固结沉淀，产生渗透率更小的边界，故在该结构下浆液密度大的情况可能相对更好。而在含水层结构为向斜时，其结果相反，选择密度较小的浆液可能更好。

（4）注水驱替速率和总量的影响。浆液注入后需要继续注入一定量的水，从而驱替浆液至离井筒一定远的距离处，在该处形成低渗透性的边界并保持其与井筒之间较高渗透率的储气空间。通常情况下，注入水的体积越大，边界建立的位置越远，形成的高渗透率储气空间越大。然而，注水量越大容易造成边界范围内浆液在液相中的浓度越低，引起固结沉淀后边界的渗透率过大，从而导致整个系统效率的降低。同时，注水速率对边界建立的影响也尚不明确，需要进行详细的研究。为了研究注水速率和注水量对总体边界建立的影响，分别模拟了在八种注水体积下，分别采用10kg/s、20kg/s和40kg/s注水速率的对比情形。所有对比情形中，浆液的注入都采用的50kg/s注入10天的情形。

图4-71表明当浆液的性质和总量固定时，存在一个临界总注水量，当小于这个临界值时，随着注水量的增加，在保证边界渗透率符合一定标准时，储气库的

体积也随之增加；当大于这个注水量时，注水量的增加能够增加储气库的体积，但是会降低建立边界的效果。在实际工程中，对理想边界宽度（r_{o-i}）的估算可以成为一个工程初期设计的起步点，但详细的注水量和最优化的储气空间还需要进一步的场地模拟研究。此外，由于注水速率对结果的影响极小，考虑到建造低渗透率边界的时间成本，在保证高注入速率可能引起注入过程的压力积聚的增大不会对盖层或者其他安全因素造成影响的前提下，更大的注水速率能够减小总的改良技术的时间消耗，从而节约成本。

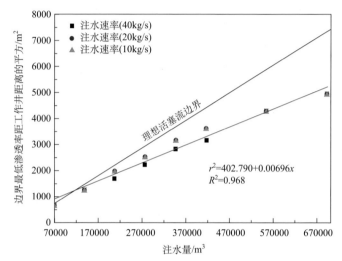

(a) 不同注入速率下注水量与边界最低渗透率距工作井距离的平方关系图

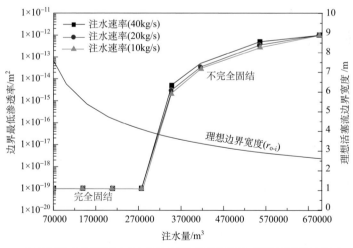

(b) 不同注入速率下注水量与边界最低渗透率的关系和理想边界宽度变化图

图 4-71　不同注水量和注入速率情况下的结果分析

4.5.2　CO$_2$的利用优化

鉴于 CO$_2$ 具有较大压缩性且 CO$_2$ 储存具有较大的经济效益，CO$_2$ 和 CAESA 系统的结合已经成为未来有潜力的一个研究方向。Oldenburg 和 Pan（2013b）提出了利用 CO$_2$ 代替空气作为 CAESA 系统的缓冲气体，其优势在于：CO$_2$ 比空气的压缩性更大，在同样的压力增长情况下，CO$_2$ 作为缓冲气体能够支持更大的能量储存；缓冲气体 CO$_2$ 能被储存在含水层中，从而达到 CO$_2$ 地质封存的部分作用，增加整个系统的经济效益，但需要保证在循环中 CO$_2$ 不能被抽采出来。

利用一维模型，假设初始 CO$_2$ 缓冲气体范围大小不同，通过模拟调查循环过程中压力的变化和空气-CO$_2$ 混合过程。结果发现，利用 CO$_2$ 作为缓冲气体相比于空气能够减小压力的波动程度。当初始 CO$_2$ 距离工作井更近时，CO$_2$ 支撑压力的效果更好，但是会加速与空气的混合作用，从而导致在抽采的工作气体中更早地出现 CO$_2$ 组分。随着初始 CO$_2$ 缓冲气体范围的增大，CO$_2$ 能够更好地储存在含水层中。

此外，随着 CO$_2$ 发动机研究的发展，国外学者提出了直接利用 CO$_2$ 作为工作气体和缓冲气体的压缩 CO$_2$ 含水层储能（compressed CO$_2$ energy storage in aquifers，CCESA）系统（Dostal et al., 2004；Ahn et al., 2015；Liu et al., 2016a；Wang et al., 2015；Zhang et al., 2016；Zhang and Wang, 2017）。Liu 等（2016a）利用两个不同深度的咸水含水层设计了一个封闭的储能循环系统，如图 4-72 所示。利用多余的电能，通过压缩机将 CO$_2$ 注入深部的含水层中；当需要电能时，高温高压的 CO$_2$ 被抽采出来膨胀发电，随后低压的 CO$_2$ 被存放到较浅的含水层中进行储存，需要压缩时再抽采出来，从而形成封闭的系统。

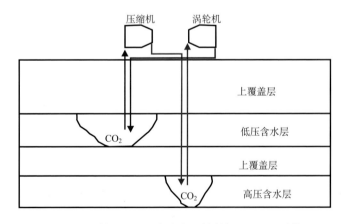

图 4-72　利用不同深度含水层的封闭 CCESA 系统

4.6　机遇与挑战

4.6.1　我国压缩空气含水层储能技术的应用潜力

根据统计数据显示，2018 年，我国风力发电量为 3660 亿 kW·h，弃风电量 277 亿 kW·h，弃风电量主要集中在新疆（106.9 亿 kW·h）、内蒙古（72.4 亿 kW·h）、甘肃（54.0 亿 kW·h）、河北（15.5 亿 kW·h）、吉林（7.7 亿 kW·h）、黑龙江（5.8 亿 kW·h）；光伏发电量为 1775 亿 kW·h，弃光电量为 54.9 亿 kW·h，其中新疆和甘肃弃光电量分别高达 21.4 亿 kW·h 和 10.3 亿 kW·h。

大规模储能技术是高效利用间歇性可再生能源如风能、太阳能等并网发电和解决弃风、弃光的关键，需集中力量在可再生能源开发利用特别是新能源并网技术和储能、微网技术上取得突破，国家发展和改革委员会等五部门在《关于促进储能技术与产业发展的指导意见》中指出，在"十三五"和"十四五"期间要实现储能由研发示范向商业化初期过渡、最后向规模化发展的转变。对于利用盐洞进行大规模压缩空气储能来说，其技术相对成熟，更易操作，我国已经展开了与其相关的研究。2017 年，中国能源建设集团江苏省电力设计院有限公司计划首次在金坛盐盆利用盐洞开展压缩空气储能的国家级示范项目；2019 年在四川省电力协会交流座谈时，也指出了四川具有丰富的盐洞资源能够为压缩空气储能提供有利条件。对于利用含水层进行储能来说，在工程实践方面，该系统地下相关技术能够借鉴 CCS 的相关经验，我国已经建成世界首个 10 万吨级煤化工 CCS 工程，该工程通过把超临界 CO_2 注入深层咸水含水层中进行储存，形成了较成熟的气体注入含水层储存的技术方法体系，成果获得了国家科技进步一等奖。CCS 工程在我国的成功能够助力含水层压缩空气储能的选址评价、系统装备设计、含水层水力压裂及监测体系的建立，为我国实现该技术的商业化奠定了良好的基础。

以我国的风能资源利用发展为例，我国蕴藏了丰富的风能资源，主要分布在"三北"（东北、华北、西北）地区、东南沿海（包括山东、江苏、浙江、上海、福建、广东等），且风电场的位置与我国风能分布的丰富区基本相近，东南沿海和东北、华北地区风力发电场较多。基于系统对于含水层的性质需求，借鉴天然气含水层储气库在我国重点勘查目标储层性质的数据统计进行分析，认为东北地区、河北、长江三角洲和环渤海地区在含水层结构和性质方面具有较好的应用潜力，且都处于风力资源较丰富的地区；此外，由于以上区域都处于我国计划大力振兴和已经较为发达的地区，故这些地区的电力需求和基础设施都较高，具备基于风电的储能系统建设的经济基础，结合我国 2018 年统计的弃风电量情况，建议优先开展对东北地区和河北的储能可行性研究。从我国太阳能资源分布来看，西藏、青海、新疆、内蒙古南部、山西、陕西北部、河北、山东、辽宁、吉林西部、云南中部和西南部、广东东南部、福建东南部、海南东部和西部以及台湾西南部等广大地区的太阳能资源较为丰富。利用我国 CO_2 封存的全国盆地储盖层数据进行分析，太阳能丰富地区的盆地含水层渗透性、孔隙度普遍能够满足储气库的要求，盖层稳定性良好且断裂活动较小，能够保障系统安全运行。根据现有收集到的数据，可以对新疆和甘肃等弃光严重的地区开展进一步的基于太阳能的含水层压缩空气储能评价研究。

4.6.2　压缩空气含水层储能技术存在的问题和发展方向

1. 存在的问题

1）详细实际地质数据的获取

由于目前尚无实际工程，研究中用到的地质参数均为理想化参数，在实际工程设计中，需要获取详细地质数据。不同的地质参数会影响储能系统的表现，例如，渗透率、孔隙度的非均质分布会影响含水层中压力、能量流速等系统关键参数。另外，压缩空气的性质计算应结合试验实际气体进行校正。

2）良好初始气囊的形成

实际过程中，在饱和水的含水层中充满空气需要不同注气方式和较长的时间，时间成本需要考虑到系统设计部分。

3）缺少经济成本、环境影响方面的详细分析

完整的储能系统不仅包括系统在技术、理论的可行性方面得到验证，在经济性、环境影响或者安全性等方面均应该得到有效的评估，确定 CAESA 系统在当下具有可操作性。

4）缺少与化学反应、力学相关模型的耦合

研究中在对包括储层模拟和人造低渗透率边界模拟中，忽略了相关的化学反应具体过程和由于压力和温度变化引起的力学效应，在未来的研究中需要进一步完善多场耦合的方法研究。

2. 发展方向

1）多领域知识的完善，兼顾整体系统

压缩空气地质储能整套系统涉及地学知识较多，包括能源工程、电力工程、地下水科学等。在把控地表发电装置时可能存在知识上的盲点，目前国际上对压缩空气储能的研究往往是把地表装置和地下储能分开研究，这样在研究过程中可能无法兼顾整套系统，需要在未来研究中积累多领域知识进行联合分析。

2）建立完善的场地选址评价体系，进行商业化运行

根据 CO_2 地质封存经验，CAESA 系统场地选址的指标选择和建立对于加速其进入实际应用阶段极为重要。需要加强对于 CAESA 系统影响因素的进一步认识，从技术层面、安全层面和经济环境层面等对选址评价体系进行总结。利用选址体系，评价我国进行 CAESA 系统的潜力和初步适合场地范围。此外，完善系统相关技术研究，加速进入商业化运行阶段。

3）多能结合，增加系统效率

探索 CAES 系统与其他清洁能源的结合运用，如利用地热提高采出气体的温度，从而达到更加环境友好化的理念。探索不同的技术手段，改造系统结构和特性以达到近理想情况，提高系统的效率，增加经济效益。

第 5 章 CO_2 地质封存

5.1 CO_2 混合 N_2 和 O_2 注入含水层的多相多组分模拟

5.1.1 场地概况

注入场地位于松辽盆地西南部，通辽市东北 45 km。本次试验的目的是测试 CO_2 混合 N_2 和 O_2 注入的可行性，为了节约成本，选择的目标层位为浅部埋深 180 m，厚度约 60 m 的姚家岭组（K_2y^2）砂岩含水层（图 5-1）。目标储层上为嫩江组泥岩（K_2n^2），可以作为封存的直接盖层。含水层的温度约为 15℃，压力为静水压力，平均为 2.1 MPa。含水层的水质类型为 Cl-HCO$_3$-Na 型，总溶解性固体介于 3100 mg/L 和 4230 mg/L 之间（Wei et al., 2013）。

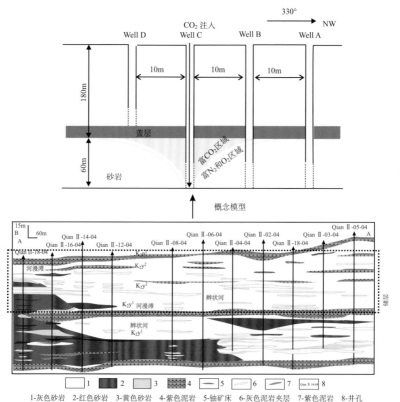

图 5-1 地层剖面和概念模型

从 2010 年 1 月 12 日到 31 日，总共 85t 的 CO_2 混合 7.5t 的空气（模拟中近似为摩尔分数为 88% CO_2、10% N_2 和 2% O_2 的混合物，忽略空气中的其他组分，如 He 和 Ar 等）注入目标含水层。为了监测 CO_2、N_2 和 O_2 的运移，三个监测井（Well A、Well B 和 Well D）被采用，其中 Well A 和 Well B 位于目标储层，用于监测储层中 CO_2 的迁移，Well D 位于直接盖层上的含水层中，用于监测可能的 CO_2 泄漏。四个井（一个注入井和三个监测井）基本由西北沿东南直线排列，Well B 和 Well D 均离注入井 10 m，最远的 Well A 离注入井 20 m。井的直径为 125 mm，穿过储层的射孔段的埋深为 210～240 m。监测设备包括用于采样的 U 形管、安装在射孔上部的温度和压力传感器。在 20 天的注入周期中，水样和气样每隔 4h 取一次。水和气的成分分析在现场进行，其中碱度采用酸碱滴定法测定，水中离子如 Ca^{2+}、Mg^{2+}、Fe、Pb、Cl^-、F^-、SO_4^{2-}、NO_3^-、I^- 和 Br^- 采用离子色谱测定，气体样品中的 CO_2、N_2、O_2 和 CH_4 组分采用气相色谱测定。

需要特别注意的是，由于目标储层较浅，注入的 CO_2 混合物主要以气相形式存在（图 5-2），并且压力变化不大，CO_2 混合物不会发生相变而成为两相共存状态。虽然这与 CO_2 混合物注入深部咸水层有较大区别，但这并不影响对气体混合物在储层中迁移规律的认识。

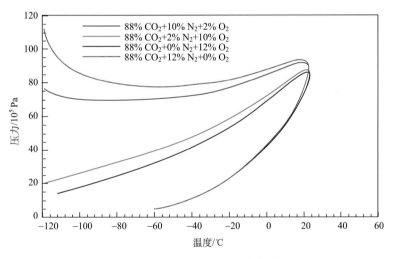

图 5-2　CO₂-N₂-O₂ 体系相包络线

根据 PVTsim 计算绘制

5.1.2　模型建立

1. 流动系统

为了简化计算，砂岩夹杂着泥岩的储层概化成厚度为 60 m、径向半径为 5 km

的 2D 径向均质各向异性模型。非纯的 CO_2 注入时间为 20 天, 在这么短的时间内, 可以认为模型的边界对注入的影响很小。通过对 130 个钻孔岩心样的分析, 目标储层的孔隙度介于 12% 和 37% 之间, 渗透率变化很大, 介于 0.30 mD 和 4000 mD 之间(图 5-3), 平均孔隙度和渗透率分别为 0.30 和 460 mD。图 5-3 中红色的区域用于模型参数校正。地下水的盐度介于 0.31% 和 0.42% 之间, 由于其足够小, 模型中可以假设为零。模型中采用的储层水文地质参数见表 5-1。模型径向剖分 50 列, 垂向剖分 50 层, 一共 1500 个网格。径向上, 网格大小由井筒的 0.06 m 指数增长到外围边界的 800 m; 垂向上, 网格大小均为 2.0 m。模型中不考虑温度的变化。为了能够刻画井筒中的流动过程, 井筒单元设置为高渗透率(3.0×10^{-10} m^2)和高孔隙度(0.99)。井筒只在埋深 210～240 m 与储层连接。

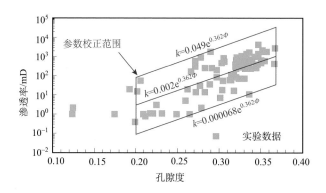

图 5-3　模型校正的孔隙度和渗透率范围

表 5-1　储层水文地质参数

参数	取值或取值方法
含水层厚度	60 m
水平渗透率和孔隙度	根据图 5-3 校正
水平和垂直渗透率比率	校正
地层压缩系数	4.5×10^{-10} Pa^{-1}
温度	15℃
盐度	0.0
压力	静水压力(17.9～23.7 bar)
注入	注入井段: 埋深 210~240 m 注入速率: CO_2: 0.0492 kg/s, N_2: 0.0034 kg/s, O_2: 0.0009 kg/s
观测井	Well A: $x=20$ m, 埋深$=210$ m Well B: $x=10$ m, 埋深$=210$ m

续表

参数		取值或取值方法
相对渗透率模型	液相（van Genuchten, 1980）	$k_{rl} = \sqrt{S^*}\left[1-\left(1-S^{*1/m}\right)^m\right]^2$
		$S^* = (S_l - S_{lr})/(1-S_{lr})$
		$S_{lr} = 0.30^{a}$
		$m = 0.457^{a}$
	气相（Corey, 1954）	$k_{rg} = (1-\hat{S})^2(1-\hat{S}^2)$
		$\hat{S} = (S_l - S_{lr})/(S_l - S_{lr} - S_{gr})$
		$S_{gr} = 0.05^{a}$
毛细压力模型（van Genuchten, 1980）		$P_{cap} = -P_0\left(S^{*-1/m}-1\right)^{1-m}$
		$S^* = (S_l - S_{lr})/(1-S_{lr})$
		$S_{lr} = 0.00^{a}$
		$m = 0.457^{a}$
		$P_0 = 0.1935\ \text{bar}^{a}$

a 来源于 Pruess 和 Garcia（2002）。

模型校正中，孔隙度 Φ 和渗透率 k 采用以下关系：高渗透率 $k = 0.049\mathrm{e}^{0.362\Phi}$，中等渗透率 $k = 0.002\mathrm{e}^{0.362\Phi}$ 和低渗透率 $k = 0.000068\mathrm{e}^{0.362\Phi}$。

2. 化学反应系统

储层砂岩矿物主要由 22.9%～39.0%（体积分数）石英、22.9%～39.0%（体积分数）黏土矿物（包括伊利石、高岭石、蒙脱石和绿泥石）和少量的钾长石、钠长石、菱铁矿、方解石和白云石组成。监测结果显示 Ca^{2+}、Mg^{2+} 和 HCO_3^- 离子的变化程度大于 Na^+、Cl^- 和 SO_4^{2-} 离子（Wei et al., 2013）。Wei 等（2013）和 Zhu 等（2015b）认为这些离子浓度的变化主要归因于碳酸盐矿物的溶解。因此，本模拟中化学反应体系中矿物仅考虑方解石和白云石两种反应性矿物。虽然有一定量的 O_2 注入含水层中，但由此引起的氧化还原反应本书暂时不考虑。方解石和白云石的体积分数分别为 0.0～12.1% 与 0.0～13.8%，平均含量分别为 4.0% 和 0.8%。矿物的溶解沉淀满足动力学反应，相关的动力学参数（如平衡常数、动力学反应速率和活化能等）直接来源于 Xu 等（2010）（表 5-2）。由于矿物表面积和含量具有较大的不确定性，因此这些参数根据监测结果进行校正。

表 5-2　碳酸盐矿物的反应动力学参数

| 矿物 | 体积分数/% | | | 反应表面积/ (cm²/g) | 动力学反应速率模型中的参数 | | | | |
| | | | | | 中性机理 | | 酸性机理 | | |
	平均	最小	最大		k_{25}/ [mol/ (m²·s⁻¹)]	E_a/ (kJ/mol)	k_{25}/ [mol/ (m²·s⁻¹)]	E_a/ (kJ/mol)	n (H⁺)
白云石	4.0	0.0	12.1	校正	2.951×10^{-8}	52.2	6.457×10^{-4}	36.1	0.5
方解石	0.8	0.0	13.8	校正	1.549×10^{-6}	23.5	5.012×10^{-1}	14.4	1.0

初始水化学组分对离子的动态演化至关重要。为了不丢失重要的水化学信息，同时兼顾模型中矿物和水化学之间的一致性，在正式模拟计算之前，根据水化学的测试结果和储层中矿物种类进行静态水岩相互作用模拟，以"校正"初始水化学组分。在静态水岩作用模拟中，考虑到地下水溶有一定量的 CO_2（大气降雨补给），设置 CO_2 分压为 0.005MPa。模拟直到水化学组分基本稳定为止。表 5-3 为初始水化学组分的静态模拟结果。

表 5-3　初始水化学组分的静态模拟结果

组分	平衡前浓度/（mol/kg·H₂O）	平衡后浓度/（mol/kg·H₂O）
Ca^{2+}	0.3700×10^{-3}	0.3276×10^{-3}
Mg^{2+}	0.8200×10^{-3}	0.2294×10^{-4}
Na^{+}	0.3849×10^{-1}	0.3881×10^{-1}
K^{+}	0.2560×10^{-2}	0.2045×10^{-2}
Fe^{2+}	0.1000×10^{-9}	0.2274×10^{-4}
SiO_2（aq）	0.1000×10^{-9}	0.1751×10^{-3}
HCO_3^{-}	0.3769×10^{-1}	0.3485×10^{-1}
SO_4^{2-}	0.6800×10^{-3}	0.6800×10^{-3}
AlO_2^{-}	0.1000×10^{-9}	0.1565×10^{-9}
Cl^{-}	0.4370×10^{-2}	0.4370×10^{-2}
pH	7.0	7.5

5.1.3　计算结果

1. 流动过程

储层高度非均质各向异性会对流动产生较大影响，然而由于场地数据的缺乏，这种非均质性无法定量评价。为了在一定程度上刻画这种非均质性，本模型在水平和垂直方向上采用不同的渗透率。为了分析水平方向和垂直方向渗透率比

（$k_h : k_v$）对 CO₂ 气相运移的影响，设置了 1、10 和 100 三种不同的渗透率比。孔隙度和水平渗透率采用平均值 0.30 和 460 mD。从图 5-4 可以看到，在均质模型中（渗透率比为 1），CO₂ 气体在浮力的推动下主要往上运移，且在盖层下聚集，在监测井 Well A 中监测不到 CO₂。随着垂直渗透率的降低，注入的 CO₂ 气体水平运移逐渐占主导位置。

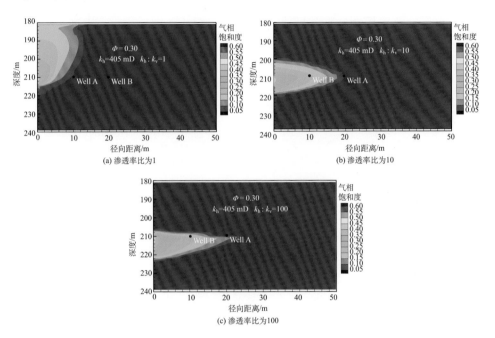

图 5-4　水平和垂直渗透率比对气相饱和度分布（注入 20 天）的影响

$k = 0.00006\,e^{0.362\Phi}$ 的结果没有显示在图中，因为相关的渗透率太低，CO₂ 混合物的突破时间太长，超过 20 天

利用监测井 Well A 和 Well B 监测的 CO₂ 气体混合物到达时间来确定含水层的渗透率和孔隙度。图 5-5 显示了渗透比为 10 和 100 两种情况下两种不同渗透率和孔隙度关系的 CO₂ 气体混合物到达监测井的时间计算结果。可以看到，当渗透率比为 10 时，监测井 Well A 不能捕获到 CO₂ 气体混合物的到达；当渗透率比为 100 时，监测井 Well A 和 Well B 均能捕获到 CO₂ 气体混合物的到达。因此，模型中假设渗透率比为 100。对比模拟和试验中 Well A 和 Well B 的 CO₂ 气体混合物突破时间，可以确定水平渗透率介于 $5.0 \times 10^{-13}\,\mathrm{m^2}$ 和 $4.0 \times 10^{-12}\,\mathrm{m^2}$ 之间，综合考虑最终取渗透率为 $1.0 \times 10^{-12}\,\mathrm{m^2}$，孔隙度为 0.28。需要说明的是，该取值仅代表注入井的平均孔渗参数，实际场地的非均质各向异性程度非常高。

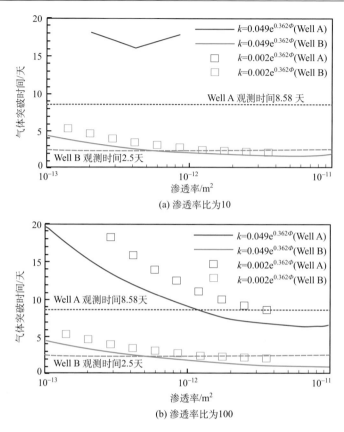

图 5-5　计算的 CO_2 混合物突破时间和渗透率的关系

　　从图 5-6 可以看到,注入的 CO_2 混合物主要通过射孔段的上部进入地层然后发生水平迁移,最大的水平迁移距离为 31 m,最大的气相饱和度为 0.500。气相前缘 N_2 和 O_2 的质量分数最大分别达到了 90% 和 15%,大于 CO_2 的质量分数,也远远大于注入的混合气中相应组分的比例分数。在气体前缘出现了明显的层析现象,N_2 在最前缘,其次为 O_2,最后为 CO_2,但层析区域比较窄,这主要是因为 CO_2 混合物中杂质的含量比例相对偏小。层析现象的出现主要归因于 CO_2、N_2 和 O_2 在地层水中溶解度的差异。对于注入的混合气体(88% CO_2、10% N_2 和 2% O_2),地层水中溶解气量的排序为 $O_2 < N_2 < CO_2$,但其溶解能力排序为 $N_2 < O_2 < CO_2$。当混合气体在地层中迁移时,一部分气体由气相转移到液相水中,转移比例与溶解能力直接相关。溶解能力越大,气相中对应组分的损失量越大,那么层析区域中对应的组分分布区域越靠后。液相中溶解的组分分布规律与气相中的类似(图 5-7)。

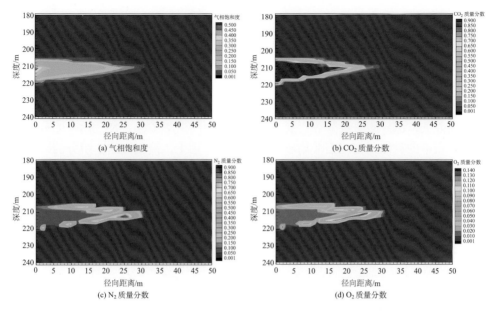

图 5-6　气相饱和度及气相中 CO_2、N_2 和 O_2 的质量分数分布（注入 20 天后）

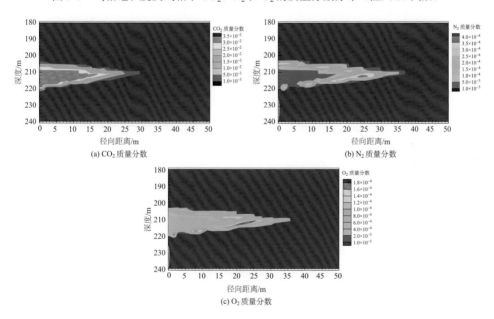

图 5-7　液相中溶解 CO_2、N_2 和 O_2 的质量分数分布（注入 20 天后）

　　图 5-8 显示了监测井 Well A 压力、气相和液相中 CO_2、N_2 和 O_2 质量分数的演化过程。在 CO_2 混合气注入后，Well A 中压力在 CO_2 混合气突破前迅速增加了 0.1 bar 并稳定，气相突破后压力逐渐增加到 0.4 bar。由于压力仍然处于露点压力

以下，CO_2 混合气仍处于气相状态。模拟计算结果表明，Well A 中气体突破时间约为 9.0 天，稍大于监测的 8.58 天。其中，N_2 和 O_2 首先到达，气相由 92% N_2 和 8% O_2 组成，与监测到的 80% N_2 和 20% O_2 有所区别，主要原因可能有：①所取样品是整个射孔段的混合样品；②地层非均质性的影响。最大的 O_2 质量分数大约为 14%，发生在 N_2 到达后的 3.1 天。随着时间的增加，气相中 N_2 和 O_2 的质量分数逐渐降低，CO_2 的质量分数逐渐升高。液相中的溶解 CO_2、N_2 和 O_2 的分布特征与气相中的类似，在强烈非均质引起的弥散作用下，液相中这些组分的运移速度要快于气相中的。

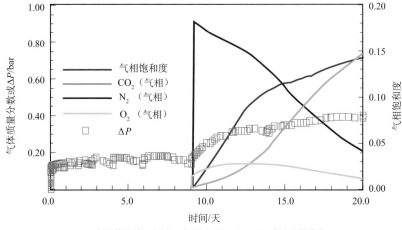

(a) 气相饱和度、压力、气相中CO_2、N_2、O_2质量分数演化

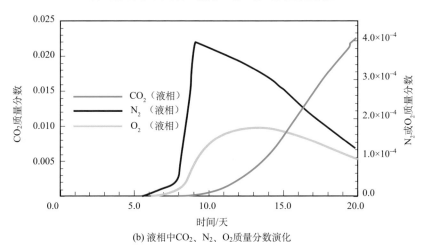

(b) 液相中CO_2、N_2、O_2质量分数演化

图 5-8　气相和液相中 CO_2、N_2 和 O_2 质量分数演化

2. 反应迁移过程

CO$_2$ 的溶解将降低地层水的 pH，进而导致碳酸盐矿物的溶解，产生 Ca^{2+} 和 Mg^{2+}。Ca^{2+} 和 Mg^{2+} 的产生速度主要受矿物含量、反应比表面积和动力学反应常数等诸多参数影响，其中矿物含量和反应比表面积是相对敏感且不确定程度较高的参数。针对方解石和白云石，基于一个基本模型[0.8%（体积分数）方解石、0.4%（体积分数）白云石和 9.8 cm^2/g 的反应比表面积]进行了参数敏感性分析，一共设置了 18 个案例（见图 5-9 上部表格）。将监测井 Well A 监测的 Ca^{2+} 和 Mg^{2+} 浓度用作模型校正。

图 5-9 为 18 个案例计算和监测结果的对比，可以看到，案例 4[0.08%（体积分数）方解石、0.04%（体积分数）白云石和 9.8 cm^2/g 的反应比表面积]基本能够捕捉到前期阶段 Ca^{2+} 浓度的变化，但未能捕获后期阶段 Ca^{2+} 浓度的降低，主要原因可能是原地层水与其他流动通道汇入的地层水发生了混合。监测结果表明 Mg^{2+} 浓度在一开始呈增加趋势，但当 CO$_2$ 混合气体突破后便逐渐开始下降。如果 Ca^{2+} 和 Mg^{2+} 主要来源于碳酸盐的溶解，那么在 CO$_2$ 混合气注入后，它们的浓度会迅速增加。因此从监测结果来看，Ca^{2+} 和 Mg^{2+} 不仅来源于碳酸盐矿物的溶解，还可能有其他控制机理（如吸附作用），这需要在室内进行相关实验进行验证。

案例	1	2	3	4	5	6	7	8	9	10	11	12	13	14	15	16	17	18
方解石体积分数/%	0.008	0.008	0.008	0.08	0.08	0.08	0.8	0.8	0.8	0.008	0.008	0.008	0.08	0.08	0.08	0.8	0.8	0.8
白云石体积分数/%	0.04	0.4	4	0.04	0.4	4	0.04	0.4	4	0.04	0.4	4	0.04	0.4	4	0.04	0.4	4
反应比表面积/(cm²/g)	9.8									0.098								

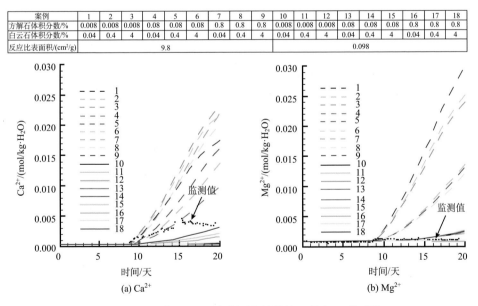

图 5-9　监测井 Well A 中监测和计算的 Ca^{2+} 和 Mg^{2+} 对比

从图 5-10 可以看到，pH 在 CO$_2$ 突破后迅速下降，模拟的 pH 降低到约 5.0，比监测的 6.5 要小。这个差异主要是由于监测值是在地边测试的，当水样取出来后,溶解在水样中的 CO_2 解析出来,导致测试的 pH 明显偏高。与前人 Xu 等(2010)的模拟结果相比,本次计算的偏高,主要原因是该储层很浅,压力很低,溶解 CO_2 相对深部含水层偏低。

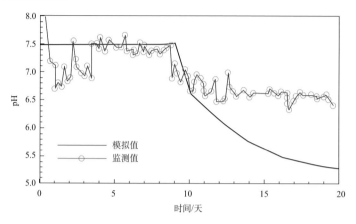

图 5-10　监测井 Well A 中 pH 的监测值和模拟值对比

图 5-11 表明 pH、Ca^{2+} 和 HCO_3^- 浓度的空间分布与溶解的 CO_2 含量[图 5-7(a)]类似,并且在气相前缘变化剧烈。计算的 HCO_3^- 浓度值比其实际监测值 0.046 mol/kg·H_2O 大一个数量级,主要原因与 pH 的监测值和模拟值差异原因类似,即取样到地表后溶解的 CO_2 被解析。

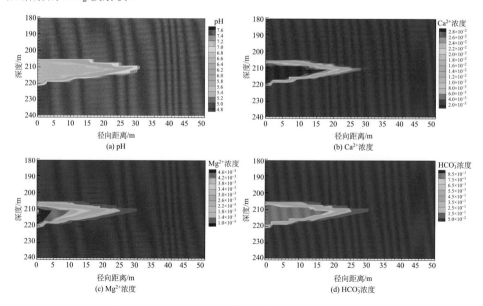

图 5-11　pH、液相中 Ca^{2+}、Mg^{2+} 和 HCO_3^- 的空间分布

注入 20 天后,Ca^{2+}、Mg^{2+}、HCO_3^- 的浓度单位为 mol/kg·H_2O

3. 讨论

为了分析 CO$_2$ 混合气中杂质对气相运移的影响，增加了三个案例（案例 19：92.0% CO$_2$、8.0% N$_2$ 和 0.0% O$_2$，案例 20：92.0% CO$_2$、0.0% N$_2$ 和 8.0% O$_2$，案例 21：92.0% CO$_2$、1.7% N$_2$ 和 6.3% O$_2$），并与基准案例进行了对比。由图 5-12 可以看到，随着 O$_2$ 比例增大，气相到达监测井的时间也增大，这主要是因为气相迁移速度受移动能力（$k_r\rho/\mu$）和溶解能力的控制。由于 N$_2$ 和 O$_2$ 具有近似的密度和黏度，因此移动能力差异不大，但其溶解能力有较大的差异，依次为案例 19<基准案例<案例 21<案例 20（高 O$_2$ 含量对应高的溶解能力）。换句话说，溶解气的总量直接由 O$_2$ 的量决定。对比案例 21 和基准案例，N$_2$ 和 O$_2$ 的到达时间几乎一致，但是含量不同，这主要归因于溶解能力和各组分含量的差异。在基准案例中，N$_2$ 的溶解能力小于 O$_2$ 的溶解能力，同时气相中 N$_2$ 的含量大于 O$_2$ 的含量，因此该模型气相中 N$_2$ 和 O$_2$ 含量的差异要大于案例 21 气相中 N$_2$ 和 O$_2$ 含量的差异。由于 CO$_2$ 的含量在四个案例中是一样的，同时又是气相中的主要成分，因此四个案例中气相和液相中 CO$_2$ 质量分数差异很小。

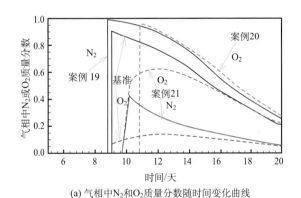

(a) 气相中 N$_2$ 和 O$_2$ 质量分数随时间变化曲线

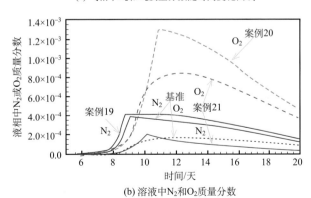

(b) 溶液中 N$_2$ 和 O$_2$ 质量分数

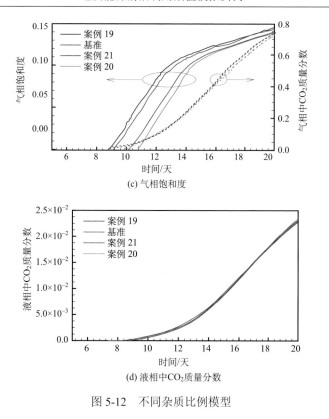

图 5-12　不同杂质比例模型

5.2　鄂尔多斯盆地神华 CCS 示范项目 THM 耦合模拟

5.2.1　场地概况

鄂尔多斯盆地是我国陆上第二大沉积盆地,盆地面积约为 $2.4 \times 10^5 km^2$,开始形成于晚三叠世。神华 CCS 示范项目注入场地位于伊金霍洛旗,离神华煤制油公司距离约为 12 km。注入井深约 2500 m,依次穿过第四系,白垩系志丹群,侏罗系安定组、直罗组和延安组,三叠系延长组、纸坊组、和尚沟组和刘家沟组,二叠系石千峰组、石盒子组、山西组,石炭系太原组、本溪组,以及奥陶系马家沟组地层。整套地层中存在多套适于 CO_2 地质储存的储盖层组合,其中石千峰-刘家沟储盖层组合被认为是储层条件最好和最具有潜力的层位。

5.2.2　模型建立

1. 概念模型

石千峰-刘家沟储盖层可用的储层共有 8 层,累计厚度为 51.8 m,单层的最大厚度为 9 m，最小厚度为 4.4 m。砂岩储层的渗透率在 10^{-15}m^2 左右，而泥岩的渗透率在 10^{-17}m^2 左右，砂岩孔隙度约为 0.1，泥岩孔隙度约为 0.03（图 5-13）。根据这些特征可知石千峰储层是低孔、低渗的薄砂层储层。对于这种薄砂层储层，采用水平井注入将大大提高注入能力。前人的 CO_2 地质储存的数值模拟模型和模拟结果表明，CO_2 注入引起的温度变化范围有限，仅局限在注入井几十米范围内，因此，本书实例模型不考虑温度的变化，研究 8 个储层水平注入情况下的水力场-力学场（HM）耦合过程。为了减小模型网格数目，更好地分析力学过程，采用二维概念模型，如图 5-14 所示。

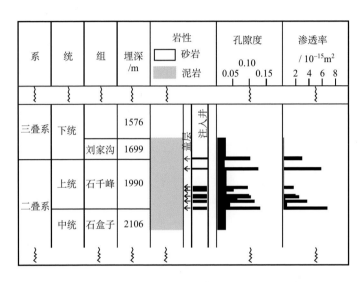

图 5-13　石千峰-刘家沟组储盖层组合地层特征描述

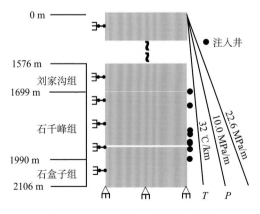

图 5-14　CO₂ 注入二维概念模型

初始温度根据 $T=10.5+0.0319D$ 确定（D 为深度），初始压力服从静水压力分布，假设初始垂向应力仅仅是由上覆地层的自重引起，初始水平应力满足 $K_0\left(\sigma'_x=\sigma'_y=K_0\sigma'_z=\dfrac{v}{1-v}\sigma'_z\right)$ 状态。采用定速率注入，8 个储层速率合计为 0.01 kg/（s·m），每层的注入量与厚度和渗透率的乘积成正比。为了最大限度地储存 CO_2，一般需要在地表压缩到超临界态（$P>7.382$ MPa，$T>31.04℃$，本书以气体代替超临界），CCS 示范工程井口的注入温度约为 35℃，注入的 CO_2 由井筒到地层的过程中，与地层进行热交换，并很快加热到与地层相近的温度。因此，可以假设注入温度和地层的温度一致。

模型垂向上的范围为地表到埋深 2100 m，边界条件为上下隔水；为了最大限度地减小水平方向上边界对模型结果的影响，取 $X=\pm350$ km 为隔水边界（在此距离设定定压边界效果与隔水边界计算结果差别不大），注入点位于中间的 0 位置处。应力边界条件为上边界即 $Z=0$m 处设为位移自由边界，下边界即 $Z=2100$m 处设为零位移边界，左右边界即 $X=\pm350$km 处 Z 方向均设为位移自由边界，X 方向均设为零位移边界。

模型网格在水平方向上共剖分 67 个网格，水平方向尺寸从注入点附近（10m）到边界（100km）逐渐增大；在垂直方向上共剖分 117 个网格，垂直方向尺寸从地表（50m）至注入点（2.6m）逐渐减小。

热和水动力的计算（温度不参与计算，但模型仍然需要其来计算密度、黏度等参数），采用的是 TOUGH2 中的 ECO2N 模块，其采用国际公式化委员会（International Fourmulation Committee, IFC）提供的模型计算水与水蒸气两相的饱和线、密度、黏度、热焓等；而 CO_2 的性质根据 Altunin（1975）的校正模型计算；CO_2 和 H_2O 互溶满足热力学平衡，以及互溶后对各相属性的影响，均采用 Spycher 和 Pruess（2005）模型计算，这些性质均是温度、压力和盐度的函数。

2. 模型参数

二维模型基本物理参数见表 5-4，相对渗透率和毛细压力采用参数如表 5-5 所示，需要注意的是，泥岩的毛细进入压力比砂岩的大两个数量级。

表 5-4 二维模型基本物理参数

岩石密度 /（kg/m³）	岩石热传导系数 /[W/（m·℃）]	岩石比热容 /[J/（kg·℃）]	盐度质量分数/%	剪切模量 /GPa	泊松比
2260	2.51	920	2	4.8	0.25

表 5-5　相对渗透率和饱和度模型及毛细压力模型

相对渗透率和饱和度模型		毛细压力模型（van Genuchten）
液相（van Genuchten）	气相（Brooks-Corey）	
$k_{rl} = \sqrt{S^*}\left[1-\left(1-S^{*1/m_l}\right)^{m_l}\right]^2$ $S_{lr} = 0.30\ m_l = 0.457$	$k_{rg} = \left(1-\hat{S}\right)^2\left(1-\hat{S}^2\right),$ $\hat{S} = \left(S_l - S_{lr}\right)/\left(S_l - S_{lr} - S_{gr}\right)$ $S_{gr} = 0.05$	$P_{cap} = -P_0\left(\left[S^*\right]^{-1/m_l} - 1\right)^{1-m_l}$ $S^* = \left(S_l - S_{lr}\right)/\left(1 - S_{lr}\right)$ $S_{lr} = 0.00\ m_l = 0.457$ 砂岩 P_0=19.6kPa ； 泥岩 P_0 = 3100kPa

注：S_{lr} 和 S_{gr} 分别为残余液相饱和度和残余气相饱和度；m_l 为指数；P_{cap} 为毛细压力；P_0 为进入压力。

考虑力学的耦合效应时，最关键的参数是耦合方程中的试验参数 a 和 b[式（2-57）和式（2-58）]，根据前人的总结，分别取 $5 \times 10^{-8}\ Pa^{-1}$ 和 22.2。为了使平均有效应力和孔隙度以及渗透率在初始状态保持一致，需要得到每一个位置在残余和零应力状态下的孔隙度及零应力状态下的渗透率。假设孔隙度变化为实际孔隙度的 10%，即 $\Phi_0 - \Phi_r = 0.1\Phi$。由于砂岩储层均为薄砂层，有效应力在每一层中变化不大，因此，可以简化为计算每一储层中残余和零应力状态下的孔隙度，以及零应力状态下的渗透率，计算结果见表 5-6，计算过程中忽略了泥岩的孔隙度和渗透率变化。

表 5-6　孔隙度和渗透率变化模型参数

储层编号	厚度/m	零应力状态孔隙度 Φ_0	残余孔隙度 Φ_r	实际孔隙度 Φ	零应力状态渗透率 $k_0 / (10^{-15}\ m^2)$	实际渗透率 $k / (10^{-15}\ m^2)$
R1	9.0	0.105	0.095	0.10	8.43	2.80
R2	5.4	0.126	0.113	0.12	17.60	5.70
R3	5.6	0.105	0.095	0.10	5.20	1.60
R4	7.6	0.052	0.047	0.05	0.33	0.10
R5	5.4	0.105	0.095	0.10	5.97	1.80
R6	4.4	0.105	0.095	0.10	7.99	2.40
R7	7.2	0.116	0.104	0.11	11.80	3.50
R8	7.2	0.137	0.123	0.13	22.60	6.60
泥岩	467.9	0.030	0.030	0.03	0.08	0.08

5.2.3　计算结果

1. 压力分布

图 5-15 表明 CO_2 注入后引起了储层中流体压力的增加，最顶部储层注入点压

力在注入 3 年后达到 24MPa, 注入 20 年后达到 28MPa; CO_2 侧向迁移距离在注入 3 年后为 2km, 注入 20 年后超过 4km。

从图 5-15 中的 HP 和 HMP 对比结果可以看到, 力学过程促进了压力向外的消散过程, 考虑力学效应与不考虑力学效应情况下的压力上升差值最大达到 2MPa。从空间上看, 在注入点附近差别较大; 从时间上看, 后期的差别要大于早期的 (图 5-16), 这主要是因为在后期和近井位置 CO_2 累计注入量多, 流体压力上升大, 导致有效应力减小得多, 孔隙度和渗透率增加得多, 更利于压力的消散。

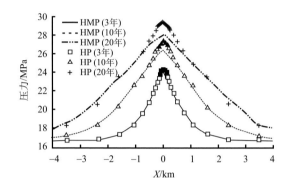

图 5-15　储层 CO_2 注入后压力时空变化特征

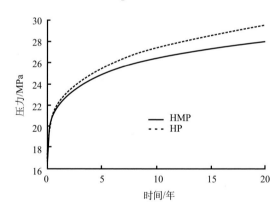

图 5-16　力学对注入压力的影响 (位于顶部的储层)

2. 气相饱和度

从图 5-17 可以看到, 在最顶部储层中, 注入 20 年后 CO_2 突破盖层向上运移了接近 100m。同时可以看到, 渗透率相对高的第 8 层、第 7 层和第 2 层储层中的 CO_2 运移距离大, 这得益于其相对大的注入速率。

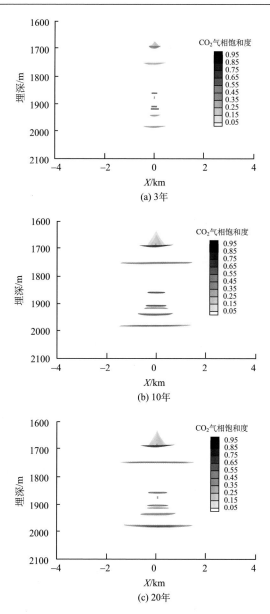

图 5-17　CO₂ 气体运移动态演化过程

3. 位移和岩石破坏分析

CO₂ 的注入使得流体压力升高，引起有效应力减小，从而导致地面隆起。从图 5-18 可以看到，注入 3 年后地表最大隆起为 0.18m，隆起的侧向影响范围约为 3km，而注入 20 年后最大隆起和侧向影响范围分别达到 0.78m 和 6km。

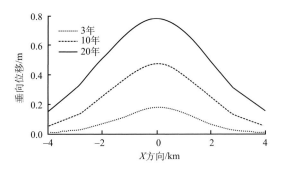

图 5-18　地表垂向位移（隆起）时空分布特征

图 5-19 显示了沿注入点水平、垂直方向上的应力变化和主应力特征。有效应力沿两个方向均减小，但垂直方向的变化量大于水平方向。CO_2 的注入改变了岩体中的应力状态，从而可能引起有效主应力大小和方向的变化，从图 5-19（c）可以看到，旋转后的有效主应力和 X、Z 方向的有效应力没有差别，可知注入 3 年后剪切力很小，对有效主应力的方向改变不大，因此可以推测可能发生剪切破坏的方向在注入过程中变化不大。

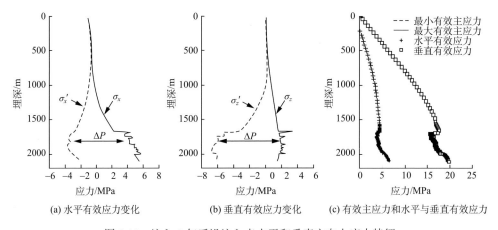

(a) 水平有效应力变化　　　　　(b) 垂直有效应力变化　　　(c) 有效主应力和水平与垂直有效应力

图 5-19　注入 3 年后沿注入点水平和垂直方向上应力特征

按照岩石破坏分析方法，计算注入 3 年后的截距 $F_c = \dfrac{\sigma_1' - 3\sigma_3'}{2\sqrt{3}}$ （内摩擦角 $\varphi = 30°$）。从图 5-20 可以看到，在注入点附近岩石最有可能发生剪切破坏，特别是在紧靠第二注入层上部的盖层位置，剪切破坏方向为与垂直方向夹角 30° 的两个共轭剪切方向。这是因为第二层注入速率较大，导致上部盖层截距 F_c 值大。同时可以看到地表为第二个可能破坏的位置，这与 Rutqvist 等（2008）的分析结果相似。

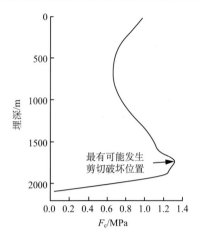

图 5-20　沿注入点垂向方向上的剪切破坏可能性

5.3　毛细压力及相对渗透率滞后效应影响分析

涉及多相流体的数值模拟如 CO_2 深部含水层地质封存及考虑气相存在的包气带水分运移等，通常情况采用 van Genuchten 方程计算相对渗透率，将试验测得的残余气相饱和度输入模型中，不考虑相对渗透率存在的滞后现象。但实际情况中，相对渗透率滞后现象对多相流的运移有不可忽略的影响，因此研究相对渗透率滞后现象对 CO_2 深部含水层地质封存有一定的研究意义。

5.3.1　模型建立与网格剖分

对程序进行改动后需要进行验证与比较。常用方法为利用理想模型与已成熟利用的软件模拟结果进行对比分析。在此部分中将对比 TOUGH+CO2 与 TOUGH2-ECO2N 的结果，分析其在计算结果包括封存量及相态比例、注入井和监测点压力变化，以及计算效率的提高等方面的改进。

理想模型模拟的区域地层位于地下 1200m 深，模拟平面四周范围选择 1km×1km，注入层等厚为 100m，无起伏。模型区域采用积分有限差分法进行剖分。在注入井附近进行网格加密。单层 961 个网格，垂向上网格大小为 5m，共分为 20 层。其中最上面一层和最下面一层分别为上覆层和下伏层，岩性为低渗泥岩。网格共计 19220 个，链接为 55459 个，如图 5-21 所示。

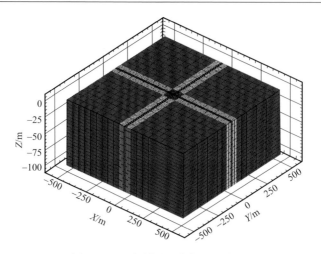

图 5-21　理想模型网格剖分示意图

5.3.2　初始条件与边界条件

四周边界条件视为常温常压边界，模型的上下边界为无流量边界。在模型中，盖层和底层地层网格不与外部环境连接，为封闭边界。四周边界为常温常压边界，程序中通过设定四周边界体积为大体积网格来实现，一般体积大于 $1 \times 10^{50} \mathrm{m}^3$，在图 5-22 中用红色区域表示。

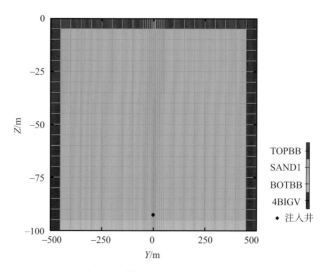

图 5-22　模型范围 *YZ* 剖面示意图

TOPBB 为上边界网格；SAND1 为砂岩网格；BOTBB 为下边界网格；4BIGV 为四周大体积网格

程序通过四个主变量确定系统的初始条件，包括压力、盐的质量分数、CO_2

质量分数及温度（Doughty, 2007）。其他变量通过与主变量的关系求解得到。模型的初始压力分布根据重力平衡，在 TOUGH+CO2 中计算得到，如图 5-23 所示。TOUGH2 中计算静水压力公式为 $P = P_0 + \rho g h$，其中 $P_0 = 1.013 \times 10^5 \text{Pa}$，$g$ 选取 9.81m/s^2；ρ 为水的密度，取 1000 kg/m^3；h 为网格到地表的距离，m。含盐度 $X_{sm} = 0.05$，水溶相中 CO$_2$ 的初始质量分数为 0，地层温度每增加 100m，温度升高 3℃，模型模拟范围小、时间短，不考虑温度变化的影响。

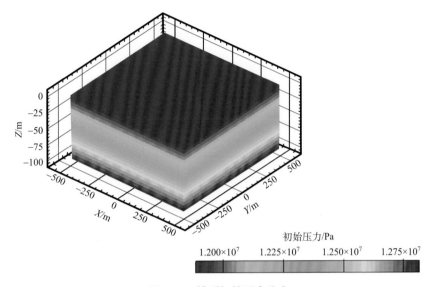

图 5-23　模型初始压力分布

模型主要注入层为砂岩地层，中间注入层为砂岩层，水平向绝对渗透率为 $2 \times 10^{-13} \text{m}^2$，垂向绝对渗透率为 $2 \times 10^{-14} \text{m}^2$，注入井位于注入层最下方，模型中相对坐标为（0, 0, -92.5）。

上覆地层与下伏地层为低渗泥岩，符合 CO$_2$ 咸水层地质封存中盖层和底层的要求，作为 CO$_2$ 地质封存的盖层和底层，垂向绝对渗透率较低，为 $1 \times 10^{-17} \text{m}^2$，$X$ 和 Y 方向绝对渗透率为 $1 \times 10^{-16} \text{m}^2$（Doughty, 2007）。岩石颗粒密度为 2600kg/m^3，孔隙度为 0.15，液相完全饱和时地层导热系数为 920W/（m·℃），岩石颗粒比热容为 3×10^{-9}J/（kg·℃）。

5.3.3　模型验证对比方案

设计方案验证 TOUGH+CO2 在计算效率方面的改善。除内存分配控制部分，其余计算参数相同的条件下，通过与 TOUGH2-ECO2N 程序模拟结果对比分析来加以验证。分析模拟结果中封存量、封存相态及压力等方面的差异，为下一步相对渗透率滞后的对比分析排除其他影响因素。

方案采用软件的并行版本进行模拟，分别为 TOUGH+CO2-MP 及 TOUGH2-MP/ECO2N。并行版本可大幅提高模型范围及尺度。两种方案分别采用 8 个 CPU 进行模拟计算，模拟时间为 10 年。根据模拟结果分析两种方案中封存气相 CO_2、液相 CO_2 质量及注入井和监测点压力曲线的差别等。

表 5-7 和图 5-24 为模拟计算结果，计算其封存总量误差为 0.0398%，其中气相 CO_2 封存量误差 0.0665%；液相 CO_2 封存量误差 0.0004%。比较两种方案注入井位置和监测点位置其压力随时间的变化曲线，压力变化一致。故两种方案模拟结果一致。

表 5-7　TOUGH2/ECO2N 与 TOUGH+CO2 模拟封存量及相态对比　（单位：kg）

软件	气相	液相	总量
TOUGH2/ECO2N	7.56311×10^7	5.02273×10^7	1.25858×10^8
TOUGH+CO2	7.56814×10^7	5.02271×10^7	1.25909×10^8

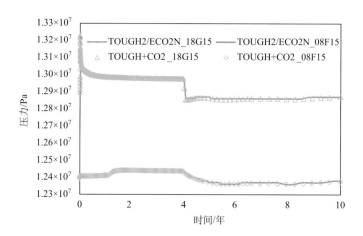

图 5-24　TOUGH+CO2 与 TOUGH2/ECO2N 模拟注入点及中间位置压力对比

在程序计算效率方面，主要为计算运行的时间及对结果后处理的文件输出。表 5-8 为计算效率对比，引入 FORTRAN90/95 语言，采用 TOUGH+框架结构，使其计算效率得到了提高，运行总时间计算效率提高 61.5%。其中由于 TOUGH+CO2 在输入文件中增加内存分配模块，输入时间增加 184.2%，但主要矩阵计算求解部分的计算时间减少 61.6%。

表 5-8　**TOUGH+CO2 与 TOUGH2/ECO2N 计算效率对比**　　　（单位：s）

时间类型	TOUGH+CO2	TOUGH2/ECO2N
运行总时间	889	2310
数据输入时间	3	1
计算时间	886	2309

5.3.4　不考虑残余气相饱和度的无滞后与相对渗透率滞后对比方案

润湿过程中捕获残余气相，在相对渗透率曲线上表现出滞后现象，设计方案时不考虑残余气相的存在，即在润湿过程中无气相的残余即无滞后现象。

1. 方案设计

在相对渗透率曲线中，最简化的曲线为不考虑滞后现象的单值函数曲线，在残余气相饱和度为 0 的情况下相等。

此方案用 TOUGH+CO2 进行模拟，方案设计如下。

方案 1 将残余气相饱和度设置为 0，即地层中假设不捕获残余气相饱和度，气相 CO$_2$ 在浮力的作用下全部向上运移，此时相对渗透率曲线为饱和度的单值函数，与经历的过程及历史饱和度无关，为最简化的无滞后效应方案。

方案 2 将残余气相饱和度设置为 0.1 即最大残余气相饱和度为 0.1。程序根据网格经历的过程（润湿过程或疏干过程）以及其历史饱和度获取其有效残余气相饱和度，进而确定当前位置的溶液相和气相的相对渗透率。方案设计如表 5-9 所示。

表 5-9　无残余气相滞后与相对渗透率滞后方案设计

选项	方案 1	方案 2
是否考虑滞后现象	无滞后	相对渗透率滞后
相对渗透率计算函数	修改后 van Genuchten	修改后 van Genuchten
残余气相饱和度	0	0.1

2. 封存量及其相态比例分析

由于模型设计中，上下边界为低渗透率无流量边界，且根据模拟结果，CO$_2$ 运移在模型设定范围内，故两种方案封存总量相等。但由于残余气相饱和度设置的不同，CO$_2$ 封存捕获的机制不同，两种方案中封存 CO$_2$ 的存在相态形式不同。表 5-10 为两种方案中模型各层中气相和溶液相 CO$_2$ 封存量。

表 5-10　无滞后与相对渗透率滞后方案地层 CO_2 总量（50 年）（单位：kg）

方案	地层	气相	溶液相	总量
方案 1	上覆层	2.720×10^5	1.292×10^7	1.319×10^7
	注入层	2.724×10^7	8.532×10^7	1.126×10^8
	下伏层	2.148×10^2	2.649×10^4	2.670×10^4
	整个系统	2.751×10^7	9.826×10^7	1.258×10^8
方案 2	上覆层	1.825×10^5	9.222×10^6	9.405×10^6
	注入层	4.176×10^7	7.458×10^7	1.163×10^8
	下伏层	2.183×10^2	2.644×10^4	2.666×10^4
	整个系统	4.194×10^7	8.383×10^7	1.258×10^8

　　方案 2 中气相 CO_2 质量大于方案 1 中气相 CO_2 质量。分析其原因，在无滞后效应方案中，在浮力作用下，CO_2 向上运移，由于盖层的绝对渗透率较低，CO_2 大部分被封存在注入层中，随着模拟时间的增加，CO_2 和地层接触时间增加，更多的气相 CO_2 溶解于溶液中，表现为溶液相；而在滞后方案中，由于残余气相饱和度的存在，更多气相 CO_2 被封存残留在注入层中，表现为气相 CO_2 状态。

　　图 5-25 是两组方案中气相和溶液相 CO_2 质量分数随时间变化情况，随着 CO_2 与深部咸水层的接触时间的增加，气相 CO_2 逐渐溶解为溶液相 CO_2，两种方案相态比例变化趋势相同。但在滞后方案中，由于考虑残余气相饱和度，故捕获一定量的残余气相，其气相 CO_2 质量分数大于无滞后效应方案中的气相 CO_2 质量分数，相应的溶液相 CO_2 质量分数小于无滞后方案中溶液相 CO_2 质量分数，呈现出图 5-25 所示的变化趋势。当模拟时间为 50 年时，地层中封存 CO_2 质量总量及相态如图 5-26 所示，无滞后方案中，气相 CO_2 质量分数为 21.9%，相对渗透率滞后方案中气相 CO_2 质量分数为 33.3%。预测随着时间的增加，气相和溶液相比例会趋于稳定，保持一定比例。

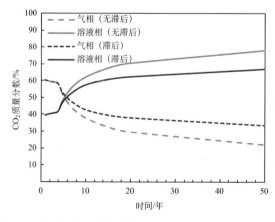

图 5-25　方案 1 与方案 2 模型相态 CO_2 质量分数比例变化

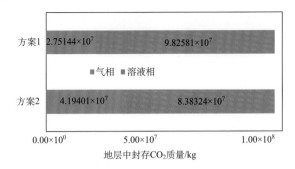

图 5-26　方案 1 和方案 2 中模拟时间为 50 年时封存 CO_2 相态质量对比

3. CO_2 晕分布分析

CO_2 注入地层中，首先需要分析其运移情况，在理想模型中，超临界状态的 CO_2 表征为气相。图 5-27 显示了在 CO_2 注入阶段，即在非润湿相替代润湿相的疏干过程中，无滞后效应方案 1 和相对渗透率滞后效应方案 2 中气相 CO_2 晕的分布。对比可知，两者无差异，因为在疏干过程中，两种方案的相对渗透率特征曲线沿主线变化，因此气相 CO_2 饱和度的分布相同。

但在停止 CO_2 注入后的 5~50 年，即地层中主要发生润湿相替代非润湿相的吸湿过程。如图 5-28 所示，无滞后效应方案 1 中，气相全部运移到盖层下，主要封存机制为盖层封闭物理捕获机制，相对渗透率滞后效应方案 2 中，在 CO_2 注入及运移的途径中残留部分气相，因为地层中两种不同性质的流体，在咸水替代超临界状态 CO_2 的过程中，润湿性等差异会导致气相的残余，影响气相和液相相对渗透率变化，进而表现出气相 CO_2 晕的不同。

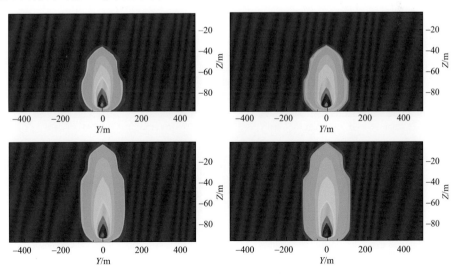

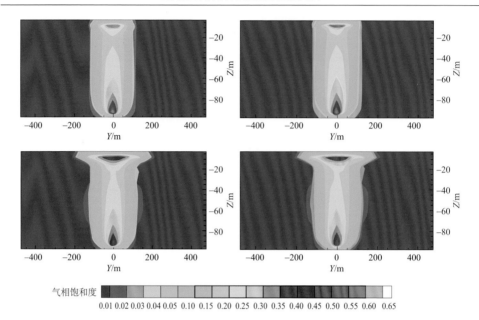

气相饱和度 　0.01 0.02 0.03 0.04 0.05 0.10 0.15 0.20 0.25 0.30 0.35 0.40 0.45 0.50 0.55 0.60 0.65

图 5-27　注入过程中 CO_2 晕分布变化图

左图：无滞后；右图：相对渗透率滞后

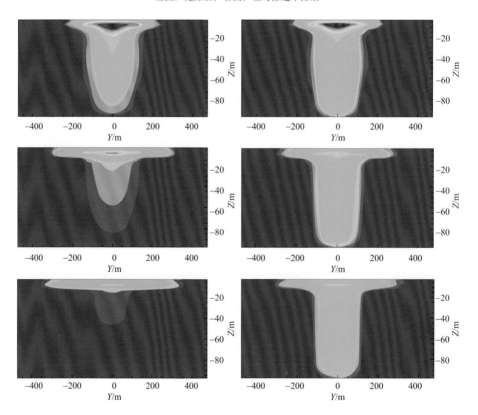

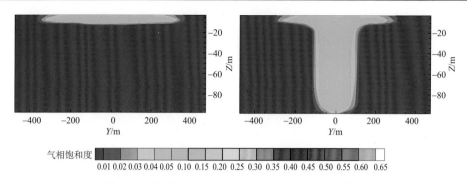

气相饱和度 0.01 0.02 0.03 0.04 0.05 0.10 0.15 0.20 0.25 0.30 0.35 0.40 0.45 0.50 0.55 0.60 0.65

图 5-28　停止注入后（5～50 年）CO₂ 晕分布变化图

左图：无滞后；右图：相对渗透率滞后

　　图 5-29 为方案 1 中相对渗透率特征曲线，选取注入点附近网格 18G15（4,0,–92.5）以及模型中间网格 08F15（0,0,42.5），从中可以看出，注入点附近网格和中间某网格，在疏干过程及润湿过程中相对渗透率变化曲线均沿主曲线变化。相同气相饱和度对应同一相对渗透率。满足 van Genuchten 方程中当残余气相饱和度为 0 时的函数变化曲线。图 5-30 为在方案 2 中，同一气相饱和度在不同的流体驱替过程中对应的相对渗透率不同。在注入阶段为疏干过程，注入的 CO₂ 为非润湿相驱替作为润湿相的咸水，此时相对渗透率沿着主线变化，在第 5 年初，CO₂ 在浮力的作用下，咸水驱替 CO₂ 向上运移。相对于疏干过程中同一气相饱和度下相对渗透率小，运移慢，形成一种相对渗透率滞后的现象。

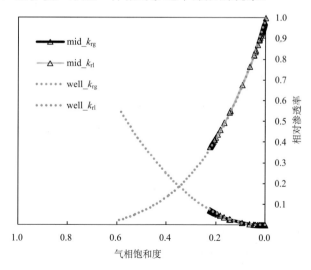

图 5-29　方案 1 中相对渗透率特征曲线

mid 代表中间某网格；well 代表注入点附近网格

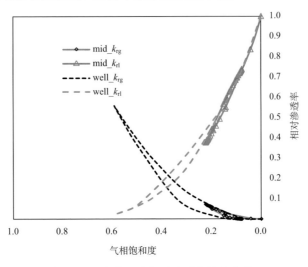

图 5-30   方案 2 中相对渗透率特征曲线

4. 盖层封存性能的影响

选取三个代表性监测点分别位于注入井附近（4,0,−92.5），中间位置（0,0,−42.5）及模型顶部上覆层位置（0,0,−2.5），如图 5-31 所示，从两种方案中不同监测点位置压力变化曲线中可以看出，两种方案监测点位置压力变化接近相同，在经历 50 年后，压力恢复为原始静水压力，这是因为四周为常温常压边界条件。但在图 5-31 中可以看出，无滞后方案中压力总是略小于相对渗透率滞后方案中压力。这是因为滞后方案中捕获部分残余气相，致使压力略大于无残余气相方案。

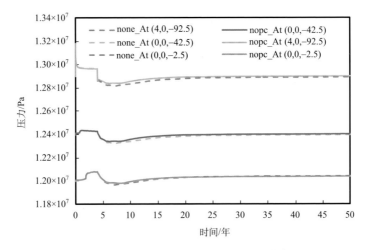

图 5-31   两种方案中不同监测点位置压力变化

none_At 为无滞后位置；nopc_At 为相对渗透率滞后位置

5. 对注入量的影响

前面方案设计主要为定量方案，在注入总量相等条件下对比分析其相态及压力的变化情况。在实际情况中，经常为控制压力注入。在同一注入压力下，持续相同的时间，分析相对渗透率滞后对注入率及注入总量的影响。

定压注入时注入压力需要高于静水压力才能注入 CO_2，此方案中选择 1.2 倍注入点静水压力进行注入，同样注入 4 年，从表 5-11 中可以看出两种定压注入方案注入总量基本一致，相对渗透率定压注入方案相对于无滞后定压注入方案在气相、溶液相和总量的相对误差分别为 0.24%、–0.44%、0.11%。

表 5-11　无滞后定压注入方案中 CO_2 注入累积量　　　　（单位：kg）

时间/年	方案	气相	溶液相	总量
1	none	4.1465×10^8	1.4321×10^8	5.5786×10^8
	nopc	4.1465×10^8	1.4321×10^8	5.5786×10^8
2	none	8.8061×10^8	2.7700×10^8	1.1576×10^9
	nopc	8.8086×10^8	2.7673×10^8	1.1576×10^9
3	none	1.3716×10^9	3.6344×10^8	1.7350×10^9
	nopc	1.3722×10^9	3.6291×10^8	1.7351×10^9
4	none	1.6862×10^9	3.9959×10^8	2.0858×10^9
	nopc	1.6902×10^9	3.9784×10^8	2.0880×10^9

根据图 5-32 注入速率随时间变化曲线可知，在注入 CO_2 的过程中，两种方案相对渗透率均沿着疏干过程主曲线变化，因此两种方案注入速率及注入总量基本一致。

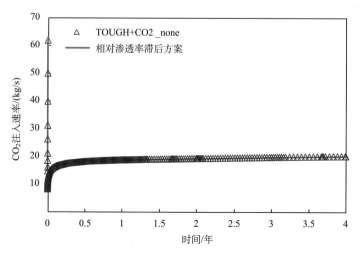

图 5-32　方案 1 与方案 2 中定压注入情况下 CO_2 注入速率

5.3.5 相对渗透率滞后对比方案

1. 方案设计

方案 2，考虑相对渗透率滞后现象对 CO_2 深部咸水层地质封存的影响。相对渗透率计算函数中计算液相相对渗透率 k_{rl} 参数 $m=0.9167$，残余液相饱和度 $S_{lr}=0.2$，扩展液相相对渗透率 k_{rl} 时的数值因子为 0.97；最大残余气相饱和度 $S_{gr\,max}$ 可能值为 0.1，气相相对渗透率 k_{rg} 扩展区域选择立方曲线扩展，计算 k_{rg} 公式中的参数 m 和计算 k_{rl} 公式中的相同；计算 k_{rg} 中指数 $\gamma=0.333$；k_{rg} 的最大值 $k_{rg\,max}=1$。方案 3，不考虑相对渗透率滞后现象及残余气相饱和度对 CO_2 深部咸水层地质封存的影响，在计算中，设置残余气相饱和度为 0.1，即 $S_{gr}=0.1$，用 van Genuchten 方程计算液相和气相的相对渗透率，此时相对渗透率沿主曲线变化是饱和度的单值函数，同一饱和度下对应相同的相对渗透率值。根据表 5-12 的方案设计，连续注入 CO_2 4 年，为恒定速率注入，注入速率为 1kg/s（每年 3.15 万 t），停止注后继续模拟到 50 年，观察注入过程以及停止注入后 CO_2 运移情况。

表 5-12　方案设计

选项	方案 2	方案 3
是否考虑滞后现象	相对渗透率滞后	无滞后
相对渗透率计算函数	修改后 van Genuchten	van Genuchten
残余气相饱和度	0.1	0.1

2. CO_2 封存量及相态的影响

表 5-13 为两种方案中在模拟到 50 年时整个地层中封存 CO_2 总量及不同相态质量，两种方案在定量注入时，封存总量相同，但是比例不同，与前面不考虑残余气相的无滞后对比方案不同，在方案 3 中，考虑残余气相饱和度对相对渗透率的影响。

表 5-13　两种不同方案中模拟到 50 年时封存不同相态 CO_2 质量　（单位：kg）

方案	地层	气相	溶液相	总量
	上覆层	1.825×10^5	9.222×10^6	9.405×10^6
方案 2	注入层	4.176×10^7	7.458×10^7	1.163×10^8
	下伏层	2.183×10^2	2.644×10^4	2.666×10^4
	整个系统	4.194×10^7	8.383×10^7	1.258×10^8

续表

方案	地层	气相	溶液相	总量
方案 3	上覆层	4.753×10^6	2.820×10^6	7.573×10^6
	注入层	6.323×10^7	5.500×10^7	1.182×10^8
	下伏层	7.314×10^3	4.245×10^4	4.976×10^4
	整个系统	6.799×10^7	5.786×10^7	1.259×10^8

图 5-33 为方案 2 和方案 3 中整个地层封存 CO_2 不同相态质量分数随时间变化曲线，从图中可以看出，无滞后方案 3 中封存气相 CO_2 质量分数始终高于滞后方案 2 中气相 CO_2 质量分数，对应的液相 CO_2 质量分数始终小于滞后方案 2 中液相 CO_2 质量分数。

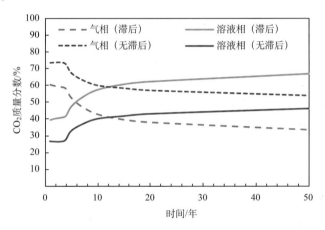

图 5-33　方案 2 和方案 3 中地层中封存 CO_2 不同相态质量分数

到第 50 年时，如图 5-34 所示，滞后方案 2 中封存的气相 CO_2 质量分数为 33%，而方案 3 中封存的气相 CO_2 质量分数为 54%。出现这种现象的原因是方案 2 为捕获最大残余气相饱和度为 0.1 的气相 CO_2，其最大残余气相饱和度为 0.1，在经历完整完全疏干过程及润湿过程的网格捕获饱和度为 0.1 的残余气相，而在未经历完整疏干过程及润湿过程的网格中，根据其经历的过程及历史饱和度确定其残余气相，捕获的气相饱和度均小于 0.1。在无滞后方案 3 中，模型中整个区域网格均捕获残余气相饱和度为 0.1 的气相 CO_2，CO_2 运移途径所经历的网格，残余饱和度固定为 $S_{gr}=0.1$，故此方案捕获更多的气相 CO_2。

3. CO_2 运移变化分析

图 5-35 为相对渗透率滞后方案 2 与无滞后方案 3 中注入过程（1～4 年）中，气相 CO_2 晕的分布。

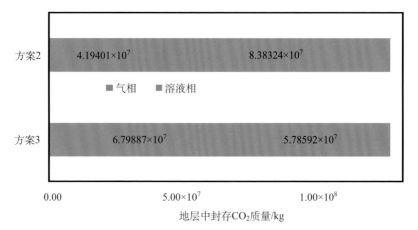

图 5-34　方案 2 和方案 3 中整个地层封存 CO_2 相态质量（50 年）

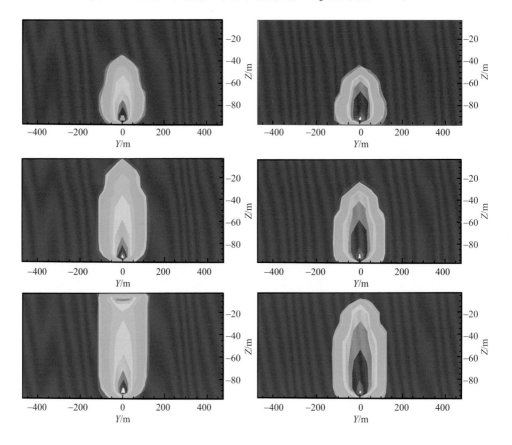

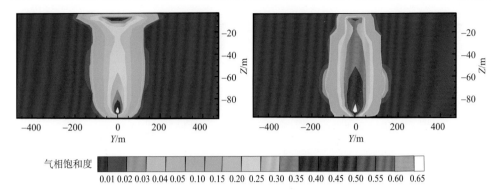

图 5-35　滞后方案 2 与无滞后方案 3 在注入阶段（1～4 年）气相 CO₂ 晕分布图

左图：滞后方案 2；右图：无滞后方案 3

　　滞后方案 2 中第 3 年，气相 CO₂ 就运移到上覆层下方，无滞后方案 3 中则在第 4 年运移到上覆层下方。出现这种现象的原因同样是地层中残余气相饱和度设置的不同。分析两种方案的相对渗透率特征曲线可知，在注入过程中，两种方案模拟的相对渗透率曲线不同，在疏干过程的前面阶段，无滞后方案 3 的相对渗透率总小于滞后方案 2 中的相对渗透率，故气相运移无滞后方案 3 较滞后方案 2 中缓慢。

　　同样，在停止注入后的 5～50 年（图 5-36），无滞后方案 3 中气相运移速度总小于滞后方案 2。在同样时间，无滞后方案 3 中残余气相大于滞后方案 2，这与上一部分中封存总量及其相态分布分析结果相同。注入点附近网格及中间某网格相对渗透率随饱和度变化曲线如图 5-37 和图 5-38 所示。

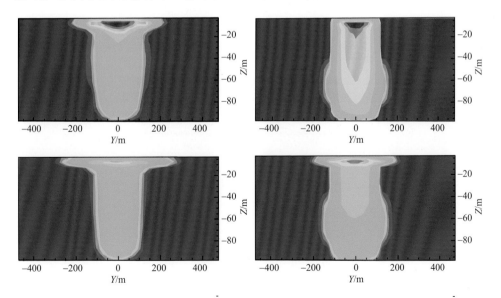

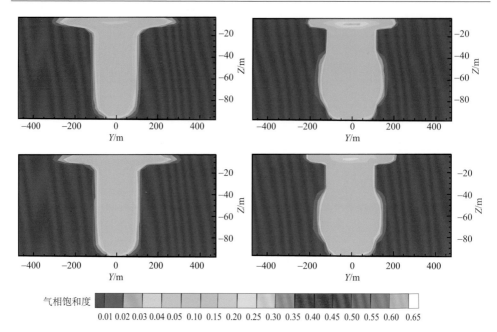

气相饱和度

0.01 0.02 0.03 0.04 0.05 0.10 0.15 0.20 0.25 0.30 0.35 0.40 0.45 0.50 0.55 0.60 0.65

图 5-36　滞后方案 2 与无滞后方案 3 在停止注入过程（5～50 年）气相 CO_2 晕分布图

左图：滞后方案 2；右图：无滞后方案 3

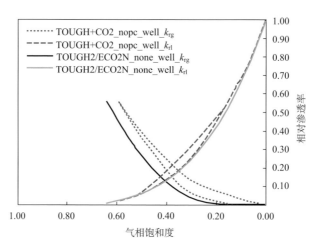

图 5-37　滞后方案 2 与无滞后方案 3 相对渗透率特征曲线（注入井）

4. 盖层封闭性能的影响

选取三个代表性监测点分别位于注入点附近（4,0,−92.5），中间位置（0,0,−42.5）及模型顶部上覆层位置（0,0,−2.5），如图 5-39 所示。从图 5-39 中可以看出，两种方案监测点位置压力变化接近相同，在经历 50 年后，压力恢复为原始静水压力，这与四周为恒定温度、压力边界条件有关。但在图 5-39 中可以看出，无滞后方案中压力总是稍大于相对渗透率滞后方案中压力。这是因为无滞后方案中残余气相饱和度设置为 0.1 致使捕获更多的残余气相，导致压力略大于相对渗透率滞后方案。

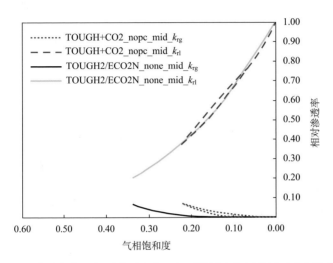

图 5-38　滞后方案 2 与无滞后方案 3 相对渗透率特征曲线（中间位置）

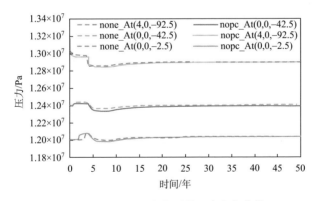

图 5-39　不同监测点位置的压力变化曲线

5. 对注入量的影响

同样用定压注入方式分析相对渗透率对注入量及注入速率的影响，采用 1.2 倍注入点静水压力进行定压注入，注入时间为 4 年，对比分析注入 4 年后地层中封存 CO₂ 的质量、相态比例等，如表 5-14 所示。

表 5-14　定压注入方案中封存量

时间/年	方案	气相	溶液相	总量
1	TOUGH2/ECO2N_none	4.43×10^8	9.36×10^7	5.37×10^8
	TOUGH+CO2_nopc	4.15×10^8	1.43×10^8	5.58×10^8
2	TOUGH2/ECO2N_none	9.30×10^8	1.91×10^8	1.12×10^9
	TOUGH+CO2_nopc	8.81×10^8	2.77×10^8	1.16×10^9
3	TOUGH2/ECO2N_none	1.44×10^9	2.75×10^8	1.72×10^9
	TOUGH+CO2_nopc	1.37×10^9	3.63×10^8	1.73×10^9
4	TOUGH2/ECO2N_none	1.96×10^9	3.44×10^8	2.30×10^9
	TOUGH+CO2_nopc	1.69×10^9	3.98×10^8	2.09×10^9

　　定压注入方案中，滞后方案 2 在注入前 3 年注入总量比无滞后方案 3 增加 1.01%，其中气相 CO_2 封存量比无滞后方案 3 少 4.89%，而溶液相 CO_2 比无滞后方案 3 增加 15.6%。在第 4 年，滞后方案 2 中 CO_2 到达边界，运移出模型，更多气相 CO_2 运移速度快，故在第 4 年时，整个系统中滞后方案 2 气相 CO_2 比例下降，比无滞后方案 3 少 13.75%，溶液相 CO_2 溶解于咸水层中，运移速度慢，比无滞后方案 3 多 15.60%，总封存量小 9.36%。

　　但滞后方案 2 中的注入率大于无滞后方案 3 中的注入率，如图 5-40 所示，其原因为滞后方案 2 中，相对渗透率总略大于无滞后方案 3 中的相对渗透率。

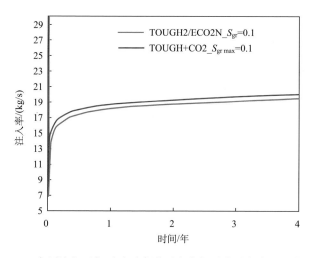

图 5-40　定压注入下相对渗透率滞后方案与无滞后方案注入率对比

5.3.6　残余气相饱和度计算选择

在现有不考虑滞后现象的数值模拟中,通常将试验测得的残余气相饱和度输入程序中。通过与理想模型的对比分析发现,残余气相饱和度计算结果不同即滞后现象的存在对数值模拟存在一定的影响。为了使得模拟尽量接近实际,设立了不同的方案来对比分析模拟结果,寻找在无滞后模拟中最佳残余气相饱和度的设置方案。采用定量注入条件,设置不同残余气相饱和度,从 0.00 等步幅增大到 0.10。

模拟时间为 30 年,图 5-41 为地层中气相 CO_2 质量分数及其分布。在定量注入前提下残余气相饱和度为 0 方案中的气相 CO_2 质量分数与相对渗透率滞后方案最接近。

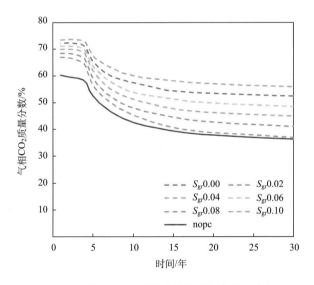

图 5-41　气相 CO_2 质量分数随时间变化示意图

图 5-42 和图 5-43 为注入点与监测点压力变化情况,在残余气相饱和度为 0.06 时的压力变化与滞后方案 2 中压力随时间变化曲线接近。同样将残余气相饱和度设置为 0.20 进行方案模拟,得出同样结果。因此通过简单地设置残余气相饱和度不能达到与滞后方案 2 相同的结果。

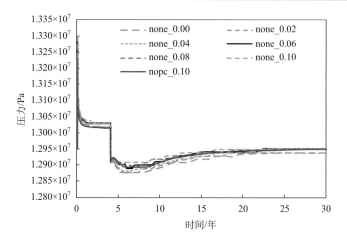

图 5-42　注入点附近位置压力随时间变化情况

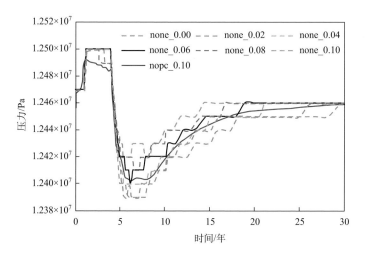

图 5-43　地层中间位置压力随时间变化情况

第6章 模拟工具说明及操作示例

6.1 TOUGH+CO2 部分输入关键词格式说明

6.1.1 开始和结束关键词

1. TITLE

参数：TITLE

参数格式：A120

TITLE：模拟问题的名称，最多 120 字符，建议 80 字符。

2. START

如果在输入文件中出现关键词 START 或者 RANDOM，那么表示更灵活的初始化方式。在 INCON 关键词或者文件中网格的顺序是任意的，如果没有 START 或者 RANDOM，则 ELEME 和 INCON 中网格数据需一一对应。

3. ENDFI

参数：ENDFI

ENDFI：出现此关键词表示不进行流动模拟。将输入文件中此关键词之前的数据输入程序后，停止运行。

4. ENDCY

参数：ENDCY

ENDCY：输入文件的结束语句，此关键词之后的内容不被程序识别。

6.1.2 内存分布关键词

MEMORY 关键词在 TOUGH+系列软件中使用，以 TOUGH+CO2 为例进行说明，TOUGH2 中不包含此关键词。

1. memory

1）memory.1

参数：MEMORY

参数格式：自由格式

MEMORY：内容为 MEMORY 或者"＞＞＞memory"（新输入格式）。

2）memory.2

参数：EOS_Name

参数格式：A8

EOS_Name：状态方程的名称。

3）memory.3

参数：NumCom, NumEqu, NumPhases, Flag_BinaryDiffusion

参数格式：自由格式

NumCom：组分的数量（num of componets）；

NumEqu：方程的数量（number of equations）；

NumPhases：相态的数量（number of phases）；

Flag_BinaryDiffusion：是否考虑二元弥散的标识，".TRUE."或".FALSE."。在 CO_2 模拟中，有以下可以选择的组合。

4）memory.4

参数：coordinate_system, Max_NumElem, Max_NumConx, ElemNameLength, active_conx_only

参数格式：自由格式

coordinate_system：坐标系统，笛卡儿坐标系（Cartesian coordinate）或者柱面坐标系（cylindrical coordinate）。

Max_NumElem：网格的最大数量；

Max_NumConx：链接的最大数量，一般链接的最大数量超过研究问题的维数×Max_NumElem；

ElemNameLength：网格名称的长度，可以是 5 或者 8，默认为 5；

active_conx_only：".TRUE."或".FALSE."，是否在识别有效链接后停止模拟，如果为真，则在识别有效链接后停止模拟，并且将有效链接信息输出到文件 Active_Connection_File 中，可以用此文件进行模拟，降低了对内存的需求。

5）memory.5

参数：Max_NumSS

参数格式：自由格式

Max_NumSS：源汇项的最大数量。

6）memory.6

参数：Max_NumMedia

参数格式：自由格式

Max_NumMedia：模拟中不同性质的地层介质的最大数量。

7）memory.7

参数：element_by_element_properties,porosity_perm_dependence,scaled_capillary_pressure

参数格式：自由格式

element_by_element_properties：逻辑变量标识".TRUE."或者".FALSE."，网格的水力学性质（孔隙度和渗透率）是否独立。

porosity_perm_dependence：逻辑变量标识".TRUE."或者".FALSE."，识别在特定网格中的绝对渗透率是不是随孔隙度变化。如果为".FALSE."，则表示绝对渗透率不被孔隙度变化影响。如果为".TRUE."，则表示孔隙度的变化影响绝对渗透率的计算，在程序内部用经验模型进行重新调整，另外，如果为真，则element_by_element_properties 在内部调整为".TRUE."。

scaled_capillary_pressure：逻辑变量标识".TRUE."或者".FALSE."，表示毛细压力是否受到孔隙度和毛细压力变化的影响。

8）memory.8

参数：coupled_geochemistry, property_update

参数格式：自由格式

coupled_geochemistry：逻辑变量标识".TRUE."或者".FALSE."，是否耦合地球化学相关的过程。

property_update：当耦合地球化学时，变量更新的类型。

9）memory.9

参数：coupled_geomechanics, property_update, NumGeomechParam

参数格式：自由格式

coupled_geomechanics：逻辑变量标识".TRUE."或者".FALSE."，是否耦合地质力学相关的变量。描述介质的水力学性质（孔隙度和渗透率）和地质力学参数（如应力与应变）的对应关系。如果为真，则 TOUGH+调用 FLACD3.EXE 程序进行计算。

property_update：水力学和地质力学相互依赖变量的更新方式，"Continuous"表示每个时间步每次迭代后都进行更新，"Iteration"以及"Timestep"等。

NumGeomechParam：定义地质力学参数的整型变量，在 TOUGH+中默认为 2，即应力和应变，与 FLAC3D 有关。

6.1.3 多孔介质属性关键词

1. ROCKS 或 MEDIA

1）ROCKS.1

参数：mediaName, NAD, mediaDensG, mediaPoros, mediaPerm (i), i = 1, 2, 3, mediaKThrW, mediaSpcHt, PoMedRGrain

参数格式：A5,I5,8E10.4

（A5）mediaName：地层介质名称。

（I5）NAD（number of additional information）：需要读取的附加性质行数。

NAD=0 或者空白，则将参数的默认值读取到系统中。

NAD≥1 时，多读取一行数据来覆盖默认值。

NAD≥2 并且<5 时，另外多读取两行关于相对渗透率和毛细压力的数据。

NAD=5：在 NAD > 2 时读取数据行的基础上，再读取一行数据，关于压力对介质孔隙度影响的数据。主要是孔隙度多项式函数的系数 Φ。

NAD= 6：在 NAD > 2 时读取数据行的基础上，再读取一行数据，描述在固体相（冰、水合物等）出现的情况下对未固结孔隙介质的压缩性的影响（5 和 6 只能存在一个）。

（E10.4）mediaDensG：岩石密度（k/m^3）。

（E10.4）mediaPoros：孔隙度；属于这个地层区域的在 INCON 中没有指定孔隙度的所有网格的默认孔隙度 Φ（空间分数），默认孔隙度的使用需要关键词 START。

（3E10.4）mediaPerm (i), i = 1, 2,3：沿 CONNE 关键块中定义的三个坐标轴方向的绝对渗透率（m^2）。

（E10.4）mediaKThrW：岩石饱水时热导率（W/m^2）。

（E10.4）mediaSpcHt：岩石的比热容[J/（kg·℃）]。

（E10.4）PoMedRGrain：岩石颗粒半径 (m)。

2）ROCKS.2（NAD≥1 时）

参数名称：mediaCompr, mediaExpan, mediaKThrD, mediaTortu, mediaKlink, mediaOrgCF, mediaCritSat, mediaPermExpon, mediaBeta, mediaGama

参数格式：10E10.4

（E10.4）mediaCompr：孔隙压缩性 α_P =(1/Φ)($\partial\Phi/\partial P$)$_T$ (Pa^{-1})，默认值 α_P = 0.0。

（E10.4）mediaExpan：孔隙膨胀性 α_T =(1/Φ)($\partial\Phi/\partial T$)$_P$(℃$^{-1}$)，默认值 α_T = 0.0。

（E10.4）mediaKThrD：地层未饱和状态下热传导率[W/（m^{-1}·K^{-1}）]，默认 mediaKThrD = mediaKThrW。

（E10.4）mediaTortu：二元扩散弯曲度因子，如果为零，依赖于弯曲度的孔隙度和饱和度将根据内部函数 Millington 和 Quirk 计算。

（E10.4）mediaKlink：增强气相渗透率的 Klinkenberg 参数 b（Pa^{-1}）。根据公式 $k_g = k_l(1 + b/P)$，k_g 和 k_l 是气相和液相的有效渗透率，默认值为 0。

（E10.4）mediaOrgCF：在 TOUGH+CO2 中不使用。

（E10.4）mediaCritSat：EMP 模型中流动相临界饱和度，地层渗透率为 0 时运移相的饱和度。

（E10.4）mediaPermExpon：固相存在情况下渗透率减少指数。

（E10.4）mediaBeta：计算考虑地质应力 σ 时孔隙度的方程中参数 β。只有当 coupled_geomechanics = ".TRUE." 时参与计算。

（E10.4）mediaGama：计算绝对渗透率经验函数中的参数。

3）ROCKS.3（可选项，NAD≥2 时）

参数：RelPermEquationNum, RelPermParam (i), i= 1,2,…,7

参数格式：I5, 5X, 7E10.4

（I5）RelPermEquationNum：相对渗透率计算方程的编号，TOUGH+内置若干计算相对渗透的方程。

（5X）：5 个空格。

（7E10.4）RelPermParam (i),i=1,2,…,7：相对渗透率计算方程中的 7 个参数，针对不同的计算函数，对应不同的参数。

4）ROCKS.4（可选项，NAD≥2 时）

参数：PcapEquationNum, PcapParam (i),i=1,2,…, 7

参数格式：I5, 5X, 7E10.4

PcapEquationNum：毛细压力计算方程的编号，TOUGH+内置若干计算毛细压力的方程。

PcapParam (i),i=1,2,…,7：毛细压力计算方程的参数，不同的计算函数对应不同的参数。

5）ROCKS.5（可选项，NAD＝5 时）

当介质的孔隙度是压力变化值ΔP 的多项式函数时用到此选项。

参数：PhiPolyOrder, PhiCoeff (i),i=0,2,…,6

参数格式：I5, 5X, 7E20.13

PhiPolyOrder：多项式 ϕ 的级数。

PhiCoeff (i),i = 0,2,…,6 多项式 $\phi = \phi$ （ΔP）中的系数（注意单位为 MPa）

6）ROCKS.6（可选项，NAD = 6 时）

当未固结介质中出现固相（冰或者水合物相）时用到此选项。

参数：LoComp, SatAtLoComp, HiComp, SatAtHiComp, DeltaSat

参数格式：10E10.4

LoComp：介质压缩性的下限，α_{PL}（Pa^{-1}）。

SatAtLoComp：SS_{max}，$\alpha_P = \alpha_{PL}$ 时，SS 最小饱和度。

HiComp：介质压缩性的上限 α_{PU}（Pa^{-1}）。

SatAtHiComp：SS_{min}，当 $\alpha_P = \alpha_{PU}$ 时，SS 最大饱和度。

DeltaSat：平滑因子 δ，推荐 $\delta = 0.015$。

重复 1）～5）到所有的地层介质性质输入完成。

一行空白行结束 ROCKS 数据块的读取。

注意：地层介质的数量不能超出内存分布模块中指定的最大地层介质数量，若超出，将会出错，模拟结束并输出相应的错误信息。

2. RPCAP

关键词介绍相对渗透率和毛细压力相关函数的信息。关键词 ROCKS 中如果没有指定地层介质的相对渗透率和毛细压力的信息，则默认使用此关键词下的信息。

1）RPCAP.1

关键词：DefaultRelperType, RPD (i),i=1,2,$\cdots$,7

参数格式：I5, 5X, 7E10.4

DefaultRelperType：默认相对渗透率计算函数编号。

RPD (i),i=1,2,$\cdots$,7：对应于相对渗透率计算函数的参数。

2）RPCAP.2

参数：DefaultCapPresType, CPD (i),i=1,2,$\cdots$,7

参数格式：I5, 5X, 7E10.4

DefaultCapPresType：默认计算毛细压力函数的编号。

CPD (i),i=1,2,$\cdots$,7：对应于相对渗透率计算函数的参数。

3. DIFFU

读取多组分的扩散系数。

参数：diffusivity (i,1), i=1,NumMobPhases

参数格式：8E10.4

diffusivity (i,1)：组分#1 在所有移动相态中的扩散系数。

参数：diffusivity (i,2), i=1,NumMobPhases

参数格式：8E10.4

diffusivity (i,2), i＝1：组分#2 在所有移动相态中的扩散系数。

重复以上数据到组分扩散系数数据读取完毕。

4. HYSTE

提供与滞后效应特征曲线相关的参数。

参数：IEHYS $(i), i = 1, 2, \cdots, 6$

参数格式：16I5

IEHYS (1)特征曲线信息输出标识。

=0 无附加信息输出。

≥2 当毛细压力分支曲线变换时，输出一行信息到输出文件中（推荐）。

IEHYS (2)应用毛细压力曲线分支变换标识。

=0 时间步收敛后（推荐）。

>0 牛顿-拉弗森迭代后。

IEHYS(3)次临界饱和度变化参数。

=0 在 $|\Delta S| > CP$ (10)时，分支变换。

>0 在$|\Delta S| < CP$ (10)时， IEHYS(3)次时间步收敛后允许分支变换。推荐值为 5～10。

IEHYS(4)保存滞后效应历史数据以便于重新模拟。

=9 输出数据到文件 HYS_INI.SAVE。

≠9 输出数据到文件 SAVE。

IEHYS(5)读取滞后效应历史数据以便于继续模拟。

=9 从文件 HYS_INI 读取数据（先将文件 HYS_INI.SAVE 手动重新命名为 HYS_INI）。

≠9 从文件 INCON 中读取历史数据，[MOP(13)＝2]或者利用默认值。

IEHYS(6)为计算选择滞后效应历史数据。

= 9: 直接从文件 HYS_INI（HYS_INI.SAVE 重命名得到）读取数据。

≠9: 读取默认数据或者从文件 INCON 中读取滞后效应历史数据。

如果关键词 IEHYS 没有提供，IEHYS(1)～IEHYS(5)同样也可以通过关键词 SELEC 输入。IE(5)～IE(10)对应 IEHYS(1)～IEHYS(6)

6.1.4 网格相关

1. ELEME

参数：ElName5C, NSEQ, NADD, MA12, elem_vol, elem_aht, elem_pm, X, Y, Z, elem_activity

参数格式：A3, I2, 2I5, A5, 6E10.4, 1X, A1

ElName5C：网格名称（网格名称长度为五个字符时），前三个字母可以是任意的字符，但最后两个为数字。

NSEQ：与当前网格具有相同体积和地层归属网格的数量。

NADD：两个相邻网格之间网格代号的增加量。

MA12：五位字符识别网格所属地层。两种方式，第一种为五位字符，是地层信息 ROCKS 中的地层介质名称。第二种为数字标识，五位字符中前三位为空白，后两位为数字，则表示地层信息 ROCKS 关键词中地层介质输入的顺序。默认空白则表示此网格归属于地层信息中第一个地层介质。

elem_vol：网格的体积（m^3）。

elem_aht：接触面热交换面积（m^3）。如果是 TOUGH+内部生成网格，则会自动生成此项。

elem_pm：渗透率修改选项（可选项，当地层中出现 SEED 地层时需要），ROCKS 中渗透率参数的倍乘因子，同时，毛细压力强度比例变为 $elem\_pm^{-\frac{1}{2}}$，如果 elem_pm = 0 表示不渗透。随机渗透率分布因子可以在 TOUGH+中内部生成。

X, Y, Z：网格中心点坐标。满足输出 Tecplot 作图文件的需要。同时在计算圆柱网格中组间属性、重力毛细压力平衡时的初始化计算、在溶质运移估算中计算与机械弥散相关量等时也需要这些数据。

elem_activity：网格的活跃状态。=I 或 V，表示此网格为非活跃网格（当成狄利克雷边界条件），=I 时表示与时间无关，=V 表示随时间变化。默认为空白时表示网格为活跃状态。

重复这些数据直到所有的网格信息输入完毕。

空白行结束 ELEME 数据模块的输入。

注意：在 ELEME 中列出的网格数量不能超过在 MEMORY 中分配的最大网格数。

2. CONNE

参数：ConxName1, ConxName2, NSEQ, NAD1, NAD2, ConxKi, ConxD1, ConxD2, ConxArea, ConxBeta, emissivity

参数格式：A5, A5, 4I5, 5E10.4

ConxName1：链接中第一个网格的名称。

ConxName2：链接中第二个网格的名称。

NSEQ：附加顺序链接的数量。

NAD1：相邻链接中第一个网格名称后两位代号的增量。

NAD2：相邻链接中第二个网格名称后两位代号的增量。

ConxKi：链接中渗透率指数。设置为 1，2，3 来指定绝对渗透率，允许根据水平和垂直等不同方向设置不同的渗透率。

ConxD1, ConxD2：链接中两个网格中心点坐标到接触面的垂直距离。

ConxArea：接触面的面积（m^2）。

ConxBeta：链接中两个网格中心点连线与重力加速方向的夹角的余弦值，ConxBeta×gravity > 0（<0）表示第一个网格在第二个网格上面（下面）。

emissivity：热辐射转换的辐射率因子。emissivity 可以输入为负值，程序会取其绝对值，链接处的热传导会被禁止。设置 emissivity = 0 表示没有热辐射交换。

6.1.5　初始条件和边界条件

1. INCON

1）INCON.1

参数：ElName5C, NSEQ, NADD, Porosity, StateIndex, perm (i), i=1, 2, 3

参数格式：A5, 2I5, E15.8, 2x, A3, 36x, 3(E15.8)

ElName5C：初始化网格的名称。

NSEQ：具有相同初始条件附加网格的数量。

NADD：相同初始条件网格中相邻网格代号数字增量。

Porosity：需要初始化网格的孔隙度，如果留空或者为 0，则采用所属地层介质的孔隙度。这个特性设定高度非均质地层中特定网格孔隙度属性。

StateIndex：状态指数，对应于状态指数的初始条件会应用于此网格。

perm (i), i=1,2,3：在 ConKi 中描述的三个方向上绝对渗透率。如果为 0 或留空，则表示采用 ROCKS 或者 MEDIA 关键词下的渗透率，可以用在高度非均质地层中。

2）INCON.2

主变量赋值。

参数：X(i), i = 1,NumCom+1

参数格式：6E20.13

X(i), i = 1,NumCom+1：此主变量会覆盖在 ROCKS 和 INDOM 中主变量数值。

空白行或者"<<<"结束 INCON 输入。

2. INDOM

1）INDOM.1

参数：Rk_name, StateIndex

参数格式：A5, 2X, A3

Rk_name：对应子系统中介质的名称。

StateIndex：应用子系统中状态指数。

2）INDOM.2

参数：$X(i)$, $i = 1$,NumCom+1

参数格式：6E20.13

$X(i)$, $i = 1$, NumCom+1：初始化区域主变量。

空白行结束 INDOM 输入

3. EXT-INCON

这个模块是特定子区域初始条件赋值的扩展。用户可以指定若干选项赋值给网格信息（如网格名称、代号列表、位置、网格顺序、栏结构），进行特定赋值初始化。首先是输入的实体数量，之后各个输入实体的顺序是任意的。

EXT-INCON.0

参数：Total_input_num

参数格式：自由格式

Total_input_num：输入实体（表现特定区域中初始条件的项目）的数量。

EXT-INCON.1

参数：INTYPE

参数格式：自由格式

INTYPE：描述特定初始化实体的类型，关键词包括'GEOMETRY', 'LIST', 'SEQUENCE'或 'COLUMN'。根据这些关键词程序判断读取的数据类型等。

1）GEOMETRY

如果关键词 INTYPE 为 GEOMETRY，定义一系列数据（坐标范围）限制范围，在此范围内的网格会按照性质分配初始条件。

坐标系统为笛卡儿坐标系（coordinate_system = ' Cartesian '）则按照下列格式输出数据。

参数：Xmin, Xmax, Ymin, Ymax, Zmin, Zmax

参数格式：自由格式

Xmin, Xmax：需特定条件初始化区域笛卡儿坐标系中 x 轴的最小最大数值。

Ymin, Ymax：需特定条件初始化区域笛卡儿坐标系中 y 轴的最小最大数值。

Zmin, Zmax：需特定条件初始化区域笛卡儿坐标系中 z 轴的最小最大数值。

坐标系统为柱面坐标系（coordinate_system = ' Cartesian '）则按照下列格式输出数据。

参数：Rmin, Rmax, Zmin, Zmax

参数格式：自由格式

Rmin, Rmax：柱面坐标系中 r 轴的范围（最小最大值）。

Zmin, Zmax：柱面坐标系中 z 轴的范围（最小最大值）。

2）SEQUENCE

如果关键词为 SEQUENCE，则按照网格的顺序进行特定区域的初始条件赋值。通过定义开始网格代号、结束网格代号以及步幅限定一系列的网格。例如，开始网格编号为 10，结束网格编号为 20，步幅为 2，则限定的网格为 10，12，14，16，18，20。

参数：SequICFirstElemNum, SequICLastElemNum, SequICStride

参数格式：自由格式

SequICFirstElemNum：在顺序中第一个网格代号。

SequICLastElemNum：在顺序中最后一个网格代号。

SequICStride：步幅大小。

3）LIST

此部分通过网格列表选定网格，程序按行读取网格，每行包括 N_per_row 的数据（最后一行除外）。

第一行数据。

参数：ListICLength, N_per_row

参数格式：自由格式

ListICLength：列表的长度，即列表包含网格的总数。

N_per_row：列表每行的数量，最后一行可能会小于此数量。

第二行数据。

参数：ElemNum (i), i=1, 2, ⋯ListICLength

参数格式：自由格式

例如，列表中网格总数 ListICLength ＝8，每行数据 N_per_row = 3，那么网格代号将按下列格式排列：

ElemNum(1),ElemNum(2),ElemNum(3), ! 1st 数据

ElemNum(4),ElemNum(5),ElemNum(6), ! 2nd 数据

ElemNum(7),ElemNum(8)　　　　　　! 3rd 数据

4. EXT-INCON.3

参数：StateIndex, X0 (i), i=1, NumCom+1

参数格式：自由格式

StateIndex：状态指数，对应于 INTYPE 中定义子区域中网格的初始条件。

X0 (i),i=1,NumCom+1：初始化主变量。

6.1.6　源汇项相关

1. GENER

参数：ElName5C, SS_name, NSEQ, NADD, NADS, LTAB, SS_Type, ITAB, GX, EX, HX, WellResponse, PresLimits, RateStepChange, RateLimit

参数格式：A5, A5, 4I5, 5X,A4, A1, 3E10.4 ,A4, 6x, 3(E10.4)

ElName5C：包含源汇项的网格名称。

SS_name：源汇项的名称。

NSEQ：相同注入/生产速率源汇项的数量（不适用于 DELV 类型）

NADD：具有相同源汇项的相邻两个网格代号增量。

NADS：两个相邻源汇项代号增量。

LTAB：生产率随时间变化数据的个数，如果为 0 或 1，则表示生产率为常数。对于产能井，LTAB 为开放层的数量。

SS_Type：源汇项的类型。确定流体或热流的不同类型选项。

＝HEAT，仅用来注入热量。

= 'COM1'：表示#1 质量组分（通常为水），仅用于注入。

= 'WATE'：表示水的注入。

= 'COM2'：表示#2 质量组分，仅用于注入。

= 'COM3'：表示#3 质量组分，仅用于注入。

= 'COMn'：表示#n 质量组分，仅用于注入。

= 'MASS'：质量生产速率，从系统中抽取流体的质量速率。

= ' DELV'：产能井，如果完整井多于一个地层，首先指定最底层，层数在 LTAB 中指定，完整层数需按照顺序给出。

ITAB：在不为空白情况下，读取表格形式的比热容数据（LTAB>1 时）。

GX：生产速率常数，注入为正，产出为负。对于 MASS, COM1,COM2,COM3 等为质量速率（kg/s），对于热 HEAT，单位为 W，对于产能井，单位为 m^3。

EX：流体为质量注入类型时流体的固定比热容。

HX，层厚度（m）。

WellResponse：字符变量，相应网格压力超出压力范围限制时的选项。

＝STOP，停止模拟。

＝ZERO，将源汇项的速率设定为 0，并继续模拟。

＝ADJUST，程序调整源汇项的速率，并继续模拟。

PresLimits：描述压力限制的实型变量，作为激发 WellResponse 的标识。

RateStepChange：当 WellResponse＝ADJUST 时，源汇项速率调整因子，源

汇项速率减少分数的绝对值，范围为 0～1。

RateLimit：描述最小速率限制的实型变量。当达到最小速率时，停止模拟。

1）GENER.1.1（LTAB>1 时）

参数：F1 (k), k=1, LTAB

参数格式：4E14.7

F1 (k), k=1, LTAB：源汇项速率随时间变化中时间点数据。

2）GENER.1.2（LTAB>1 时）

参数：F2 (k), k=1, LTAB

参数格式：4E14.7

F2 (k), k=1, LTAB：源汇项速率随时间变化中时间点对应源汇项速率数据。

3）GENER.1.3（LTAB >1 及 ITAB 不为空）

参数：F3 (k), k=1, LTAB

参数格式：4E14.7

F3 (k), k=1, LTAB：源汇项随时间变化中注入或产出流体的比热容。

一空白行结束源汇项输入。

6.1.7　计算控制参数

1. PARAM

1）PARAM.1

参数：Max_NumNRIterations, OutputOption,Max_NumTimeSteps, iCPU_Max Time, PRINT_frequency, MOP(i),i=1,2,···,24, BaseDiffusionCoef, DiffusionExpon, DiffusionStrength, SAVE_frequency, TimeSeries_frequency

参数格式：2I2, 3I4, 24I1, 3E10.4, 2I5

（I2）Max_NumNRIterations：每时步牛顿-拉弗森迭代的最大次数（留空默认是 8）。

（I2）OutputOption：TOUGH+输出选项控制，默认为 1，标准输出。

=0 或 1，输出最主要变量信息。

=2，在标准输出信息的基础上，输出质量和热流以及流速。

=3，输出主变量以及该变量。

如果上述数值增加 10，则表示每次牛顿-拉弗森迭代后输出，而不是每次收敛后再输出。

（I4）Max_NumTimeSteps：允许的最大时间步数量。注意，如果时间步最大量小于 0，表示最大时间步数为 1000×｜Max_NumTimeSteps｜。

（I4）iCPU_MaxTime：模拟持续的时间长，以 CPU 运行的时间计算（默认是无限）。

（I4）PRINT_frequency：数据输出频率控制选项。表示时步输出频率，默认为 1，即每经过一时步，输出一次数据。注意，如果<0，则表示 1000×|PRINT_frequency|。

（24I1）MOP (*i*),*i*=1,2,…,24：可供选择的一些计算选项。

MOP(1)：如果 MOP(1)≠0，在牛顿-拉弗森迭代结束后输出关于不收敛情况的说明。

MOP(2)到 MOP(6)：如果≠0，则每次牛顿-拉弗森迭代后各个程序输出附加的输出信息。这些特性在常用的模拟中不需要，但是可以为程序改善等提供便利。

MOP(2)：Simulation_Cycle 模拟过程中推进时间和数据流控制的执行程序。

MOP(3)：JACOBIAN_SetUp，计算质量和能量守恒方程中流动和累积项的执行程序。

MOP(4)：SourceSink_Equation_Terms，判断源汇项对质量和能量守恒方程计算的影响的执行程序。

MOP(5)：Equation_Of_State，状态方程，描述系统的状态以及计算所有的热力学性质的程序。

MOP(6)：Solve_Jacobian_Matrix_Equation，求解雅可比矩阵线性方程的程序。

MOP(7)：如果≠0，则在标准输出中输出输入数据，可用来检测程序中读取到的输入数据。

MOP(8)：判断在固相出现的情况下，相对渗透率和毛细压力是如何计算，提供如下选项。

=0，基于 OPM 模型，毛细压力比例基于 EPM#1。

=1，基于 EPM#1 模型，毛细压力比例基于 EPM#1。

=2，基于 EPM#2 模型，毛细压力比例基于 EPM#2。

=3，基于 EPM#1 模型，无毛细压力比例。

=4，基于 EPM#2 模型，无毛细压力比例。

=9，基于 OPM 模型，无毛细压力比例。

MOP(9)：与 GENER 相关的选项，识别产出流体质量组分。

=0，表示根据源相网格中的相对迁移率。

=1，表示产出的流体和产出网格具有相同的相态组分。

MOP(10)：暂未启用。

MOP(11)：界面处迁移能力和渗透率求值相关选项。

=0，迁移能力为上游权重，根据 PARAM.3 中参数 W_upstream 计算；渗透率为上游权重。

=1，迁移能力为相邻两个网格的平均值，渗透率为上游权重。

=2，迁移能力为上游权重，渗透率为加权调和。

=3，迁移能力为相邻网格的平均值，渗透率为加权调和。

=4，迁移能力和渗透率均为加权调和权重。

MOP(12)：设定随时间变换源汇项表格数据的插值程序。

MOP(13)：在力学离散过程中用到的选项。

MOP(14)：液相中气相溶解度处理的选项。

=0，气相溶解度利用亨利常数计算（与时间无关）。

=1，利用亨利溶解参数方程计算气相溶解度（与温度有关）。

>1，用逸度系数计算气相溶解度（与温度、压力有关）。

对于温度和压力数值较低的情况，可以用 MOP(14)=0 进行计算，此时利用亨利常数估计溶解度；对于 MOP(14)>1 时，利用逸度系数和活度系数计算气相溶解度。

MOP(15)：是否考虑不渗透承压含水层中的热交换。

=0，不考虑热交换。

=1，考虑热交换。

MOP(16)：提供时间步自动调整选项，当时间步内迭代次数≤MOP(16)时，时间步大小加倍。推荐值为 2～5，默认值为 4。

MOP(17)：二元气相弥散相关选项如下。

=0，根据 Fuller 方法计算；

=7，根据 Fuller 方法，在高压情况下用 Riazi 方法调整。

MOP(18)：估计接触面密度选项如下。

=0，在接触面的密度选用上有权重。

>0，相邻网格中的平均值，但当两相饱和度中一个为 0 时，会选用上游权重。

MOP(19)：控制模拟输出的参数。

<8，会输出标准输出文件（ASCII 文件）。根据在 PARAM.1 中的参数，标准输出文件可以包括压力，温度，各种相态的饱和度、浓度、热物理学性质，以及主变量及次变量等。

=8，输出两个附加的文件，包含最重要的属性值，按照 Tecplot 格式的要求输出，两个文件的名称分别为 Plot_Data_Coord（包含网格的笛卡儿坐标），Plot_Data_Elem（包含网格相关的属性值）。根据输出详细程度选项，还可以获得 Plot_Data_Conx 文件（包含链接相关的属性）。

=9，输出两个作图文件以及指定时间输出的缩略版本的标准输出文件（仅包含质量平衡相关的数据）。

MOP(20)：检查初始条件是否有效的标识。

<9，检查初始条件以确保物理实际意义以及状态指数和对应的主变量（默

认值)。

=9，不检查初始条件的有效性。

MOP(21)：线性方程求解方程选择。

=0，默认 MOP(21)=3。

=1，运用 LU 方程求解。

=2，DSLUBC。

=3，DSLUCS（默认）。

=4，DSLUGM。

=5，DLUSTB。

MOP(22)：区域最大压力的数量级和位置列表文件的输出控制。

=9，输出区域的最大压力及其位置到文件 MaxP_Time_Series 中。

<9，不进行最大压力的输出。

MOP(23)：状态方程相关控制参数。

MOP(24)：接触面多相流弥散控制选项。

BaseDiffusionCoef：基本气体扩散系数。

DiffusionExpon：描述气体扩散系数对温度依赖性的参数（指数）。

DiffusionStrength：描述增强蒸汽压扩散系数的有效强度。

SAVE_frequency：输出 SAVE 文件的频率，这个特性可以避免模拟中断带来的数据丢失，推荐值 100～500，如果为 0，表示在模拟结束后输出一次 SAVE 文件。

TimeSeries_frequency：与时间序列相关文件输出频率控制，如 SS_Time_Series, Elem_Time_Series, Conx_Time_Series, 以及各种 RegionXX_Time_Series。默认值为 1。

2）PARAM.2

参数：TimeOrigin, SimulationTimeEnd, InitialTimeStep, MaxTimeStep, TrackElemName, gravity, Dt_reducer, Scale

参数格式：4E10.4, A5, 5X, 3E10.4

TimeOrigin：模拟开始的时间（s），默认值为 0。

SimulationTimeEnd：模拟结束的时间（s），默认值为无限。

InitialTimeStep：初始时间步长大小（s）。

MaxTimeStep：最大时间步长（s），默认值为无限。

TrackElemName：跟踪网格的名称，每时步输出此网格的关键条件和属性的演变。

gravity：重力加速度（m/s^2），如果为 0 或者留空，则不进行重力加速度。

Dt_reducer：收敛失败或者其他问题出现时，时间步减少因子。默认值为 4。

Scale：网格大小调整比例，默认值为 1。

PARAM2.1,2.2

参数：UserTimeStep (*i*), *i*=1, NumDts

参数格式：8E10.4

UserTimeStep (*i*), *i*=1, NumDts：为时间步 *i* 的大小，在初始时间步＜0 的情况下，NumDts= INT [ABS(InitialTimeStep)]，取绝对值再取整。

最多可以读取 13 行数据，每行数据包含 8 个时间步数据。如果最大时间步长大于 NumDts，则程序会以最后一个非零时间步继续执行。如果时间步允许自动调整，则最后一个时间步会根据牛顿-拉弗森迭代收敛速率进行增加，如果超出最大迭代次数，则相应自动减少时间步。

3）PARAM.3

参数：rel_convergence_crit, abs_convergence_crit, U_p, W_upstream, W_NRIteration, derivative_increment, W_implicitness, DefaultStateIndex, P_overshoot, T_overshoot, S_overshoot

参数格式：7E10.4, 2X, A3, 3E10.4

rel_convergence_crit：相对误差收敛标准，默认数值为 10～15。

abs_convergence_crit：绝对误差收敛标准，默认值为 1。

U_p：在当前版本中未使用，主要用来确保与 TOUGH2 输入文件格式兼容性。

W_upstream：计算接触面处运移性和热焓等上游权重因子。默认值为 1，推荐值为 0～1。

W_NRIteration：基于牛顿-拉弗森迭代结果更新求解的权重因子，默认值为 1，推荐值 0～1。

derivative_increment：数值计算误差的增量因子，默认值为 $10^{-m/2}$，*m* 为内部计算得到，处理器浮点有效位数。对于 64 位算法，约为 10^{-8}。

W_implicitness：求解选项中隐式级别的权重因子，默认值为 1，推荐值为 0～1。

DefaultStateIndex：默认状态指数，通用初始条件，赋值于子区域中没有进行初始化的网格。

P_overshoot：当压力用来识别判断相态和状态改变的标准时，设定压力计算中迭代过度级别。默认值为 0，压力容易引起相态和状态的改变。

T_overshoot：当温度参与识别相态和状态改变标准时的过渡迭代级别，与 P_overshoot 相似。

S_overshoot：当饱和度参与识别相态和状态改变标准时的过渡迭代级别，与 P_overshoot 相似。

4）PARAM.4

参数：default_initial_cond (*i*), *i*=1,NumCom+1

参数格式：6E20.13

default_initial_cond (*i*), *i*=1,NumCom+1：表示默认初始条件中的主变量的数值。赋值于在 INDOM，INCON 或者 EXT-INCON 中没有获得初始化条件的网格中。如果需要多于六个主变量，则需要提供另一行数据。

2. SOLVER

线性方程求解相关参数选项。

参数：MatrixSolver, Z_preprocessing, O_preprocessing, Max_CGIterationRatio, CG_convergence_crit

参数格式：I1,2X,A2,3X,A2,2E10.4

MatrixSolver：整型变量表示线性方程求解器选择选项。

= 1：LUBAND

= 2：DSLUBC

= 3：DSLUCS

= 4：DSLUGM

= 5：DLUSTB

Z_preprocessing：Z 预处理选项。

O_preprocessing：O 预处理选项。

Max_CGIterationRatio：共轭梯度迭代与最大方程数量比率的最大数，范围为 $0 <$ Max_CGIterationRatio $\leqslant 1$，默认值为 0.1。

CG_convergence_crit ：共轭梯度迭代收敛标准，范围为 $1.0 \times 10^{-12} \leqslant$ CG_convergence_crit$\leqslant 1.0 \times 10^{-6}$，默认值为 1.0×10^{-6}。

3. SELEC

IE(1) = 1：在模块 SELEC 下需要读取的附加数据行数量，默认值为 1。

6.1.8 输出信息

1. TIMES

此关键词允许用户指定程序在特定时间输出信息。

参数：NumPrintTimes, Max_NumPrintTimes, TimeStepMax_PostPrint, Print TimeIncrement

参数格式：2I5, 2E10.4

NumPrintTimes：输出时间的数量，$\leqslant 100$。

Max_NumPrintTimes ： 输出时间的最大数量，NumPrintTimes $\leqslant$ Max_NumPrintTimes $\leqslant 100;$ 默认 NumPrintTimes =Max_NumPrintTimes

TimeStepMax_PostPrint：在达到指定时间后允许的最大时间步大小，默认值为无限。

PrintTimeIncrement：NumPrintTimes, NumPrintTimes+1, Max_NumPrintTimes 中的时间增量。

2. Elem_Time_Series 或 FOFT

输出部分网格随时间变化的数据到文件 Elem_Time_Series 中。

参数：ObsElemName (1), sum_flag

参数格式：A5, 5X, A3

ObsElemName (1)：第一个监测观测网格的名称，如果是"*ALL*"，则表示观测所有的网格中的质量和能量变化。

sum_flag：如果为"sum"，则表示输出变量描述的是包含此网格的整个子区域中质量和能量平衡的演变。

参数：ObsElemName (i) i=2,3,4,5,…

参数格式：A5

ObsElemName (i) i=2,3,4,5,…：重复以上两项直到所有网格输入完毕。

空白行结束输入。

3. Conx_Time_Series 或 COFT

输出部分链接随时间变化的数据到文件 Conx_Time_Series 中。

参数：ObsConxName(1), sum_flag

参数格式：A10, 5X, A3

ObsConxName(1)：第一个监测链接中两个网格的名字。

sum_flag：如果为"sum"，则监测整个界面。

参数：ObsConxName (i),i=2,3,4,…,100

参数格式：A10, 5X, A3

重复以上数据直到所有链接输入完毕，最大数量为100。

空白行结束输入。

4. SS_Time_Series 或 GOFT

输出部分源汇项随时间变化的数据到文件 SS_Time_Series 中。

参数：ObsSSName (i), i=1,2,3,…,100

参数格式：A5

ObsSSName (i), i=1,2,3,…,100：需要监测的源汇项名称，最多100项。

空白行结束输入。

5. NOVER

是否输出程序的版本信息，如果出现此关键词，则表示不输出程序的版本信息。

6.1.9　相对渗透率和毛细压力计算函数

1. IRP

1）相对渗透率方程编号＝1，线性方程

在 $RP(1) \leqslant S_A \leqslant RP(3)$ 范围内，k_{rA} 从 0 到 1 线性增加；

在 $RP(2) \leqslant S_G \leqslant RP(4)$ 范围内，k_{rG} 从 0 到 1 线性增加；

（S_A 为溶液相饱和度；S_G 为气相饱和度；k_{rA} 为溶液相相对渗透率；k_{rG} 为气相相对渗透率）

限制条件：$RP(3) > RP(1)$；$RP(4) > RP(2)$。

2）相对渗透率方程编号＝2，幂函数

$k_{rA} = S_A^n$，$k_{rG} = 1$，其中 $n = RP(1)$。

3）相对渗透率方程编号＝3，Corey's curves：

$$k_{rA} = S^4$$

$$k_{rG} = \left(1 - \hat{S}\right)^2 \left(1 - \hat{S}^2\right)$$

式中，$\hat{S} = (S_A - S_{irA}) / (1 - S_{irA} - S_{irG})$，$S_{irA} = RP(1)$；$S_{irG} = RP(2)$。

限制条件：$RP(1) + RP(2) < 1$。

4）相对渗透率方程编号＝4，Grant's curves：

$$k_{rA} = S^4$$

$$k_{rG} = 1 - k_{rA}$$

式中，$\hat{S} = (S_A - S_{irA}) / (1 - S_{irA} - S_{irG})$，$S_{irA} = RP(1)$；$S_{irG} = RP(2)$。

限制条件：$RP(1) + RP(2) < 1$。

5）相对渗透率方程编号＝5

渗透率不随饱和度变化：

$$k_{rA} = k_{rG} = 1$$

6）相对渗透率方程编号＝6，Fatt-Klikoff 方程：

$$k_{rA} = \left(S^*\right)^3$$

$$k_{rG} = \left(1 - S^*\right)^3$$

其中，$S^* = (S_A - S_{irA}) / (1 - S_{irA})$，$S_{irA} = RP(1)$。

限制条件：RP(1)< 1。

7）相对渗透率方程编号＝7，van Genuchten 公式：

(1) $k_{rl} = \begin{cases} \sqrt{S^*}\left[1-\left(1-S^{*1/\lambda}\right)^\lambda\right]^2 & S_l < S_{ls} \\ 1 & S_l \geqslant S_{ls} \end{cases}$

(2) $k_{rg} = \begin{cases} 1-k_{rl} & S_l < S_{ls} \\ (1-\hat{S})^2(1-\hat{S}^2) & S_l \geqslant S_{ls} \end{cases}$

式中，k_{rl} 为液相相对渗透率，无量纲；k_{rg} 为气相相对渗透率，无量纲；λ 为表征岩石孔隙大小分布的模型参数，一般取值为 0.2~3.0；S^*、$\hat{S}$ 为表征有效液相饱和度参数，无量纲。

(3) $S^* = (S_l - S_{lr})(S_{ls} - S_{lr})$

(4) $\hat{S} = (S_l - S_{lr})(1 - S_{lr} - S_{gr})$

式中，S_l 为液相饱和度，无量纲；S_{lr} 为液相残余饱和度，无量纲；S_{ls} 为饱和水饱和度，无量纲；S_{gr} 为残余气相饱和度，无量纲。

RP(1)=λ

RP(2)= S_{lr}

RP(3)=S_{ls}

RP(4)= S_{gr}

8）相对渗透率方程编号＝8，Verma 公式：

$k_{rl} = \hat{S}^3$

$k_{rg} = A + B\hat{S} + C\hat{S}^2$

式中，$\hat{S} = (S_l - S_{lr})/(S_{ls} - S_{lr})$。

RP(1)=S_{lr}=0.2

RP(2)=S_{ls}=0.895

RP(3)=A=1.259

RP(4)=B= −1.7615

RP(5)=C=0.5089

关系方程中参数为 Verma 等（1985）测量未固结岩体中汽-水流动过程得到的。

9）IRP=12（必须配合 ICP=12 使用）

RP(1)=m, van Genuchten 方程中相对渗透率的参数 m[不需要一定等于 CP(1) 或 CP(6)]；对于疏干过程和润湿过程，k_{rl} 使用相同的参数 m。

RP(2)=S_{lr}，液相残余饱和度：$k_{rl}(S_{lr})=0$，$k_{rg}(S_{lr})=k_{rg\,max}$。同时，在毛细压力 [CP(2)]中，必须有 $S_{lr}>S_{lmin}$。 S_{lr} 是转向润湿曲线的最小转折点饱和度。对于 $S_{lr}<S_{lmin}$，特征曲线保留在疏干曲线上，即使 S_l 增加。

RP (3)=$S_{gr\,max}$。残余气相饱和度的最大可能值。注意到现在版本的代码要求 $S_{lr}+S_{gr\,max}<1$，否则会出现没有流体相流动，这是程序所不能处理的。设置残余 气相饱和度可以完全关闭滞后效应。作为一个特殊的选项，通过设置 CP(10)>1 和标记 RP(3)为负，表示一个固定非零的 S_{gr}。程序设置所有时间内所有网格的 S_{gr}^{Δ} = –RP(3)。

RP(4)=γ。 k_{rg} 中的指数参数，典型值为 0.33～0.50。在 Doughty（2007）中， γ 设置为 1/3。

RP(5)=$k_{rg\,max}=k_{rg}(S_{lr})$， k_{rg} 的最大值。在 Doughty（2007）中， $k_{rg\,max}=1$。

RP(6)=扩展范围（$S_l<S_{lr}$）内 k_{rg} 的适配参数（只有在 $k_{rg\,max}<1$ 时用到）

≤0，选用 $0<S_l<S_{lr}$ 范围内的立方曲线扩展，同时， $S_l=0$ 处的斜率为 RP(6)。

>0， $0<S_l<$RP(8)S_{lr} 时采用线性部分， $S_{lr}<S_l<S_{lr}$ 时采用立方曲线扩展， $S_l=0$ 处的斜率为 RP(6)。

RP(7)=扩展范围 $S_l>S_l^*$ 内 k_{rl} 的数值因子。RP(7)是 k_{rl} 与原始 van Genuchten 曲线分离时的 S_l^* 的分数。推荐值范围为 0.92～0.97。如果 RP(7)=0，则 $S_l>S_l^*$ 范围内 $k_{rl}=1$（不推荐）。

RP(8)=扩展范围 $S_l<S_{lr}$ 内 k_{rg} 线性部分的数值因子（只有在 $k_{rg\,max}<1$ 时用到）。RP(8)是扩展曲线中线性部分和立方曲线部分交接时 S_{lr} 的分数。

RP(9)=关闭相对渗透率滞后效应的标志[对 P_c 和 k_{rg} 没有影响，如需要整个关闭滞后效应，RP(3)中设置 $S_{gr\,max}=0$]。

=0 考虑相对渗透率滞后；

=1 关闭相对渗透率滞后（强制 k_{rl} 一直沿主疏干曲线变化）。

RP(10)=m_{gas}。van Genuchten 方程中气相相对渗透率的参数 m [不需要一定等于 CP(1)或 CP(6)]。 k_{rg} 在疏干过程和润湿过程中使用相同 m_{gas}。 如果设为 0 或者留空，则使用 RP(1)，即 $m_{gas}=m$。

2. ICP

1）毛细压力计算函数编号 1：线性方程

$$P_{cap}=\begin{cases} -CP(1) & S_l\leqslant CP(2) \\ 0 & S_l\geqslant CP(2) \\ -CP(1)\dfrac{CP(3)-S_l}{CP(3)-CP(2)} & CP(2)<S_l<CP(3) \end{cases}$$

限制条件：CP(3)＞CP(2)。

2）毛细压力计算函数编号=2：Pickens 方程（Pickens et al., 1979）

$$P_{cap} = -P_0 \left\{ \ln \left[\frac{A}{B} \left(1 + \sqrt{1 - B^2 / A^2} \right) \right] \right\}^{1/x}$$

式中，$A = (1 + S_1 / S_{10})(S_{10} - S_{lr}) / (S_{10} + S_{lr})$；$B = 1 - S_1 / S_{10}$；$P_0 = CP(1)$；$S_{lr} = CP(2)$；$S_{10} = CP(3)$；$x = CP(4)$。

限制条件：$0 ＜ CP(2) ＜ 1 \leqslant CP(3)$；$CP(4) \neq 0$。

3）毛细压力计算函数编号=3：TRUST

$$P_{cap} = \begin{cases} -P_e - P_0 \left[\dfrac{1 - S_1}{S_1 - S_{lr}} \right]^{1/\eta} & S_1 < 1 \\ 0 & S_1 = 1 \end{cases}$$

式中，$P_0 = CP(1)$；$S_{lr} = CP(2)$；$\eta = CP(3)$；$P_e = CP(4)$。

限制条件：$CP(2) \geqslant 0$；$CP(3) \neq 0$。

4）毛细压力计算函数编号=4：Milly 函数

$$P_{cap} = -97.783 \times 10^A$$

式中，$A = 2.26 \left(\dfrac{0.371}{S_1 - S_{lr}} - 1 \right)^{1/4}$，$S_{lr} = CP(1)$。

限制条件：$CP(1) \geqslant 0$。

5）毛细压力计算函数编号=6，Leverett 函数

$$P_{cap} = -P_0 \cdot \sigma(T) \cdot f(S_1)$$

式中，$\sigma(T)$ 为水的表面张力，程序内部计算；$f(S_1) = 1.417(1 - S^*) - 2.120$ $(1 - S^*)^2 + 1.263(1 - S^*)^3$，$S^* = (S_1 - S_{lr}) / (1 - S_{lr})$。

参数：$P_0 = CP(1)$; $S_{lr} = CP(2)$。

限制条件：$0 \leqslant CP(2) ＜ 1$。

6）ICP=12

ICP=12[配合 IRP=12 使用，RP(2)和 RP(3)会被用到]

$CP(1) = m^d$，van Genuchten 方程中疏干分支 $P_c^d(S_1)$ 的参数 m。

$CP(2) = S_{1min}$，原始 van Genuchten 方程中 P_c 趋于无穷大时的饱和度。必须有 $S_{1min} < S_{lr}$，S_{lr} 是相对渗透率参数中的 RP(2)。

$CP(3) = P_0^d$，疏干曲线分支 $P_c^d(S_1)$ 的毛细压力强度参数（Pa）。

$CP(4) = P_{cmax}$，原始 van Genuchten 方程得到的最大毛细压力数值（Pa）。

CP(5)，压力单位转换的尺度因子（如果压力单位为 Pa，则 CP=1）。

CP(6)=m^w，van Genuchten 方程中润湿过程分支 $P_c^w(S_1)$ 的参数 m，默认值为 CP(1)。

CP(7)=P_0^w，润湿过程曲线分支 $P_c^w(S_1)$ 的毛细压力强度参数（Pa），默认值为 CP(3)。

CP(8)=指示参数。在 $S_1 > S_1^*$ 时，是否调用非零 P_c。

=0，无扩展，$S_1 > S_1^*$ 时，$P_c = 0$；

>0，$S_1^* < S_1 < 1$ 时，幂级数扩展，$S_1 = 1$ 时，$P_c = 0$。非零值 CP(8)是在毛细压力曲线分离原始 van Genuchten 曲线时的 S_1^* 的比例分数。推荐值范围为 0.97～0.99。

CP(9)=指示参数。如何处理被开方数为负数。

CP(10)=能够保证曲线分支转换的先前时步饱和度变化绝对值的阈值（默认值为 1×10^{-6}），设置负数表示无论绝对值多小都进行分支变化，设置大于 1 的数表示从不进行曲线分支转换。

CP(11)=S_{gr}^Δ 的临界值，$S_{gr}^\Delta < $CP(11)时，$S_{gr}^\Delta$=0。推荐值范围为 0.01～0.03，默认值为 0.02。

CP(12)=关闭毛细压力滞后的标志（对液相相对渗透率和气相相对渗透率没有影响）。

=0，考虑毛细压力滞后现象；

=1，忽略毛细压力滞后[正常变化毛细压力曲线，但在毛细压力计算中设置 S_{gr} =0，同时确保 CP(1)=CP(6)，以及 CP(3)=CP(7)]。

CP(13)=扩展参数选项。在 $S_1 < S_{1min}$ 时，毛细压力扩展函数的选择。

=0，表示指数扩展；

>0，表示幂级数扩展，$S_1 = 0$ 时，斜率为 0 及 $P_c(0)$=CP(13)，推荐值为 CP(4) =P_{cmax} 的 2～5 倍，不应该小于等于 CP(4)。

6.2　TOUGH2Biot 中力学模型有限元离散

6.2.1　三维力学数学模型

1. 力学基本控制方程

基于 Biot 固结理论的水热耦合模型考虑了地下水和岩土体变形的相互作用，即孔隙水压力的变化对土体变形的影响以及土体变形对孔隙水压力的影响。

Biot 固结方程建立在假定岩土体饱和、骨架线弹性、变形微小、渗流符合达西定律等基础之上。假定体积力只考虑重力，取一微元体（土骨架+孔隙水），令

z 坐标向下为正，应力以压为正，忽略动量的变化量（即岩土体满足静态平衡），则三维平衡微分方程为

$$\begin{cases} \dfrac{\partial \sigma_x}{\partial x} + \dfrac{\partial \tau_{yx}}{\partial y} + \dfrac{\partial \tau_{zx}}{\partial z} = 0 \\[2mm] \dfrac{\partial \tau_{xy}}{\partial x} + \dfrac{\partial \sigma_y}{\partial y} + \dfrac{\partial \tau_{zy}}{\partial z} = 0 \\[2mm] \dfrac{\partial \tau_{xz}}{\partial x} + \dfrac{\partial \tau_{yz}}{\partial y} + \dfrac{\partial \sigma_z}{\partial z} - \gamma_{\text{sat}} = 0 \end{cases} \tag{6-1}$$

根据 Terzaghi 有效应力原理，总应力为有效应力与孔隙水压力之和，即

$$\sigma = \sigma' + u \tag{6-2}$$

从而式（6-1）可表示为

$$\begin{cases} \dfrac{\partial \sigma'_x}{\partial x} + \dfrac{\partial \tau_{yx}}{\partial y} + \dfrac{\partial \tau_{zx}}{\partial z} + \dfrac{\partial u}{\partial x} = 0 \\[2mm] \dfrac{\partial \tau_{xy}}{\partial x} + \dfrac{\partial \sigma'_y}{\partial y} + \dfrac{\partial \tau_{zy}}{\partial z} + \dfrac{\partial u}{\partial y} = 0 \\[2mm] \dfrac{\partial \tau_{xz}}{\partial x} + \dfrac{\partial \tau_{yz}}{\partial y} + \dfrac{\partial \sigma'_z}{\partial z} + \dfrac{\partial u}{\partial z} = \gamma_{\text{sat}} \end{cases} \tag{6-3}$$

岩土的本构方程一般可表示为

$$\{\sigma'\} = D\{\varepsilon\} \tag{6-4}$$

假定土骨架是线弹性体，服从广义胡克定律，则 D 为弹性矩阵

$$D = \dfrac{E(1-\nu)}{(1+\nu)(1-2\nu)} \begin{bmatrix} 1 & \dfrac{\nu}{1-\nu} & \dfrac{\nu}{1-\nu} & 0 & 0 & 0 \\[3mm] \dfrac{\nu}{1-\nu} & 1 & \dfrac{\nu}{1-\nu} & 0 & 0 & 0 \\[3mm] \dfrac{\nu}{1-\nu} & \dfrac{\nu}{1-\nu} & 1 & 0 & 0 & 0 \\[3mm] 0 & 0 & 0 & \dfrac{1-2\nu}{2(1-\nu)} & 0 & 0 \\[3mm] 0 & 0 & 0 & 0 & \dfrac{1-2\nu}{2(1-\nu)} & 0 \\[3mm] 0 & 0 & 0 & 0 & 0 & \dfrac{1-2\nu}{2(1-\nu)} \end{bmatrix} \tag{6-5}$$

考虑温度的影响，可以写成

$$\begin{cases} \sigma'_x = 2G\left(\dfrac{v}{1-2v}\varepsilon_v + \varepsilon_x\right) + 3\beta_T \Delta T \\[2mm] \sigma'_y = 2G\left(\dfrac{v}{1-2v}\varepsilon_v + \varepsilon_y\right) + 3\beta_T \Delta T \\[2mm] \sigma'_z = 2G\left(\dfrac{v}{1-2v}\varepsilon_v + \varepsilon_z\right) + 3\beta_T \Delta T \\[2mm] \tau_{yz} = G\gamma_{yz},\ \tau_{zx} = G\gamma_{zx},\ \tau_{xy} = G\gamma_{xy} \end{cases} \tag{6-6}$$

在小变形假定下，应力-应变的几何方程为（应力-应变符号以压为正，拉为负）

$$\begin{cases} \varepsilon_x = -\dfrac{\partial w_x}{\partial x},\ \gamma_{yz} = -\left(\dfrac{\partial w_y}{\partial z} + \dfrac{\partial w_z}{\partial y}\right) \\[2mm] \varepsilon_y = -\dfrac{\partial w_y}{\partial y},\ \gamma_{zx} = -\left(\dfrac{\partial w_z}{\partial x} + \dfrac{\partial w_x}{\partial z}\right) \\[2mm] \varepsilon_z = -\dfrac{\partial w_z}{\partial z},\ \gamma_{xy} = -\left(\dfrac{\partial w_x}{\partial y} + \dfrac{\partial w_y}{\partial x}\right) \end{cases} \tag{6-7}$$

可以得到位移、孔隙水压力和温度表示的平衡微分方程为

$$\begin{cases} -G\nabla^2 w_x - \dfrac{G}{1-2v}\dfrac{\partial}{\partial x}\left(\dfrac{\partial w_x}{\partial x} + \dfrac{\partial w_y}{\partial y} + \dfrac{\partial w_z}{\partial z}\right) + \dfrac{\partial P}{\partial x} + 3\beta_T K\dfrac{\partial T}{\partial x} = 0 \\[2mm] -G\nabla^2 w_y - \dfrac{G}{1-2v}\dfrac{\partial}{\partial y}\left(\dfrac{\partial w_x}{\partial x} + \dfrac{\partial w_y}{\partial y} + \dfrac{\partial w_z}{\partial z}\right) + \dfrac{\partial P}{\partial y} + 3\beta_T K\dfrac{\partial T}{\partial y} = 0 \\[2mm] -G\nabla^2 w_z - \dfrac{G}{1-2v}\dfrac{\partial}{\partial z}\left(\dfrac{\partial w_x}{\partial x} + \dfrac{\partial w_y}{\partial y} + \dfrac{\partial w_z}{\partial z}\right) + \dfrac{\partial P}{\partial z} + 3\beta_T K\dfrac{\partial T}{\partial z} = \gamma_{\text{sat}} \end{cases} \tag{6-8}$$

设 $d_1 = 2G\dfrac{1-v}{1-2v}$，$d_2 = 2G\dfrac{v}{1-2v}$，$d_3 = G$，式（6-8）可变为

$$\begin{cases} d_1\dfrac{\partial^2 w_x}{\partial x^2} + d_3\dfrac{\partial^2 w_x}{\partial y^2} + d_3\dfrac{\partial^2 w_x}{\partial z^2} + (d_2+d_3)\dfrac{\partial^2 w_y}{\partial x\partial y} + (d_2+d_3)\dfrac{\partial^2 w_z}{\partial x\partial z} - \dfrac{\partial u}{\partial x} - 3\beta_T K\dfrac{\partial T}{\partial x} = 0 \\[2mm] d_3\dfrac{\partial^2 w_y}{\partial x^2} + d_1\dfrac{\partial^2 w_y}{\partial y^2} + d_3\dfrac{\partial^2 w_y}{\partial z^2} + (d_2+d_3)\dfrac{\partial^2 w_x}{\partial x\partial y} + (d_2+d_3)\dfrac{\partial^2 w_z}{\partial y\partial z} - \dfrac{\partial u}{\partial y} - 3\beta_T K\dfrac{\partial T}{\partial x} = 0 \\[2mm] d_3\dfrac{\partial^2 w_z}{\partial x^2} + d_3\dfrac{\partial^2 w_z}{\partial y^2} + d_1\dfrac{\partial^2 w_z}{\partial z^2} + (d_2+d_3)\dfrac{\partial^2 w_x}{\partial x\partial z} + (d_2+d_3)\dfrac{\partial^2 w_y}{\partial y\partial z} - \dfrac{\partial u}{\partial z} - 3\beta_T K\dfrac{\partial T}{\partial x} = -\gamma_{\text{sat}} \end{cases}$$

$$(6-9)$$

式（6-9）即为三维力学计算模型，其耦合了孔隙水压力和岩土体温度，孔隙水压力和岩土体温度可以根据 TOUGH2 计算获得，力学可以采用有限元法进行求解。

2. 力学模型定解条件

由于力学模型与孔隙水压力和岩土体温度耦合，因此力学模型定解条件不仅包括边界条件，还包括初始条件。边界条件又分为应力边界条件和位移边界条件。位移边界条件可以直接在有限元中处理，而应力边界需要转化为节点力。

在边界面上取一微元体，如果该边界面上的单位面力为 F，则相应的静力边界条件可表示为

$$\begin{cases} F_x = \sigma_x l_1 + \tau_{xy} l_2 + \tau_{xz} l_3 \\ F_y = \tau_{yx} l_1 + \sigma_y l_2 + \tau_{yz} l_3 \\ F_z = \tau_{zx} l_1 + \tau_{zy} l_2 + \sigma_z l_3 \end{cases} \tag{6-10}$$

式中，$l_1 = \cos(n,x)$，$l_2 = \cos(n,y)$，$l_3 = \cos(n,z)$，n 为边界外法线方向。

根据本构方程、几何方程和有效应力原理，式（6-10）可变为

$$\begin{cases} F_x = \left(-d_1 \dfrac{\partial w_x}{\partial x} - d_2 \dfrac{\partial w_y}{\partial y} - d_2 \dfrac{\partial w_z}{\partial z} + u \right) l_1 + d_3 \left(-\dfrac{\partial w_y}{\partial x} - \dfrac{\partial w_x}{\partial y} \right) l_2 + d_3 \left(-\dfrac{\partial w_z}{\partial x} - \dfrac{\partial w_x}{\partial z} \right) l_3 \\[2mm] F_y = d_3 \left(-\dfrac{\partial w_y}{\partial x} - \dfrac{\partial w_x}{\partial y} \right) l_1 + \left(-d_2 \dfrac{\partial w_x}{\partial x} - d_1 \dfrac{\partial w_y}{\partial y} - d_2 \dfrac{\partial w_z}{\partial z} + u \right) l_2 + d_3 \left(-\dfrac{\partial w_z}{\partial y} - \dfrac{\partial w_y}{\partial z} \right) l_3 \\[2mm] F_z = d_3 \left(-\dfrac{\partial w_z}{\partial x} - \dfrac{\partial w_x}{\partial z} \right) l_1 + d_3 \left(-\dfrac{\partial w_z}{\partial y} - \dfrac{\partial w_y}{\partial z} \right) l_2 + \left(-d_2 \dfrac{\partial w_x}{\partial x} - d_2 \dfrac{\partial w_y}{\partial y} - d_1 \dfrac{\partial w_z}{\partial z} + u \right) l_3 \end{cases}$$

$$\tag{6-11}$$

力学初始条件对应于孔隙水压力和岩土体温度初始时刻的条件，一般设置为零位移，该初始条件只是作为后面力学计算的参考，而没有真正的实际意义。

6.2.2　三维力学模型有限元离散

为了模拟不断变形的单元及变化的边界，采用八节点等参六面体单元，即用相同的形函数来表示几何特征和力学特征。推导力学模型的有限元方法较多，有边界元法、变分法、有限体积法、加权剩余法等，本书采用比较常用和较易理解的迦辽金法。

1. 变量近似模式及形函数

对单元内任意一点沿 x, y, z 三方向的位移 w_x, w_y, w_z，以及孔压 u 和温度 T 可按以下模式取近似：

$$w_x = \sum_{i=1}^{8} N_i w_{xi}(t), \ w_y = \sum_{i=1}^{8} N_i w_{yi}(t)$$

$$w_z = \sum_{i=1}^{8} N_i w_{zi}(t), \ u = \sum_{i=1}^{8} N_i u_i(t)$$

$$T = \sum_{i=1}^{8} N_i T_i(t) \tag{6-12}$$

式中，N_i 为空间八节点单元形函数。

以空间八节点等参六面体线性单元为例，局部坐标系统下单元形函数为

$$\overline{N}_i(\xi, \eta, \zeta) = \frac{1}{8}(1 + \xi_i \xi)(1 + \eta_i \eta)(1 + \zeta_i \zeta)(i = 1, 2, \cdots, 8) \tag{6-13}$$

式中，ξ_i, η_i, ζ_i 为相应节点 i 在 ξ, η, ζ 上的坐标。局部坐标和全局坐标的变换公式为

$$x = \sum_{i=1}^{8} \overline{N}_i(\xi, \eta, \zeta) x_i, y = \sum_{i=1}^{8} \overline{N}_i(\xi, \eta, \zeta) y_i, z = \sum_{i=1}^{8} \overline{N}_i(\xi, \eta, \zeta) z_i \tag{6-14}$$

2. 力学模型的伽辽金有限元离散

迦辽金法是一种特殊的加权剩余法，它是用形函数作为权函数，力学偏微分方程可写为（以 x 方向为例）：

$$\iiint_{\Omega} \left[d_1 \frac{\partial^2 w_x}{\partial x^2} + d_3 \frac{\partial^2 w_x}{\partial y^2} + d_3 \frac{\partial^2 w_x}{\partial z^2} + (d_2 + d_3) \frac{\partial^2 w_y}{\partial x \partial y} \right.$$

$$\left. + (d_2 + d_3) \frac{\partial^2 w_z}{\partial x \partial z} - \frac{\partial u}{\partial x} - 3\beta_T K \frac{\partial T}{\partial x} \right] \tag{6-15}$$

$$N_L(x, y, z) \mathrm{d}\Omega = 0 \ (L = 1, 2, \cdots, N)$$

由分部积分法，可得

$$\iiint_{\Omega} \left[\left(d_1 \frac{\partial w_x}{\partial x} + d_2 \frac{\partial w_y}{\partial y} + d_2 \frac{\partial w_z}{\partial z} - u - 3\beta_T KT \right) \frac{\partial N_L}{\partial x} \right.$$

$$\left. + \left(d_3 \frac{\partial w_x}{\partial y} + d_3 \frac{\partial w_y}{\partial x} \right) \frac{\partial N_L}{\partial y} + \left(d_3 \frac{\partial w_x}{\partial z} + d_3 \frac{\partial w_z}{\partial x} \right) \frac{\partial N_L}{\partial z} \right] \mathrm{d}\Omega = -\oiint_{\Omega} F_x N_L \mathrm{d}\Gamma \tag{6-16}$$

由于基函数在 D_L 内不为零，而在 D_L 以外全取零值，式（6-16）可以写为

$$\sum_{e}^{m_L} \iiint_{e} \left[\left(d_1 \frac{\partial w_x^e}{\partial x} + d_2 \frac{\partial w_y^e}{\partial y} + d_2 \frac{\partial w_z^e}{\partial z} - u^e - 3\beta_T KT^e \right) \frac{\partial N_L^e}{\partial x} \right.$$

$$\left. + \left(d_3 \frac{\partial w_x^e}{\partial y} + d_3 \frac{\partial w_y^e}{\partial x} \right) \frac{\partial N_L^e}{\partial y} + \left(d_3 \frac{\partial w_x^e}{\partial z} + d_3 \frac{\partial w_z^e}{\partial x} \right) \frac{\partial N_L^e}{\partial z} \right] \mathrm{d}\Omega = -\oiint_{\Omega \cap e} F_x N_L^e \mathrm{d}\Gamma$$

$$\tag{6-17}$$

把位移模式的近似式代入式（6-17），并按照位移合并，得

$$\sum_e^{m_L} \iiint_e \left[\sum_{i=1}^8 \left(d_1 \frac{\partial N_i^e}{\partial x} \frac{\partial N_L^e}{\partial x} + d_3 \frac{\partial N_i^e}{\partial y} \frac{\partial N_L^e}{\partial y} + d_3 \frac{\partial N_i^e}{\partial z} \frac{\partial N_L^e}{\partial z} \right) w_{xi}^e + \right.$$

$$\sum_{i=1}^8 \left(d_2 \frac{\partial N_i^e}{\partial y} \frac{\partial N_L^e}{\partial x} + d_3 \frac{\partial N_i^e}{\partial x} \frac{\partial N_L^e}{\partial y} \right) w_{yi}^e + \sum_{i=1}^8 \left(d_2 \frac{\partial N_i^e}{\partial z} \frac{\partial N_L^e}{\partial x} + d_3 \frac{\partial N_i^e}{\partial x} \frac{\partial N_L^e}{\partial z} \right) w_{zi}^e -$$

$$\left. \sum_{i=1}^8 N_i^e \frac{\partial N_L^e}{\partial x} (u_i^e - \beta_T K T_i^e) \right] \mathrm{d}\Omega = -\iint_{\Omega \cap e} F_x N_L^e \mathrm{d}\Gamma$$

$$(6\text{-}18)$$

采用简记符号，并扩展到整个区域得（y, z 方向类似）：

$$[k11]\{w_x\} + [k12]\{w_y\} + [k13]\{w_z\} + [k14]\{u\} + [k15]\{T\} = f1$$

$$[k21]\{w_x\} + [k22]\{w_y\} + [k23]\{w_z\} + [k24]\{u\} + [k25]\{T\} = f2 \qquad (6\text{-}19)$$

$$[k31]\{w_x\} + [k32]\{w_y\} + [k33]\{w_z\} + [k34]\{u\} + [k35]\{T\} = f3$$

其中刚度矩阵系数 k 按照单元建立，并根据双下标一致的原则进行累加，在单元中的计算公式为

$$k11_{Li}^e = \iiint_e \left(d_1 \frac{\partial N_i^e}{\partial x} \frac{\partial N_L^e}{\partial x} + d_3 \frac{\partial N_i^e}{\partial y} \frac{\partial N_L^e}{\partial y} + d_3 \frac{\partial N_i^e}{\partial z} \frac{\partial N_L^e}{\partial z} \right) \mathrm{d}\Omega$$

$$k12_{Li}^e = \iiint_e \left(d_2 \frac{\partial N_i^e}{\partial y} \frac{\partial N_L^e}{\partial x} + d_3 \frac{\partial N_i^e}{\partial x} \frac{\partial N_L^e}{\partial y} \right) \mathrm{d}\Omega$$

$$k13_{Li}^e = \iiint_e \left(d_2 \frac{\partial N_i^e}{\partial z} \frac{\partial N_L^e}{\partial x} + d_3 \frac{\partial N_i^e}{\partial x} \frac{\partial N_L^e}{\partial z} \right) \mathrm{d}\Omega \qquad (6\text{-}20)$$

$$k14_{Li}^e = -\iiint_e \left(N_i^e \frac{\partial N_L^e}{\partial x} \right) \mathrm{d}\Omega$$

$$k15_{Li}^e = -\beta_T K \iiint_e \left(N_i^e \frac{\partial N_L^e}{\partial x} \right) \mathrm{d}\Omega$$

$$f1_L^e = -\iint_{\Omega \cap e} F_x N_L^e \mathrm{d}\Gamma$$

　　刚度矩阵元素都是建立在真实区域上的积分，由于每个真实单元的大小和形状在计算的过程中均有可能不同，因而在真实区域上积分不方便。采用等参单元，可以将任意真实的八节点六面体单元通过下列坐标变换变成边长为 2 的立方体单元，积分可以在边长为 2 的正方体上进行。

　　根据上面的局部坐标和全局坐标的转换公式，可得

$$\begin{cases} \dfrac{\partial x}{\partial \xi} = \sum_{i=1}^{8} x_i \dfrac{\partial \overline{N}_i}{\partial \xi}, \dfrac{\partial x}{\partial \eta} = \sum_{i=1}^{8} x_i \dfrac{\partial \overline{N}_i}{\partial \eta}, \dfrac{\partial x}{\partial \zeta} = \sum_{i=1}^{8} x_i \dfrac{\partial \overline{N}_i}{\partial \zeta} \\[3mm] \dfrac{\partial y}{\partial \xi} = \sum_{i=1}^{8} y_i \dfrac{\partial \overline{N}_i}{\partial \xi}, \dfrac{\partial y}{\partial \eta} = \sum_{i=1}^{8} y_i \dfrac{\partial \overline{N}_i}{\partial \eta}, \dfrac{\partial y}{\partial \zeta} = \sum_{i=1}^{8} y_i \dfrac{\partial \overline{N}_i}{\partial \zeta} \\[3mm] \dfrac{\partial z}{\partial \xi} = \sum_{i=1}^{8} z_i \dfrac{\partial \overline{N}_i}{\partial \xi}, \dfrac{\partial z}{\partial \eta} = \sum_{i=1}^{8} z_i \dfrac{\partial \overline{N}_i}{\partial \eta}, \dfrac{\partial z}{\partial \zeta} = \sum_{i=1}^{8} z_i \dfrac{\partial \overline{N}_i}{\partial \zeta} \end{cases} \tag{6-21}$$

其中，局部形函数的偏导数为

$$\begin{cases} \dfrac{\partial \overline{N}_i}{\partial \xi} = \dfrac{1}{8} \xi_i (1 + \eta_i \eta)(1 + \zeta_i \zeta) \\[3mm] \dfrac{\partial \overline{N}_i}{\partial \eta} = \dfrac{1}{8} \eta_i (1 + \xi_i \xi)(1 + \zeta_i \zeta) \\[3mm] \dfrac{\partial \overline{N}_i}{\partial \zeta} = \dfrac{1}{8} \zeta_i (1 + \xi_i \xi)(1 + \eta_i \eta) \end{cases} \tag{6-22}$$

根据复合函数求导法则，可得到形函数关于整体坐标的导数，即

$$\begin{Bmatrix} \dfrac{\partial N_i}{\partial x} \\[3mm] \dfrac{\partial N_i}{\partial y} \\[3mm] \dfrac{\partial N_i}{\partial z} \end{Bmatrix} = [J]^{-1} \begin{Bmatrix} \dfrac{\partial \overline{N}_i}{\partial \xi} \\[3mm] \dfrac{\partial \overline{N}_i}{\partial \eta} \\[3mm] \dfrac{\partial \overline{N}_i}{\partial \zeta} \end{Bmatrix} \tag{6-23}$$

式中，雅可比矩阵[J]为

$$J = \begin{bmatrix} \dfrac{\partial x}{\partial \xi} & \dfrac{\partial y}{\partial \xi} & \dfrac{\partial z}{\partial \xi} \\[3mm] \dfrac{\partial x}{\partial \eta} & \dfrac{\partial y}{\partial \eta} & \dfrac{\partial z}{\partial \eta} \\[3mm] \dfrac{\partial x}{\partial \zeta} & \dfrac{\partial y}{\partial \zeta} & \dfrac{\partial z}{\partial \zeta} \end{bmatrix} \tag{6-24}$$

由三重积分的换元法，可以把全局坐标下的刚度矩阵各元素的计算转换为局部坐标下采用 Gauss 求积公式计算，具体计算公式为

$$k11_{ij} = \sum_{P=1}^{8} \left[|J| \left(d_1 \frac{\partial N_i}{\partial x} \frac{\partial N_j}{\partial x} + d_3 \frac{\partial N_i}{\partial y} \frac{\partial N_j}{\partial y} + d_3 \frac{\partial N_i}{\partial z} \frac{\partial N_j}{\partial z} \right) \right]_{|\xi=\xi_P, \eta=\eta_P, \zeta=\zeta_P}$$

$$k12_{ij} = \sum_{P=1}^{8} \left[|J| \left(d_2 \frac{\partial N_j}{\partial y} \frac{\partial N_i}{\partial x} + d_3 \frac{\partial N_j}{\partial x} \frac{\partial N_i}{\partial y} \right) \right]_{|\xi=\xi_P, \eta=\eta_P, \zeta=\zeta_P}$$

$$k13_{ij} = \sum_{P=1}^{8}\left[\, |J|\left(d_2 \frac{\partial N_j}{\partial z}\frac{\partial N_i}{\partial x} + d_3 \frac{\partial N_j}{\partial x}\frac{\partial N_i}{\partial z} \right)\right]\Big|_{\xi=\xi_P,\eta=\eta_P,\zeta=\zeta_P}$$

$$k14_{ij} = -\sum_{P=1}^{8}\left[\, |J|\left(N_j \frac{\partial N_i}{\partial x} \right)\right]\Big|_{\xi=\xi_P,\eta=\eta_P,\zeta=\zeta_P}$$

$$k15_{ij} = -\beta_T K \sum_{P=1}^{8}\left[\, |J|\left(N_j \frac{\partial N_i}{\partial x} \right)\right]\Big|_{\xi=\xi_P,\eta=\eta_P,\zeta=\zeta_P}$$

$$f1_L = \oiint_{\Omega \cap D_L} (N_L F_x)\,\mathrm{d}\varGamma$$

$$k21_{ij} = \sum_{P=1}^{8}\left[\, |J|\left(d_2 \frac{\partial N_j}{\partial x}\frac{\partial N_i}{\partial y} + d_3 \frac{\partial N_j}{\partial y}\frac{\partial N_i}{\partial x} \right)\right]\Big|_{\xi=\xi_P,\eta=\eta_P,\zeta=\zeta_P}$$

$$k23_{ij} = \sum_{P=1}^{8}\left[\, |J|\left(d_2 \frac{\partial N_j}{\partial z}\frac{\partial N_i}{\partial y} + d_3 \frac{\partial N_j}{\partial y}\frac{\partial N_i}{\partial z} \right)\right]\Big|_{\xi=\xi_P,\eta=\eta_P,\zeta=\zeta_P} \qquad (6\text{-}25)$$

$$k24_{ij} = -\sum_{P=1}^{8}\left[\, |J|\left(N_j \frac{\partial N_i}{\partial y} \right)\right]\Big|_{\xi=\xi_P,\eta=\eta_P,\zeta=\zeta_P}$$

$$k25_{ij} = -\beta_T K \sum_{P=1}^{8}\left[\, |J|\left(N_j \frac{\partial N_i}{\partial y} \right)\right]\Big|_{\xi=\xi_P,\eta=\eta_P,\zeta=\zeta_P}$$

$$f2_L = \oiint_{\Omega \cap D_L} (N_L F_y)\,\mathrm{d}\varGamma$$

$$k31_{ij} = \sum_{P=1}^{8}\left[\, |J|\left(d_2 \frac{\partial N_j}{\partial x}\frac{\partial N_i}{\partial z} + d_3 \frac{\partial N_j}{\partial z}\frac{\partial N_i}{\partial x} \right)\right]\Big|_{\xi=\xi_P,\eta=\eta_P,\zeta=\zeta_P}$$

$$k32_{ij} = \sum_{P=1}^{8}\left[\, |J|\left(d_2 \frac{\partial N_j}{\partial y}\frac{\partial N_i}{\partial z} + d_3 \frac{\partial N_j}{\partial z}\frac{\partial N_i}{\partial y} \right)\right]\Big|_{\xi=\xi_P,\eta=\eta_P,\zeta=\zeta_P}$$

$$k34_{ij} = -\sum_{P=1}^{8}\left[\, |J|\left(N_j \frac{\partial N_i}{\partial z} \right)\right]\Big|_{\xi=\xi_P,\eta=\eta_P,\zeta=\zeta_P}$$

$$k35_{ij} = -\beta_T K \sum_{P=1}^{8}\left[\, |J|\left(N_j \frac{\partial N_i}{\partial z} \right)\right]\Big|_{\xi=\xi_P,\eta=\eta_P,\zeta=\zeta_P}$$

$$f3_L = \oiint_{\Omega \cap D_L} (N_L F_z)\,\mathrm{d}\varGamma + \sum_{P=1}^{8} |J|\,\gamma_{\mathrm{sat}}\,\overline{N}_L\,|_{\xi=\xi_P,\eta=\eta_P,\zeta=\zeta_P}$$

　　至此，力学的有限元离散基本完成，在矩阵方程求解过程中，孔隙水压力和岩土体温度利用的是 TOUGH2 计算的结果，其被作为已知量移到右边常数项中。

6.3　mView 安装使用案例

6.3.1　mView 安装

双击 Setup 安装程序，如图 6-1 所示。

图 6-1　mView 安装启动界面

注意：路径、文件名中不能包含中文。

单击菜单栏中的 View，选择 Settings，在 Models&User Level 选项卡中 User Level 选择 Advanced，Models 中选择 TOUGH2，如图 6-2 所示。

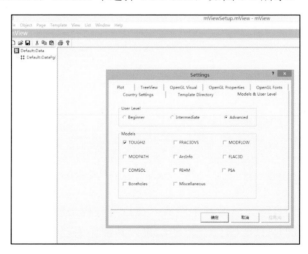

图 6-2　软件模式设置界面

在 TreeView 选项卡中勾选如图 6-3 所示选项，单击确定。

图 6-3　菜单对象 TreeView 设置界面

6.3.2　mView 界面-功能介绍

安装完成后 mView 界面如图 6-4 所示，界面包括菜单栏、工具栏、对象列表和状态栏。

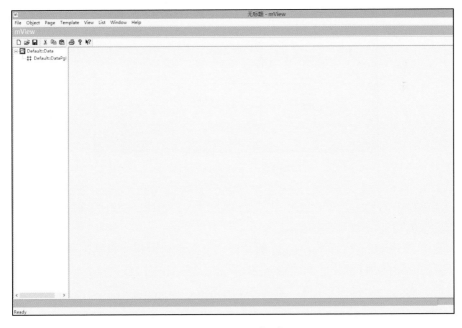

图 6-4　主界面组成

菜单栏中的 File（文件）主要用于新建、打开、存储文件，如图 6-5 所示。

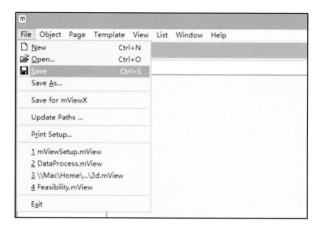

图 6-5 File（文件）界面

mView 保存文件的绝对路径，Update File Paths 用于快速更新文件路径，如图 6-6 所示。

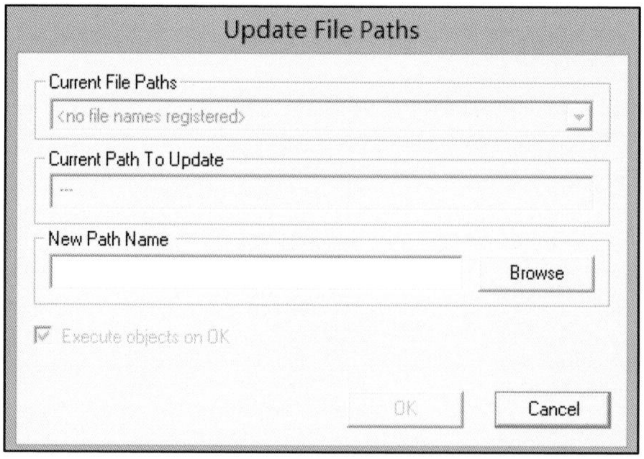

图 6-6 更新路径界面

菜单栏中的 Object（对象），定义为数据输入、处理、输出的功能体。类似于计算机中的文件，如图 6-7 所示。

其中，Gridding/Pre-Processing 的功能主要是创建网格，包括创建网格离散规则、创建非规则 2D 网格、创建规则 2D 网格、创建径向 2D 网格、创建 3D 网格、创建地层属性、合并 2D 网格、合并 3D 网格等，如图 6-8 所示。

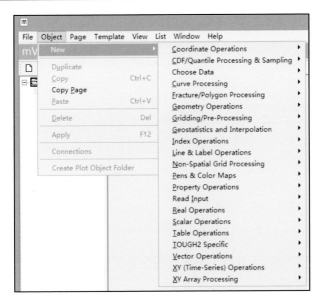

图 6-7　Object（对象）界面

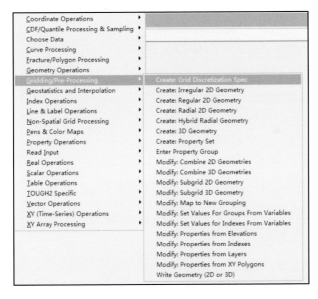

图 6-8　创建网格功能列表

Geometry Operations 的功能主要是获取网格参数。可以创建剖分切面线，获取常用网格参数，如 x, y, z 坐标，获取 TOUGH2 网格参数（中心点到边界距离，网格连接线与重力方向夹角等），如图 6-9 所示。

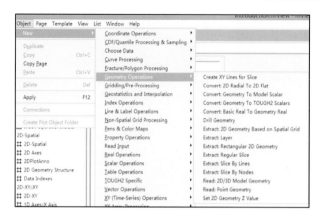

图 6-9　网格参数操作

Property Operations 主要用于属性参数的相关设置，包括创建属性组、输入属性参数、修改网格属性等，如图 6-10 所示。

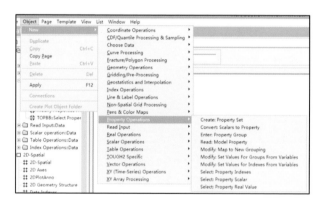

图 6-10　属性参数操作

Read Input 主要用于从磁盘读取数据，包括读取点 (x, y) 数据、坐标 (x, y, z) 数据，读取已经保存的网格数据等，如图 6-11 所示。

Scalar Operations 用于数据（标量）处理，包括创建数据，转换数据到网格、属性、表格等，以及数据变化、计算，如图 6-12 所示。

Table Operations 用于表格数据处理，包括查看、创建、输入表格数据，表格数据转换，表格数据变换和计算等，如图 6-13 所示。

Index Operations 用于索引数据处理，包括创建、提取索引数据，索引数据转换、合并，索引数据的选择、计算等，如图 6-14 所示。

Page（页面）中的 New Plot Page 的功能主要是画图，包括 2D XY 线图、2D 空间图、3D XYZ 图、3D 空间图，以及综合页面，如图 6-15 所示。

图 6-11　数据读入操作

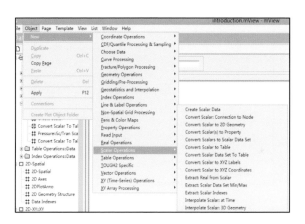

图 6-12　数据（标量）操作

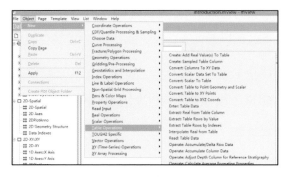

图 6-13　表格数据操作

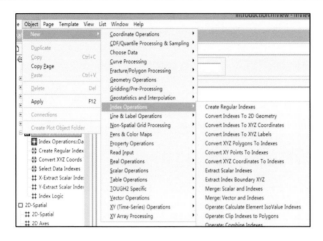

图 6-14　索引数据操作

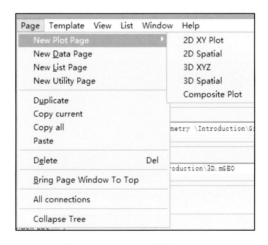

图 6-15　Page（页面）功能

New Data Page 用于建立 Data（数据）页面，如图 6-16 所示。

New Utility Page 用于建立 Utility（功能）页面，可以输出数据，以及 TOUGH2 相关文件的生成，如图 6-17 所示。

6.3.3　mView 案例操作

本部分以 TOUGH2 三维模型为例，介绍 mView 的前后处理操作过程。

1. mView 前处理操作

前处理包括生成网格，设置初始条件、边界条件，最后生成和导出 TOUGH2 可用的 MESH 和 INCON 文件。

图 6-16　Data（数据）页面

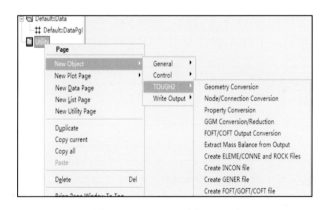

图 6-17　Utility（功能）界面

假设建立一个理想三维模型，水平均质地层，模型尺寸 50m×50m×50m。

初始条件：静水压力平衡状态，地温梯度为 0.03℃/m。

边界条件：所有边界均为无流量边界。

1）生成平面二维网格

（1）新建 mView 文件，并保存（注意文件名中不能包含中文）；

（2）重命名 Datapage 为 2D，以方便识别；

（3）新建规则二维网格，如图 6-18 所示；

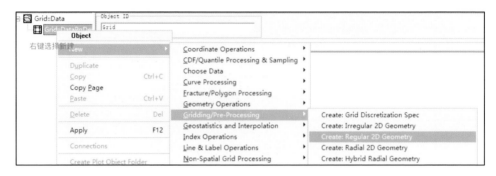

图 6-18　新建规则二维网格

（4）在 Object ID 中输入对象名称，如 2D，方便识别；

（5）网格类型中选择 Block FD，选项中选择 connection，TOUGH2 Naming 中选择 T2 namin，Nodes 选择 3，Nodes 选择 3 个字符的网格上限为 6200，可根据网格数量调整 Nodes 字符数，如图 6-19 所示；

（6）X 方向选择每个网格长 5m，共 10 个网格（节点数输入 11），Y 方向操作相同；

（7）网格平面默认为 XY 水平方向，网格平面 Z 值默认为 0；

（8）输入完毕后，单击 Apply。

图 6-19　网格类型及参数输入界面

2）显示平面二维网格结构

在菜单栏 Page 中新建 2D Spatial 画图页面，如图 6-20 所示。

单击选中 2D PlotAnno，单击右键新建 2D Geom Structure，如图 6-21 所示。

在对象属性页面中选择如图 6-22 所示的选项，并单击 Apply。

在菜单栏中选择 Window 下的 2D-Spatial，查看网格结构，如图 6-23 所示。

3）创建三维网格

在 Object（对象）中新建 3D Geometry，如图 6-24 所示。

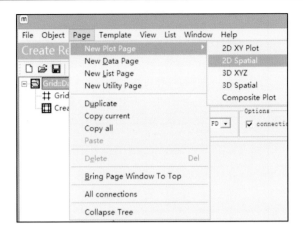

图 6-20　新建 2D Spatial 画图页面

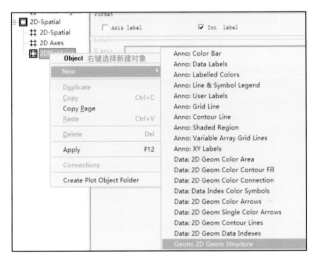

图 6-21　新建 2D Geom Structure 页面

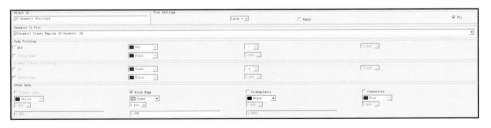

图 6-22　二维结构参数选择

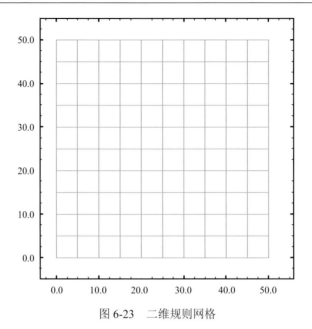

图 6-23　二维规则网格

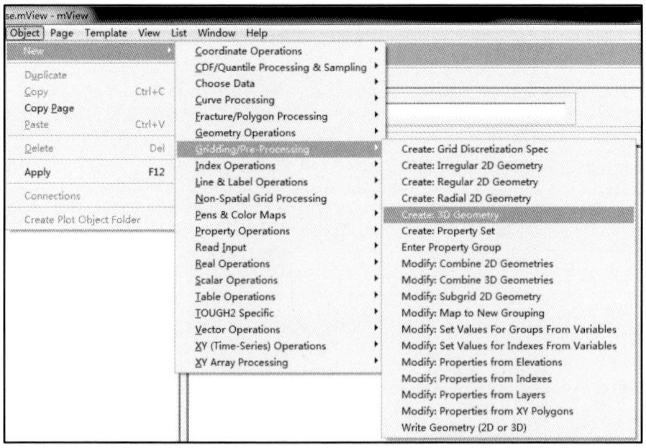

图 6-24　新建 3D Geometry 界面

在 Object（对象）属性页面中输入如图 6-25 所示的参数，单击 Apply。

图 6-25　三维结构参数选择

4）获取网格信息

获取网格坐标信息（*X,Y,Z*）。在 3D Data Page 新建对象 Object: Geometry Operations—Convert: Geometry To Model Scalar。

在对象属性页面中选择 Block Top Z，如图 6-26 所示。

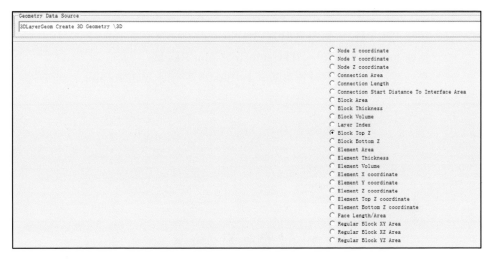

图 6-26　获取对象属性

计算 TOUGH2 模型中的网格参数（网格体积、相邻网格交界面面积、网格中心点到界面的距离 d_n、d_m，节点连线与重力的夹角 β），如图 6-27 所示。

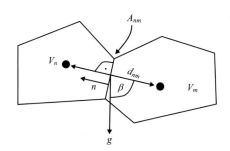

图 6-27　TOUGH2 模型中网格参数关系示意图

V_m 和 V_n 分别表示不同网格的体积；A_{nm} 表示相邻网格交界面面积；β 表示节点连线与重力的夹角；
d_{nm} 表示节点中心到网格交界面的距离；n 表示某个网格

新建对象：Convert: Geometry to TOUGH2 Scales。输入参数，如图 6-28 所示，单击 Apply。

图 6-28　TOUGH2 Scales 参数选择

5）显示立体三维网格

（1）新建 Plot Page（画图页面）：3D-Spatial；

（2）新建 Object（对象）：3D Geometry Color Blocks；

（3）在对象属性页面中设置参数，如图 6-29 所示，单击 Apply；

图 6-29　3D-Spatial 页面设置

（4）在 3D-Spatial 新建 Color Bar，在对象属性页面输入参数，如图 6-30 所示，单击 Apply；

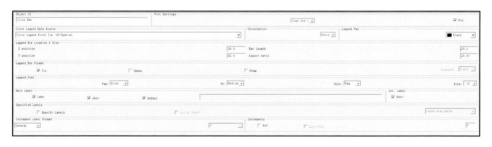

图 6-30　Color Bar 参数选择

3D 网格显示如图 6-31 所示。

6）设置地层信息

（1）新建 Data Page（数据页面）：Property Operations: Create Property Set；

（2）设置对象属性页面，如图 6-32 所示，单击 Apply；

（3）数据页面新建 Property Operations—Enter Property Group；

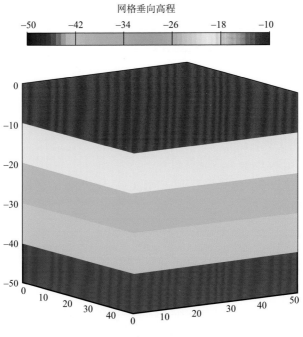

图 6-31　3D 网格显示

图 6-32　地层信息页面设置

（4）设置对象属性页面，选择 Update From，输入 Group Name，如图 6-33 所示，单击 Apply；

图 6-33　地层参数设置

（5）数据页面新建 Gridding/Pre-Processing—Modify Properties From Layers；

（6）设置对象属性页面，如图 6-34 所示，单击 Apply。

图 6-34　各层岩性设置

7）输出 TOUGH2 文件

（1）新建 Utility Page（功能页面）；

（2）设置对象属性，选择保存 ELEME/CONNE File 的名称和路径，如图 6-35 所示，单击 Apply。

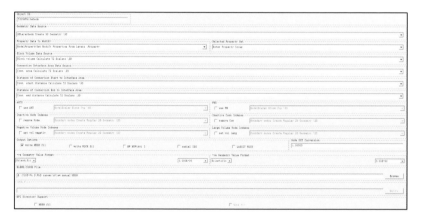

图 6-35　MESH 文件输出设置

MESH 文件包括 ELEME 和 CONNE 数据，如图 6-36 所示。

1	ELEME----1----*----2----*----3----*----4----*----5----*----6----*----7----*----8 **CRLF**
2	00000......SOIL.2.500E+02............................2.500E+00.2.500E+00.-5.00E+00 **CRLF**
3	00001......SOIL.2.500E+02............................2.500E+00.7.500E+00.-5.00E+00 **CRLF**
4	00002......SOIL.2.500E+02............................2.500E+00.1.250E+01.-5.00E+00 **CRLF**
5	00003......SOIL.2.500E+02............................2.500E+00.1.750E+01.-5.00E+00 **CRLF**
6	00004......SOIL.2.500E+02............................2.500E+00.2.250E+01.-5.00E+00 **CRLF**
7	00005......SOIL.2.500E+02............................2.500E+00.2.750E+01.-5.00E+00 **CRLF**
8	00006......SOIL.2.500E+02............................2.500E+00.3.250E+01.-5.00E+00 **CRLF**
9	00007......SOIL.2.500E+02............................2.500E+00.3.750E+01.-5.00E+00 **CRLF**
10	00008......SOIL.2.500E+02............................2.500E+00.4.250E+01.-5.00E+00 **CRLF**
503	CONNE----1----*----2----*----3----*----4----*----5----*----6----*----7----*----8 **CRLF**
504	0000000001...................2.2.500E+00.2.500E+00.5.000E+01.0.000E+00 **CRLF**
505	0000100002...................2.2.500E+00.2.500E+00.5.000E+01.0.000E+00 **CRLF**
506	0000200003...................2.2.500E+00.2.500E+00.5.000E+01.0.000E+00 **CRLF**
507	0000300004...................2.2.500E+00.2.500E+00.5.000E+01.0.000E+00 **CRLF**
508	0000400005...................2.2.500E+00.2.500E+00.5.000E+01.0.000E+00 **CRLF**
509	0000500006...................2.2.500E+00.2.500E+00.5.000E+01.0.000E+00 **CRLF**
510	0000600007...................2.2.500E+00.2.500E+00.5.000E+01.0.000E+00 **CRLF**
511	0000700008...................2.2.500E+00.2.500E+00.5.000E+01.0.000E+00 **CRLF**
512	0000800009...................2.2.500E+00.2.500E+00.5.000E+01.0.000E+00 **CRLF**
513	0010000101...................2.2.500E+00.2.500E+00.5.000E+01.0.000E+00 **CRLF**
514	0010100102...................2.2.500E+00.2.500E+00.5.000E+01.0.000E+00 **CRLF**

图 6-36　输出的部分 MESH 文件

8）切割地层剖面

（1）在 3D 数据页面中新建 Line&Lable Operation—Create XY Lines For Slice；

（2）设置对象属性，如图 6-37 所示，单击 Apply；

图 6-37　剖面切割参数设置

（3）在 3D 数据页面中新建 Geometry Operations—Extract Slice By Lines；

（4）设置对象属性（沿 X 方向切割剖面），如图 6-38 所示，单击 Apply；

（5）重复第（3）和第（4）步，选择沿 Y 方向切割剖面；

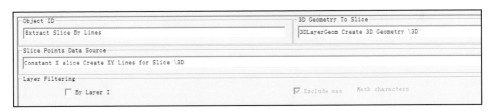

图 6-38　剖面切割方向设置

（6）3D 画图页面中新建 2D Geometry Color Fill；

（7）设置对象属性，如图 6-39 所示，单击 Apply；

（8）重复第（6）和第（7）步，设置两个不同轴剖面的 Geometry Color Fill，可在其中一个剖面的 Color Map 中选择 Greyscale，以方便区分；

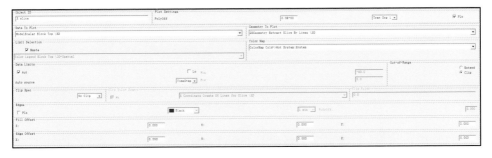

图 6-39　Geometry Color Fill 属性设置

（9）切割后的剖面如图 6-40 所示。

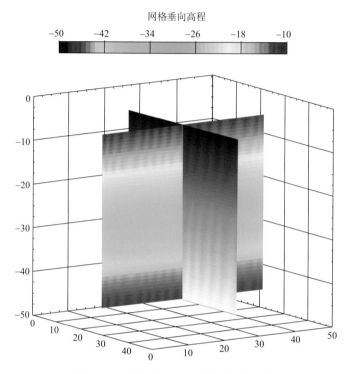

图 6-40　X 方向和 Y 方向地层剖面切割图

9）显示井孔位置

（1）在 Property 数据页面中新建 Line&Lable Operations—Enter XYZ Coordinates；

（2）设置井孔坐标，如图 6-41 所示，单击 Apply；

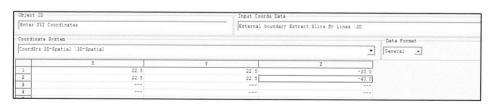

图 6-41　设置井孔坐标

（3）在 Property 数据页面中新建 Index Operations—Convert XYZ Coords To Indexes；

（4）设置对象属性，如图 6-42 所示，单击 Apply；

图 6-42　Index 设置

（5）在 Property 数据页面中新建 Gridding/Pre-Processing—Modify Properties From Indexes；

（6）设置对象属性，如图 6-43 所示，单击 Apply；

图 6-43　Modify Properties From Indexes 设置

（7）在 Property 数据页面中新建 Property Operations—Select Property Scalar；

（8）设置对象属性，如图 6-44 所示，单击 Apply。

图 6-44　Select Property Scalar 设置

10）设置初始条件：初始压强分布和初始温度

根据坐标信息计算网格中的流体压力、温度。在静水压力平衡状态下，可通过 mView 直接计算初始状态参数，如 $P=P_0+\rho gh$，P 表示压力，P_0 表示大气压力（或模型顶部压力），ρ 表示水的密度，g 表示重力加速度，h 表示网格节点到地表（模型顶部）的距离。

（1）新建数据页面，选择 Geometry Operations—Convert Geometry To Model Scalar；

（2）设置对象属性，如图 6-45 所示，单击 Apply；

（3）数据页面中选择 Scalar Operations—Scale/Transform Scalar；

（4）设置对象属性，如图 6-46 所示，单击 Apply；

图 6-45　Convert Geometry To Model Scalar 设置

图 6-46　Scale/Transform Scalar 设置（一）

（5）在数据页面中选择 Scalar Operations—Scalar Statistics；

（6）在对象属性页面中选择如图 6-47 所示的选项，单击 Apply；

图 6-47　Scalar Statistics 设置

（7）在数据页面中选择 Scalar Operations—Scale/Transform Scalar；

（8）在对象属性页面中选择如图 6-48 所示的选项，单击 Apply；

图 6-48　Scale/Transform Scalar 设置（二）

（9）在数据页面中新建 Scalar Operation—Convert Scale To Table；

（10）在对象属性页面中选择如图 6-49 所示的选项，单击 Apply；

图 6-49　Convert Scale To Table 设置

（11）在数据页面中新建 Table Operations—View Table，即可在对象属性页面中查看初始压强表格数据，如图 6-50 所示；

图 6-50　初始压强表格数据

（12）新建 3D Spatial 图形，命名为 pressure；

（13）设置压强属性，如图 6-51 所示，单击 Apply；

图 6-51　压强参数设置页面

（14）在画图页面新建 Color Bar；

（15）在 Windows 中查看初始压强分布如图 6-52 所示；

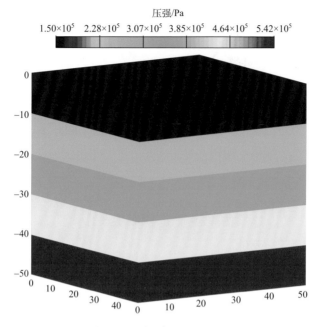

图 6-52　初始压强分布图

（16）重复以上步骤计算查看初始温度分布；

根据地表温度和地温梯度计算所有网格的初始温度：$T=T_0+T_g\times h$，其中假设地表温度 $T_0=20℃$　；地温梯度 T_g 为 $0.03℃/m$。

初始温度分布表格数据如图 6-53 所示。

Object ID				Input Table Data	
View Table				Scalar table Convert Scalar To Table \Initial cond.	

Data Format

| General ▾ | | | | | 5 ▾ |

	X	Y	Z	Temperature	
00000	2.5	2.5	-15.0	20.15	
00001	2.5	7.5	-15.0	20.15	
00002	2.5	12.5	-15.0	20.15	
00003	2.5	17.5	-15.0	20.15	
00004	2.5	22.5	-15.0	20.15	
00005	2.5	27.5	-15.0	20.15	
00006	2.5	32.5	-15.0	20.15	
00007	2.5	37.5	-15.0	20.15	
00008	2.5	42.5	-15.0	20.15	
00009	2.5	47.5	-15.0	20.15	
00100	7.5	2.5	-15.0	20.15	

图 6-53　初始温度分布表格数据

在 Windows 查看温度分布，如图 6-54 所示。

温度/℃

20.1　20.4　20.6　20.9　21.1　21.4

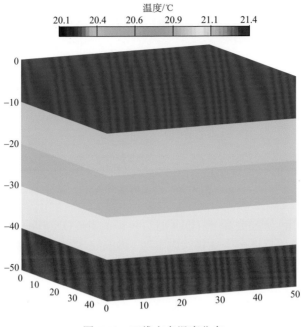

图 6-54　三维方向温度分布

（17）在 Initial Condition 的数据页面中新建 Scalar Operations—Create Scalar Data；

（18）在对象属性页面中选择如图 6-55 所示的选项，单击 Apply；

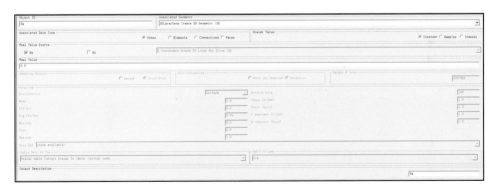

图 6-55　建立 Scalar 数据设置

（19）重复步骤（17），设置对象属性，如图 6-56 所示，单击 Apply；

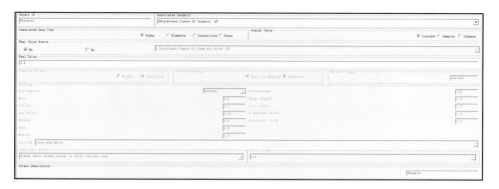

图 6-56　对象属性设置

（20）在 Utility 页面中新建 TOUGH2—Create INCON File；

（21）在对象属性页面中选择对应参数，如图 6-57 所示，单击 Apply；

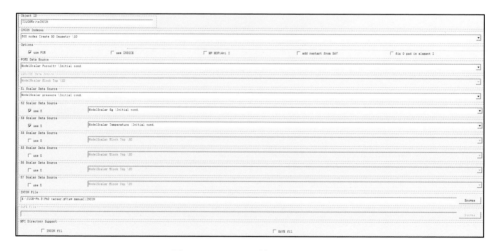

图 6-57　INCON 输出页面设置

输出的部分 INCON 文件如图 6-58 所示。

本案例中假设初始孔隙度为 0.2，初始气相饱和度为 0。

11）设置边界条件

（1）如果要设置恒定压强边界，TOUGH2 模型中认为网格体积无限大的为恒定压强边界，则可以在 3D Data 页面新建 Geometry Operations—Extract Layer，如图 6-59 所示（如设置第一层为恒定压强边界）；

（2）在功能页面导出 MESH 文件页面设置，如图 6-60 所示。

```
1   INCON----1----*----2----*----3----*----4----*----5----*----6----
2   00000                    2.00000000E-01
3     1.500000000000E+05  0.000000000000E+00  2.015000000000E+01
4   00001                    2.00000000E-01
5     1.500000000000E+05  0.000000000000E+00  2.015000000000E+01
6   00002                    2.00000000E-01
7     1.500000000000E+05  0.000000000000E+00  2.015000000000E+01
8   00003                    2.00000000E-01
9     1.500000000000E+05  0.000000000000E+00  2.015000000000E+01
10  00004                    2.00000000E-01
11    1.500000000000E+05  0.000000000000E+00  2.015000000000E+01
12  00005                    2.00000000E-01
13    1.500000000000E+05  0.000000000000E+00  2.015000000000E+01
14  00006                    2.00000000E-01
15    1.500000000000E+05  0.000000000000E+00  2.015000000000E+01
16  00007                    2.00000000E-01
17    1.500000000000E+05  0.000000000000E+00  2.015000000000E+01
18  00008                    2.00000000E-01
19    1.500000000000E+05  0.000000000000E+00  2.015000000000E+01
```

图 6-58　输出的部分 INCON 文件

图 6-59　恒定压强边界层数选择

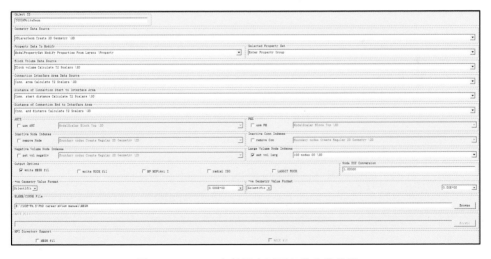

图 6-60　MESH 文件导出页面相关参数设置

2. mView 后处理操作

（1）在功能页面中新建 Write Output—Geometry；
（2）在对象属性页面中选择选项，生成 mGEO 文件，如图 6-61 所示，单击 Apply；

图 6-61　生成 mGEO 文件

（3）在功能页面中新建 TOUGH2—Output Conversion；
（4）在对象属性页面中选择如图 6-62 所示的选项，导入模拟的 OUTPUT 文件和生成的 mGEO 文件，并保存一个 mDAT 文件，单击 Apply；

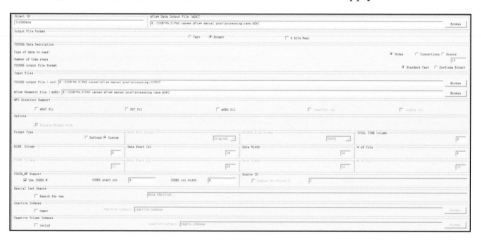

图 6-62　生成 mDAT 文件

（5）新建数据页面，改名为 case.mDAT；
（6）在数据页面中新建 Scalar Operations—Read: Scalar Data Set；
（7）页面中输入选项，如图 6-63 所示，单击 Apply；

图 6-63　读取 Scalar 数据设置

（8）在数据页面中新建 Scalar Operations—Select: Scalar Data Set；

（9）将 Object ID 改为 Sg；

（10）在页面中输入选项，如图 6-64 所示，单击 Apply；

图 6-64　Scalar 数据设置

（11）新建 3D Spatial—3D Color Blocks，将 Object ID 改为 Sg；

（12）在页面中输入选项，如图 6-65 所示，单击 Apply；

图 6-65　3D Spatial 设置

（13）在 3D Spatial 中新建 Anno: Data Labels，改名为 Time；

（14）在页面中输入选项，如图 6-66 所示，单击 Apply；

图 6-66　Data Labels 设置

（15）在 3D Spatial 中新建 Anno: Color Bar，改名为 Sg；

（16）在页面中输入选项，如图 6-67 所示，单击 Apply；

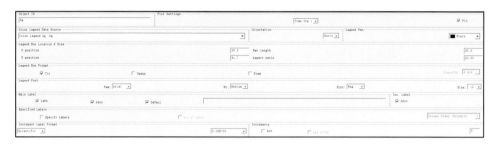

图 6-67　Color Bar 设置

（17）在 Windows 中查看模拟 1 天、5 天和 10 天后的 Sg 剖面变化，如图 6-68 所示；

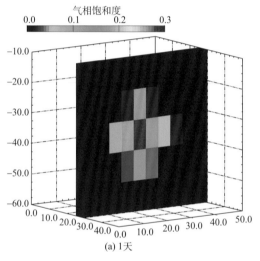

(a) 1天

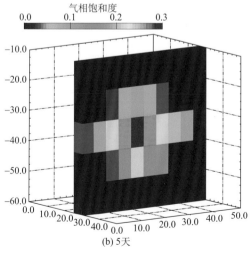

(b) 5天

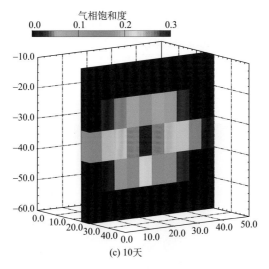

(c) 10天

图 6-68　垂向上不同时间 Sg 分布

（18）还可以通过新建 2D-Spatial—Data: 2D Geometry Color Area，查看 2D 方向的 Sg 变化；

（19）在页面中设置参数，如图 6-69 所示，单击 Apply；

图 6-69　Color Area 设置

（20）在 2D Spatial 中新建 Anno: Color Bar，改名为 Sg；

（21）在页面中输入选项，如图 6-70 所示，单击 Apply；

图 6-70　Color Bar 设置

注：查看哪一层的变化就导入该层的 Geometry，本案例中砂岩层在 02 层

（22）同样可以建立 Data Labels，查看 2D 方向气相饱和度变化，如图 6-71 所示。

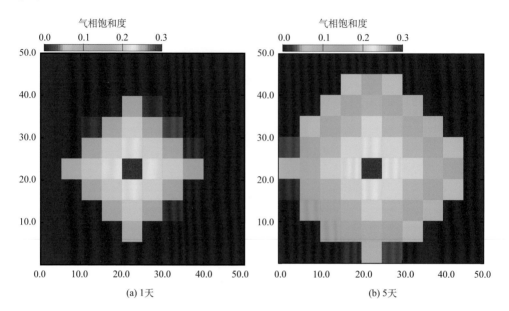

(a) 1天　　　　　　　　　　　　　　(b) 5天

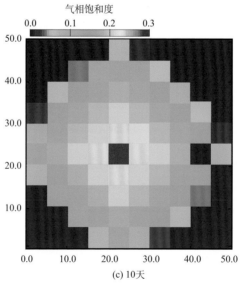

(c) 10天

图 6-71　平面上不同时间气相饱和度分布

6.4 TOUGHMESH 使用案例

6.4.1 一般使用步骤

利用 TOUGHMESH 进行 TOUGH2 网格设计，一般按照以下步骤进行。

（1）根据控制条件生成三角网格。在已有研究区的背景图基础上，导入平面网格剖分的控制要素，包括外边界、Repository 边界、Faults 边界、Drifts 边界和 Borehole 顶点，然后进行网格自动剖分。如果对剖分结果不满意，可以修改控制条件重新剖分。

（2）实体模型生成。包括二维网格数据（由模块自动生成）、地面高程信息、模拟层厚度信息。

（3）油藏属性。油藏参数输入，包括颗粒密度、渗透率、孔隙率、热传导系数、比热容、孔隙压缩系数、孔隙热膨胀系数、相对渗透率函数和毛细压力函数等。

（4）定压边界。选出一类边界所在的节点。

（5）源汇数据。给出源汇项和二类边界等具体数值。

（6）生成模拟计算程序所需数据。生成模型所需的数据并利用 Format_Convert.exe 生成固定格式的数据。

（7）运行模型。调用数值计算程序运行模型。

（8）结果后处理。生成不同时间剖面的 Tecplot 可读格式文件。

6.4.2 二维网格生成所需的文件格式

二维多边形网格生成界面如图 6-72 所示，可生成二维网格。

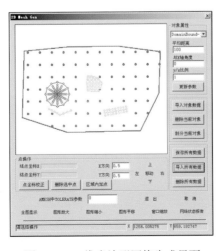

图 6-72　二维多边形网格生成界面

1. DomainBound *数据*

数据文件格式：

DomainBound

x_1　y_1

x_2　y_2

x_3　y_3

...

x_n　y_n

表示由 (x_1, y_1)、(x_2, y_2)、...、(x_n, y_n) 确定的区域，该区域有数据且唯一。

该区域剖分时需要准备如下信息：平均距离、与 x 轴的夹角、y/x 比例，分别表示 x 方向剖分的距离、所增加点与 x 轴的夹角、y 方向剖分的距离（x 方向剖分的距离乘以 y/x 比例）。

平均距离为 100m、与 x 轴的夹角为 0°、y/x 比例为 1 剖分的图形如图 6-73 所示。

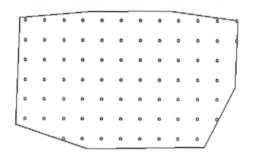

图 6-73　与 x 轴的夹角为 0 时数据点示意图

平均距离为 100m、与 x 轴的夹角为 45°、y/x 比例为 1 剖分的图形如图 6-74 所示。

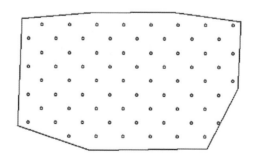

图 6-74　　与 x 轴的夹角为 45°时数据点示意图

平均距离为 100m、与 x 轴的夹角为 45°、y/x 比例为 2 剖分的图形如图 6-75 所示。

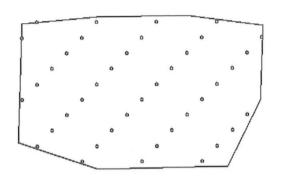

图 6-75　y/x 比例为 2 时数据点示意图

2. Repository 数据

数据文件格式:

> Repository
>
> x_1　y_1
>
> x_2　y_2
>
> x_3　y_3
>
> ...
>
> x_n　y_n

表示由 (x_1, y_1)、(x_2, y_2)、...、(x_n, y_n) 确定的需采用不同疏密的区域,该区域可有若干个。

该区域剖分时需要准备如下信息:平均距离、与 x 轴的夹角、y/x 比例,分别表示 x 方向剖分的距离、所增加点与 x 轴的夹角、y 方向剖分的距离(x 方向剖分的距离乘以 y/x 比例)。

如果外围边界参数为平均距离为 100m、与 x 轴的夹角为 0°、y/x 比例为 1;内部加密边界的参数为平均距离为 20m、与 x 轴的夹角为 0°、y/x 比例为 1,则剖分如图 6-76 所示。

3. Drifts 数据

文件格式:

> Drifts
>
> x_1　y_1

$$x_2 \quad y_2$$
$$x_3 \quad y_3$$
$$\cdots$$
$$x_n \quad y_n$$

表示由 (x_1, y_1)、(x_2, y_2)、$\cdots$、(x_n, y_n) 连接而成的线段，可有若干个。

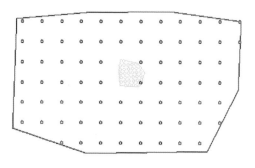

图 6-76　疏密的区域示意图

该区域剖分时需要准备如下信息：平均距离、最小距离和 y/x 比例，其中 y/x 比例数据这里没有使用，平均距离表示线段剖分时的距离，最小距离表示区域外围与线段中所有增加点的最小距离，如区域外的点与线段中点的距离小于最小距离，则区域外的点将被过滤掉。

如果线段剖分参数中平均距离为 20m、最小距离为 20m，则剖分示意图如图 6-77 所示。

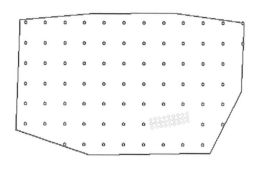

图 6-77　Drifts 剖分示意图

4. Faults 数据

文件格式：

Faults

$$x_1 \quad y_1$$
$$x_2 \quad y_2$$
$$x_3 \quad y_3$$
$$\cdots$$
$$x_n \quad y_n$$

表示由 (x_1, y_1)、(x_2, y_2)、$\cdots$、(x_n, y_n) 连接而成的线段，可有若干个。

该区域剖分时需要准备如下信息：平均距离、最小距离和 y/x 比例，其中 y/x 比例数据这里没有使用，平均距离表示线段剖分时的距离，最小距离表示区域外围与线段中所有增加点的最小距离，在线段两侧将增加距离为最小距离的两排点；另外，如果区域外的点与线段中点的距离小于最小距离，则区域外的点将被过滤掉。

如果线段剖分参数中平均距离为 20m、最小距离为 0m，则剖分示意图如图 6-78 所示。

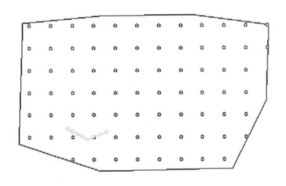

图 6-78　Faults 剖分示意图

5. Borehole 数据

文件格式：

Borehole
$$x_1 \quad y_1$$
$$x_2 \quad y_2$$
$$\cdots$$
$$x_n \quad y_n$$

表示有 n 个圆点，n 个圆圆心分别在 (x_1, y_1)、(x_2, y_2)、$\cdots$、(x_n, y_n)。如果一个圆对象剖分参数中平均距离为 100m，最小距离为 1m，步长因子为 2，则剖分示意图如图 6-79 所示。

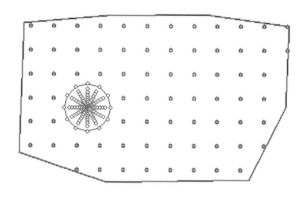

图 6-79　Borehole 剖分示意图

6.4.3　程序界面及功能

程序主界面如图 6-80 所示，TOUGHMESH 的菜单分为文件、视图、前处理、选项和帮助共 5 组。

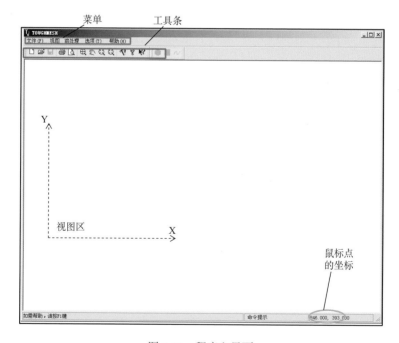

图 6-80　程序主界面

1. 文件

（1）新建工程。新建文件将关闭当前文件，并清空图形区。

（2）打开工程。打开一个已有的项目工程文件（文件格式为*.coj 格式）。

（3）保存工程。保存项目工程文件。

（4）关闭工程。关闭正在打开的项目工程文件。

（5）打印。在计算机连接的打印机上打印当前图形区的内容。

（6）打印预览。预览当前将要打印的图形。

（7）打印设置。对打印方式进行设置。

（8）图形导入。在图形区插入各种格式的图形。可以导入的图形文件类型很多，包括 Mapgis 明码文件（*.wat、*.wal、*.wap）、Surfer bln 格式文件、BMP、WMF、*.jpg 和*.tif 等格式的图形文件。选择菜单中图形导入之后，程序将弹出一个对话框，用来选择不同格式的文件，在默认条件下是选择 AutoCAD *.dxf 图形文件。当选择*.dxf、Mapgis 明码文件（*.wat、*.wal、*.wap）和 Surfer bln 格式的文件时，图形格式为矢量的格式。而导入其他类型的文件时，图形没有坐标信息，因此需进行坐标校正。

在图形区插入 Mapgis 软件的明码格式图形，选择菜单中图形导入之后，程序将弹出一个对话框，如图 6-81 所示。分别选定 Mapgis 明码点文件、Mapgis 明码线文件、Mapgis 明码区文件的路径，单击确定之后即可把 Mapgis 图形显示在图形区。

图 6-81　导入 Mapgis 底图界面

.dxf 和.bln 文件可直接导入，当选择*.gif、*.jpg、*.tif、*.wmf 格式的图形时，图形应该加入坐标信息，因此程序中需要加入两个坐标配准点来确定图形所在的位置及图形大小（图 6-82）。

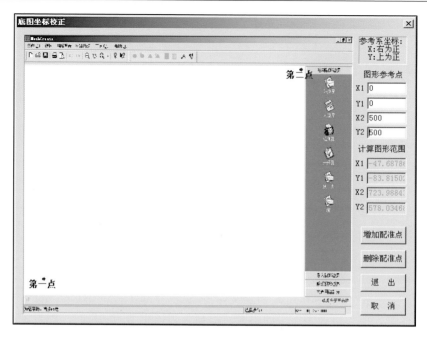

图 6-82　底图坐标校正界面

（9）最近文件。在新建或打开文件时，按保存文件时间，最近访问的文件会被记录在最近文件目录中。

（10）退出。关闭图形，退出程序。

2. 视图

（1）全图缩放。在图形区显示全部图形。

（2）相对平移。将图形沿任意方向平移一段距离。

（3）窗口放大。屏幕图形按选取的矩形进行放大。

（4）图形缩小。按一定比例缩小图形。

（5）重画上屏。按照平移或缩放前的基点位置和缩放比例显示图形。

（6）屏幕刷新。更新当前显示的图形。

（7）工具栏。显示或更新标准工具栏、辅助工具栏和单元信息栏。

（8）状态栏。显示或关闭状态栏。

3. 前处理

（1）2D MESH。生成二维网格文件。

（2）实体模型生成。输入网络高程及各层模拟层厚度数据。

（3）分区参数输入。输入与修改油藏参数。

（4）初始条件输入。确定默认初始参数及查看初始压力数据。

（5）源汇项输入。输入源汇项数据。

（6）输出网格至 Tecplot。将已有的 2D/3D 网格输出至 Tecplot 可读的明码格式文件。

（7）生成模型数据。生成 TOUGH2 程序所需的数据并进行格式转化。

4. 选项

（1）程序设置。设置程序运行的参数及环境，包括网格表示字符数、网格排列方式、平面网格方向，以及显示设置，如图 6-83 所示。

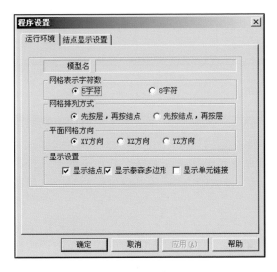

图 6-83　程序设置界面

（2）2D 模型。模型模拟设为 1 层。

（3）3D 模型。改变模型模拟层数。

6.4.4　网格生成案例操作

1. 实体模型生成

选择"前处理"菜单中的"实体模型生成"子菜单则进入实体模型工作，其界面如图 6-84 所示。

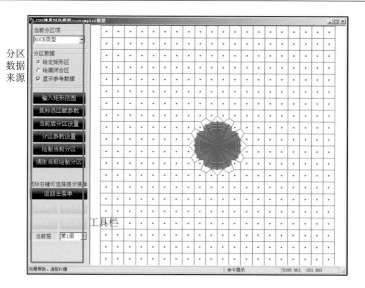

图 6-84　实体模型生成界面

　　用户可选择文件导入已知钻孔点各层厚度数据。将之前整理好的各模拟层厚度数据形成文件，然后在程序中导入，再用 Kriging 插值方法进行插值。若因已知厚度点过少或已知点分布不均，插值结果与水文地质条件不符，可按已知的水文地质条件和其他信息（如物探等），在上述工作的基础上用鼠标加入辅助参考点再进行插值。

　　各节点地面高程的形成方法与各层厚度数据形成方法基本一样，不同的是，对于各节点地面高程数据，在导入已知监测点的地面高程数据后，可依据数字地形等高线图，增加大量已知的地形标高点，使得新增的点插值形成的地面高程等值线与原地形图等高线一致。以增加地面高程插值点为例，说明交互界面下点的输入，在默认情况下，鼠标右键的操作即插值点和网格点数据操作。

　　当选择插值点输入与编辑时，在视图区需加入插值点的位置单击鼠标左键，在出现的对话框中地面高程栏修改插入点的高程值，选择增加记录，退出。用户可依次加入各个插值点。输入完毕后，可选择插值方法进行插值。

2. 分区参数生成

　　选择"前处理"菜单中的"分区参数生成"子菜单则进入油藏参数分区工作界面，其界面如图 6-85 所示。

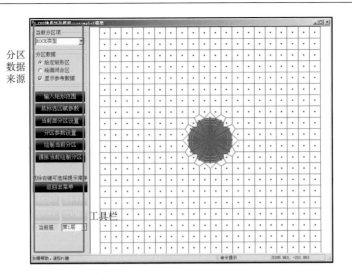

图 6-85　分区参数生成界面

根据油藏条件，用鼠标绘制封闭区域，可形成或编辑区内各节点的分区序号；确认分区数据为绘画闭合区，在视图区选定绘制图形范围，再在左边工具栏中选择鼠标选区赋参数，然后在视图区单击已绘制封闭区，则弹出区域内节点分区号信息框。

3. 源汇项输入

选择"前处理"菜单中的"源汇项输入"子菜单则进入源汇项、定压力边界及单点 FOFT 输入点设置的工作界面，其界面如图 6-86 所示。

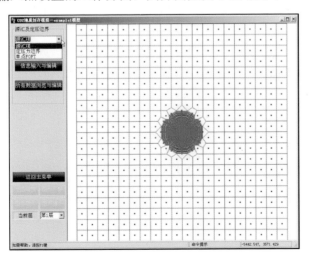

图 6-86　源汇项输入界面

4. 输出网格至 Tecplot

选择"前处理"菜单中的"输出网格至 Tecplot"子菜单则可将已建立的实体模型输出至 Tecplot，可读入并显示，如图 6-87 所示。

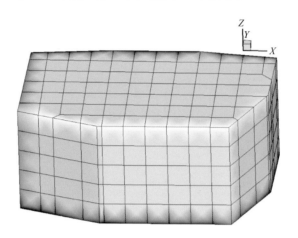

图 6-87　Tecplot 中打开已生成的网格文件示意图

5. 二维剖分网格案例

准备并输入二维剖分所需的数据，可生成典型区域如图 6-88 所示的网格。

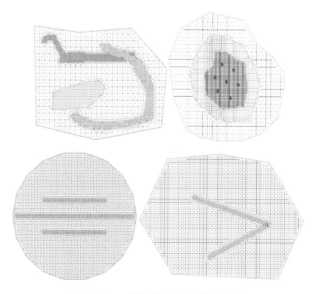

图 6-88　二维网格剖分案例示意图

参 考 文 献

曹龙, 边利恒. 2013. CO₂地质封存技术与封存潜力评价方法研究进展. 地下水, 35(6): 211-213.

陈墨香, 汪集旸. 1994. 中国地热研究的回顾和展望. 地球物理学报, 37: 320-338.

刁玉杰, 张森琦, 郭建强, 等. 2012. 深部咸水层二氧化碳地质储存场地选址储盖层评价. 岩土力学, 33: 2422-2428.

多吉. 2003. 典型高温地热系统——羊八井热田基本特征. 中国工程科学, 1: 42-47.

多吉, 曾毅, 焦兴义, 等. 2007. 西藏地热发电的回顾与思考. 中国地热资源开发与保护——全国地热资源开发利用与保护考察研究论文集. 北京: 地质出版社: 46-49.

范基姣, 张森琦, 郭建强, 等. 2013. 水环境同位素技术在二氧化碳地质储存中的应用探讨. 水文地质工程地质, 40(1): 106-109.

冯波, 许佳男, 许天福, 等. 2019. 化学刺激技术在干热岩储层改造中的应用与最新进展. 地球科学与环境学报, 41(5): 577-591.

高宝珠, 曾梅香. 2007. 地热对井运行系统中回灌井堵塞原因浅析及预防措施. 水文地质工程地质, 2: 75-80.

高宗军, 曹红, 王敏, 等. 2009. 地热水资源开发与环境保护. 地下水, 31(1): 78-83.

郭朝斌, 张可霓, 李采. 2016. 压缩空气含水层储能系统设计及可行性分析. 同济大学学报(自然科学版), 44(7): 1107-1112.

郭剑, 陈继良, 曹文炅, 等. 2014. 增强型地热系统研究综述. 电力建设, 35(4): 10-24.

郭丽华. 2009. 地热资源开发产业投资基金研究. 长春: 吉林大学.

韩再生. 2010. 行业标准《浅层地热能勘查评价规范》的编制和应用. 水文地质工程地质, 37(3): 133-134.

何家欢, 张苏, 刘生国, 等. 2015. 关于 Laplace 数值反演 Stehfest 算法适用性的一点思考. 油气井测试, 24(4): 18-20.

何满潮, 李启民. 2005. 地热资源梯级开发可持续应用研究. 矿业研究与开发, 3: 37-40.

胡剑, 苏正, 吴能友, 等. 2014. 增强型地热系统热流耦合水岩温度场分析. 地球物理学进展, 29(3): 1391-1398.

胡立堂, 张可霓, 邓媛媛. 2010. 基于多边形的 TOUGH2 模拟器网格生成方法. 工程勘察, 38(12): 32-37.

蒋林, 季建清, 徐芹芹. 2013. 渤海湾盆地应用增强型地热系统(EGS)的地质分析. 地质与勘探, 49(1): 167-178.

雷宏武. 2010. ××城地面沉降特征与机理分析及数值模拟研究. 武汉: 中国地质大学.

雷宏武, 金光荣, 李佳琦, 等. 2014. 松辽盆地增强型地热系统(EGS)地热能开发热水动力耦合过程. 吉林大学学报(地球科学版), 44(5): 1633-1646.

李虞庚, 蒋其垲, 杨伍林. 2007. 关于高温岩体地热能及其开发利用问题. 石油科技论坛, 1: 28-40.

梁廷立. 1993. 羊易地热田勘探工作方法的初步研究. 中国西藏高温地热开发利用国际研讨会论文选. 北京: 地质出版社: 154-159.

廖忠礼, 张予杰, 陈文彬, 等. 2006. 地热资源的特点与可持续开发利用. 中国矿业, 10: 8-11.

刘久荣. 2003. 地热回灌的发展现状. 水文地质工程地质, 3: 100-104.

刘文毅, 杨勇平, 宋之平. 2005. 压缩空气蓄能(CAES)系统集成及性能计算. 工程热物理学报, S1: 25-28.

刘文毅, 杨勇平. 2007. 微型压缩空气蓄能系统静态效益分析与计算. 华北电力大学学报(自然科学版), 2: 1-3.

刘雪玲, 朱家玲. 2009. 新近系砂岩地热回灌堵塞问题的探讨. 水文地质工程地质, 36(5): 138-141.

刘延忠. 2001. 中国地热资源开发与利用的思考. 中国矿业, 5: 7-11.

卢润, 安玉仙, 梁廷立. 1992. 西藏羊易地热田开发方案论述. 中国西藏高温地热开发利用国际研讨会论文选: 111-120.

吕太, 高学伟, 李楠. 2009. 地热发电技术及存在的技术难题. 沈阳工程学院学报, 5(1): 5-8.

那金, 冯波, 兰乘宇, 等. 2014. CO_2 化学刺激剂对增强地热系统热储层的改造作用. 地热能, 45(7): 2447-2458.

庞忠和, 胡圣标, 汪集旸. 2012. 中国地热能发展路线图. 科技导报, 30(32): 18-24.

彭佳龙, 陈广浩, 周蒂, 等. 2013. 珠江口盆地惠州 21-1 构造二氧化碳地质封存数值模拟. 海洋地质前沿, 29(9): 59-70.

邵昆, 李宏志. 2009. 地热水开发利用应注意的两个问题. 可再生能源, 27(1): 115-116.

申建梅, 陈宗宇, 张古彬. 1998. 地热开发利用过程中的环境效应及环境保护. 地球学报, 4: 67-73.

施小清, 张可霓, 吴吉春. 2009. TOUGH2 软件的发展及应用. 工程勘察, 37(10): 29-34.

汪集旸. 1989. 李四光教授倡导的中国地热研究. 第四纪研究, 3: 279-285.

汪集旸, 孙占学. 2001. 神奇的地热. 北京: 清华大学出版社.

汪训昌. 2007. 关于发展地源热泵系统的若干思考. 暖通空调, 3: 38-43.

王贵玲, 刘志明, 刘庆宣, 等. 2002. 西安地热田地热弃水回灌数值模拟研究. 地球学报, 2: 183-188.

王宏伟, 李亚峰, 林豹, 等. 2002. 地热供热系统的结垢问题初探. 辽宁化工, 10: 419-420.

王钧, 黄尚瑶, 黄歌山. 1990. 中国地温分布的基本特征. 北京: 地震出版社.

王绍亭, 陈新民. 1999. 西藏地热资源及地热发电的现状与发展. 中国电力, 10: 81-83.

王晓星, 吴能友, 苏正, 等. 2012a. 增强型地热系统数值模拟研究进展. 可再生能源, 30(9): 90-94.

王晓星, 吴能友, 张可霓, 等. 2012b. 增强型地热系统开发过程中的多场耦合问题. 水文地质工程地质, 39(2): 126-130.

王亚林, 陈光明, 王勤. 2008. 压缩空气蓄能系统应用于低温制冷性能分析. 工程热物理学报,

12: 1998-2002.

项先忠, 赵雄虎, 何涛, 等. 2009. 钻屑回注技术研究进展及发展趋势. 中国海上油气, 21(4): 267-271.

许天福, 胡子旭, 李胜涛, 等. 2018. 增强型地热系统: 国际研究进展与我国研究现状. 地质学报, 92(9): 1936-1947.

许天福, 袁益龙, 姜振蛟, 等. 2016. 干热岩资源和增强型地热工程: 国际经验和我国展望. 吉林大学学报(地球科学版), 46(4): 1139-1152.

许天福, 张延军, 曾昭发, 等. 2012. 增强型地热系统(干热岩)开发技术进展. 科技导报, 30(32): 42-45.

许雅琴, 张可霓, 王洋. 2012. 基于数值模拟探讨提高咸水层 CO_2 封存注入率的途径. 岩土力学, 33(12): 3825-3832.

薛小代, 梅生伟, 林其友, 等. 2016. 面向能源互联网的非补燃压缩空气储能及应用前景初探. 电网技术, 40(1): 164-171.

杨立中, 刘金辉, 孙占学, 等. 2016. 漳州岩体放射性生热率特征及干热岩资源潜力. 现代矿业, 32(3): 123-127.

尹立河. 2010. 地热利用迎来又一个高峰——2010 年世界地热大会见闻. 国土资源, 6: 33.

于进洋. 2013. 西藏羊易高温水热型地热井筒温度场研究. 北京: 中国地质大学.

翟海珍, 苏正, 吴能友. 2014. 苏尔士增强型地热系统的开发经验及对我国地热开发的启示. 新能源进展, 2(4): 286-294.

詹麒. 2009. 国内外地热开发利用现状浅析. 理论月刊, 7: 71-75.

张亮, 裴晶晶, 任韶然. 2014. 超临界 CO_2 在干热岩中的采热能力及系统能量利用效率的研究. 可再生能源, 32(1): 114-119.

张时聪, 徐伟. 2007. 国际地源热泵技术发展及工程应用情况. 工程建设与设计, 3: 2-5.

张炜, 李义连, 郑艳, 等. 2008. 二氧化碳地质封存中的储存容量评估: 问题和研究进展. 地球科学进展, 10: 1061-1069.

张炜, 吕鹏. 2013. 二氧化碳地质封存中 "对流混合" 过程的研究进展. 水文地质工程地质, 40(2): 101-107.

张晓宇, 成建梅, 刘军, 等. 2006. CO_2 地质处置研究进展. 水文地质工程地质, 4: 85-89.

张新敬. 2011. 压缩空气储能系统若干问题的研究. 北京: 中国科学院研究生院(工程热物理研究所).

赵阳升, 万志军, 康建荣. 2004. 高温岩体地热开发导论. 北京: 科学出版社.

郑克棪, 潘小平. 2009. 中国地热发电开发现状与前景. 中外能源, 14(2): 45-48.

郑艳, 陈胜礼, 张炜, 等. 2009. 江汉盆地江陵凹陷二氧化碳地质封存数值模拟. 地质科技情报, 28(4): 75-82.

支银芳, 陈家军, 尉斌, 等. 2005. 多孔介质中毛细压力、饱和度和相对渗透率的确定方法. 地质灾害与环境保护, 4: 410-414.

周大吉. 2003. 地热发电简述. 电力勘测设计, 3: 1-6.

周支柱. 2009. 地热能发电的工程技术. 动力工程, 29(12): 1160-1163.

朱焕来. 2011. 松辽盆地北部沉积盆地型地热资源研究. 大庆: 东北石油大学.

朱桥, 张加蓉, 周宇彬. 2019. 干热岩开发及发电技术应用概述. 中外能源, 24(9): 19-27.

Ahn Y, Bae S J, Kim M, et al. 2015. Review of supercritical CO_2 power cycle technology and current status of research and development. Nuclear Engineering and Technology, 47: 647-661.

Allen K. 1985. CAES: The underground portion. IEEE Transactions on Power Apparatus and Systems, PAS-104(4): 809-812.

Allen R D, Doherty T J, Erikson R L, et al. 1983. Factors affecting storage of compressed air in porous-rock reservoirs. Pacific Northwest National Laboratory, Washington.

Allen R D, Doherty T J, Kannberg L D. 1985. Summary of selected compressed air energy storage studies. Pacific Northwest National Laboratory, Washington.

Allen R, Kannberg L, Doherty T. 1980. Aquifer field test for compressed air energy storage, IECEC conference. Pacific Northwest National Laboratory, Washington.

Allinson W G, Kaldi J G, Cinar Y, et al. 2014. CO_2 storage capacity-combining geology engineering and economics. SPE Economics and Management, 6(1): 15-17.

Altunin V V. 1975. Thermophysical Properties of Carbon Dioxide. Moscow: Publishing House of Standards: 551.

An Q S, Wang Y Z, Zhao J, et al. 2016. Direct utilization status and power generation potential of low-medium temperature hydrothermal geothermal resources in Tianjin, China: A review. Geothermics, 64: 426-438.

Battistelli A, Calore C, Pruess K. 1997. The simulator TOUGH2/EWASG for modelling geothermal reservoirs with brines and non-condensible gas. Geothermics, 26: 437-464.

Benitez L E, Benitez P C, van Kooten G C. 2008. The economics of wind power with energy storage. Energy Economics, 30: 1973-1989.

Biot M A. 1941. General theory of three‐dimensional consolidation. Journal of Applied Physics, 12: 155-164.

Brandshaug T, Fossum A F. 1980. Numerical studies of compressed air energy storage caverns in hard rock. Pacific Northwest National Laboratory, Washington.

Budt M, Wolf D, Span R, et al. 2016. A review on compressed air energy storage: Basic principles, past milestones and recent developments. Applied Energy, 170: 250-268.

Bui H V, Herzog R A, Jacewicz D M, et al. 1990. Compressed-air energy storage: Pittsfield aquifer field test. Electric Power Research Inst., Palo Alto.

Chen H S, Ding Y L, Peters T, et al. 2016. Method of Storing Energy and a Cryogenic Energy Storage System: US, 15053840.

Chen J L, Luo L, Jiang F M. 2013. Analyzing heat extraction and sustainability of enhanced geothermal systems(EGS)with a novel single-porosity model. Proceedings: Thirty-Eighth Workshop on Geothermal Reservoir Engineering. Stanford: Stanford University.

Chiaramonte L, Zoback M D, Friedmann J, et al. 2008. Seal integrity and feasibility of CO_2 sequestration in the Teapot Dome EOR pilot: Geomechanical site characterization.

Environmental Geology, 54: 1667-1675.

Chino K, Araki H. 2000. Evaluation of energy storage method using liquid air. Heat Transfer, 29(5): 347-357.

Cinar M, Kampusu I A. 2013. Creating enhanced geothermal systems in depleted oil reservoirs via in situ combustion, Proceedings of the Thirty-Eighth Workshop on Geothermal Reservoir Engineering. Stanford: Stanford University.

Class H, Ebigbo A, Helmig R, et al. 2009. A benchmark study on problems related to CO_2 storage in geologic formations. Computational Geosciences, 13: 409-434.

Corey A T. 1954. The interrelation between gas and oil relative permeabilities. Producers Monthly: 38-41.

Crotogino F. 2006. Compressed air storage. Internationale Konferenz Energieautonomie Durch Speicherung Erneuerbarer Energien, Hannover.

Crotogino F, Mohmeyer K, Scharf R. 2001. Huntorf CAES: More than 20 years of successful operation. Solution Mining Research Institute Spring 2001 Meeting, Orlando, Florida, USA.

Crotogino F, Quast P. 1981. Compressed-air storage caverns at Huntorf. Subsurface Space, 2: 593-600.

Croucher A E, O'sullivan M J. 2008. Application of the computer code TOUGH2 to the simulation of supercritical conditions in geothermal systems. Geothermics, 37: 622-634.

Davis L, Schainker R. 2006. Compressed air energy storage(CAES): Alabama electric cooperative mcintosh plant–overview and operational history. Alabama Electric Cooperative and the Electric Power Research Institute(EPRI), Palo Alto.

Deo M, Roehner R, Allis R, et al. 2013. Reservoir modeling of geothermal energy production from stratigraphic reservoirs in The Great Basin, Thirty-eighth Workshop on Geothermal Reservoir Engineering. Stanford: Stanford University.

Dostal V, Driscoll M J, Hejzlar P. 2004. A supercritical carbon dioxide cycle for next generation nuclear reactors. Cambridge: Massachusetts Institute of Technology.

Doughty C. 2007. Modeling geologic storage of carbon dioxide: comparison of non-hysteretic and hysteretic characteristic curves. Energy Conversion and Management, 48: 1768-1781.

Duan Z H, Sun R, Liu R, et al. 2007. Accurate thermodynamic model for the calculation of H_2S solubility in pure water and brines. Energy and Fuels, 21: 2056-2065.

Duan Z H, Sun R. 2003. An improved model calculating CO_2 solubility in pure water and aqueous NaCl solutions from 273 to 533 K and from 0 to 2000 bar. Chemical Geology, 193: 257-271.

Feng J, Sheng Q, Luo C W, et al. 2006. The application of hydraulic fracturing in storage projects of liquefied petroleum gas. Key Engineering Materials, 306-308: 1509-1514.

Gibbins J, Chalmers H. 2008. Carbon capture and storage. Energy Policy, 36: 4317-4322.

Group T H. 2011. Iowa stored energy plant agency compressed air energy storage project: Final project report-Dallas Center Mt. Simon structure CAES system performance analysis. The Hydrodynamics Group, Iowa, USA.

Gunnarsson G, Arnaldsson A, Oddsdóttir A L. 2011. Model simulations of the Hengill area, Southwestern Iceland. Transport in Porous Media, 90: 3-22.

Guo C B, Pan L H, Zhang K N, et al. 2016a. Comparison of compressed air energy storage process in aquifers and caverns based on the Huntorf CAES plant. Applied Energy, 181: 342-356.

Guo C B, Zhang K N, Li C, et al. 2016b. Modelling studies for influence factors of gas bubble in compressed air energy storage in aquifers. Energy, 107: 48-59.

Guo C B, Zhang K N, Zeng F X, et al. 2016c. Assessment of reservoir capacity and influence range in slurry injection. Journal of Tongji University(Natural Science), 44: 1436-1443.

Guo C B, Zhang K N, Pan L H, et al. 2017. Numerical investigation of a joint approach to thermal energy storage and compressed air energy storage in aquifers. Applied Energy, 203: 948-958.

Hayashi K, Willis-Richards J, Hopkirk R J, et al. 1999. Numerical models of HDR geothermal reservoirs—a review of current thinking and progress. Geothermics, 28: 507-518.

Heath J E, Bauer S J, Broome S T, et al. 2013. Petrologic and petrophysical evaluation of the Dallas Center Structure, Iowa, for compressed air energy storage in the Mount Simon Sandstone. Sandia National Laboratory, Livermore.

Hiriart G, Gutiérrez-Negrín L C. 2003. Main aspects of geothermal energy in Mexico. Geothermics, 32: 389-396.

Hofmann H, Weides S, Babadagli T, et al. 2013. Integrated reservoir modeling for enhanced geothermal energy systems in central Alberta, Canada. Thirty-eighth Workshop on Geothermal Reservoir Engineering. Stanford: Stanford University.

Jaeger J C, Cook N G, Zimmerman R. 2009. Fundamentals of Rock Mechanics. New York: John Wiley and Sons.

Jarvis A S. 2015. Feasibility study of porous media compressed air energy storage in South Carolina, United States of America. Clemson: Clemson University.

Jiao Z S, Surdam R C. 2013. Advances in Estimating the Geologic CO_2 Storage Capacity of the Madison Limestone and Weber Sandstone on the Rock Springs Uplift by Utilizing Detailed 3-D Reservoir Characterization and Geologic Uncertainty Reduction. Geological CO_2 Storage Characterization. New York: Springer: 191-231.

Jorgensen D G. 1980. Relationships between basic soils-engineering equations and basic ground-water flow equations. Geological Survey Water Supply Paper 2064. Washington: United States Government Printing Office.

Juanes R, Spiteri E, Orr F, et al. 2006. Impact of relative permeability hysteresis on geological CO_2 storage. Water Resources Research, 42(12): 1-13.

Kelkar S, Woldegabriel G, Rehfeldt K. 2016. Lessons learned from the pioneering hot dry rock project at Fenton Hill, USA. Geothermics, 63: 5-14.

Kim H M, Rutqvist J, Ryu D W, et al. 2012. Exploring the concept of compressed air energy storage(CAES)in lined rock caverns at shallow depth: A modeling study of air tightness and energy balance. Applied Energy, 92: 653-667.

Kiryukhin A V, Yampolsky V A. 2004. Modeling study of the Pauzhetsky geothermal field, Kamchatka, Russia. Geothermics, 33: 421-442.

Kiryukhin A, Xu T F, Pruess K, et al. 2004. Thermal-hydrodynamic-chemical(THC)modeling based on geothermal field data. Geothermics, 33: 349-381.

Kohl T, Hopkirk R J. 1995. "FRACure" — A simulation code for forced fluid flow and transport in fractured, porous rock. Geothermics, 24: 333-343.

Kreid D. 1977. Analysis of advanced compressed air energy storage concepts. [Adiabatic concept]. Battelle Pacific Northwest Laboratory, Washington.

Kushnir R, Ullmann A, Dayan A. 2010. Compressed air flow within aquifer reservoirs of CAES plants. Transport in Porous Media, 81: 219-240.

Kushnir R, Ullmann A, Dayan A. 2012. Thermodynamic and hydrodynamic response of compressed air energy storage reservoirs: A review. Reviews in Chemical Engineering, 28(2-3): 123-148.

Leake S A, Prudic D E. 1991. Documentation of a computer program to simulate aquifer-system compaction using the modular finite-difference ground-water flow model. Washington: United States Government Printing Office.

Lei H, Zhu J. 2009. Simulation of porous medium geothermal reservoir characteristics with exploitation and reinjection in Tianjin, China. TOUGH Symposium, Berkeley, California, USA.

Li Y, Pan L H, Zhang K N, et al. 2017a. Numerical modeling study of a man-made low-permeability barrier for the compressed air energy storage in high-permeability aquifers. Applied Energy, 208: 820-833.

Li Y, Zhang K N, Hu L T, et al. 2017b. Numerical investigation of the influences of wellbore flow on compressed air energy storage in aquifers. Geofluids, 76: 1-14.

Li Y, Zhang K N, Hu L T, et al. 2017c. Thermodynamic analysis of heat transfer in a wellbore combining compressed air energy storage. Environmental Earth Sciences, 76(6): 247.

Liu H, He Q, Borgia A, et al. 2016a. Thermodynamic analysis of a compressed carbon dioxide energy storage system using two saline aquifers at different depths as storage reservoirs. Energy Conversion and Management, 127: 149-159.

Liu H, He Q, Saeed S B. 2016b. Thermodynamic analysis of a compressed air energy storage system through advanced exergetic analysis. Journal of Renewable and Sustainable Energy, 8(3): 4101-4117.

Lu S M. 2018. A global review of enhanced geothermal system(EGS). Renewable and Sustainable Energy Reviews, 81: 2902-2921.

Mao S D, Zhang D H, Li Y Q, et al. 2013. An improved model for calculating CO_2 solubility in aqueous NaCl solutions and the application to CO_2-H_2O-NaCl fluid inclusions. Chemical Geology, 347: 43-58.

Mcdermott C, Kolditz O. 2006. Geomechanical model for fracture deformation under hydraulic, mechanical and thermal loads. Hydrogeology Journal, 14: 485-498.

Mcgrail B, Cabe J, Davidson C, et al. 2013. Technoeconomic performance evaluation of compressed air energy storage in the Pacific Northwest. Pacific Northwest National Laboratory, Washington.

Metz B, Davidson O, De Coninck H, et al. 2005. IPCC Special Report on Carbon Dioxide Capture and Storage. Cambridge: UK Cambridge University Press: 14.

Montgomery C T, Smith M B. 2010. Hydraulic fracturing: History of an enduring technology. Journal of Petroleum Technology, 62: 26-40.

Moridis G, Apps J, Persoff P, et al. 1996. A field test of a waste containment technology using a new generation of injectable barrier liquids. Lawrence Berkeley National Laboratory, Berkeley.

Moridis G, King M, Jansen J. 2007. Iowa stored energy park compressed-air energy storage project: Compressed-air energy storage candidate site selection evaluation in Iowa: Dallas Center feasibility analysis. Prepared for the Iowa Stored Energy Plant Agency by The Hydrodynamics Group, Iowa, USA: 46.

Moridis G J, Pruess K. 1998. T2SOLV: An enhanced package of solvers for the TOUGH2 family of reservoir simulation codes. Geothermics, 27: 415-444.

O'sullivan M J. 2009. Future directions in geothermal modeling. TOUGH Symposium. Berkeley, California, USA.

O'sullivan J, Dempsey D, Croucher A, et al. 2013. Controlling complex geothermal simulations using PyTOUGH. 38th Workshop on Geothermal Reservoir Engineering. Stanford: Stanford University.

Oldenburg C M, Pan L H. 2013a. Porous media compressed-air energy storage(PM-CAES): Theory and simulation of the coupled wellbore–reservoir system. Transport in Porous Media, 97: 201-221.

Oldenburg C M, Pan L H. 2013b. Utilization of CO_2 as cushion gas for porous media compressed air energy storage. Greenhouse Gases: Science and Technology, 3: 124-135.

Pan L H, Oldenburg C M. 2014. T2Well—an integrated wellbore-reservoir simulator. Computers and Geosciences, 65: 46-55.

Pashkevich R I, Taskin V V. 2009. Numerical simulation of exploitation of supercritical enhanced geothermal system. Proceedings of thirty-fourth workshop on geothermal reservoir engineering. Stanford: Stanford University.

Pau G S, Almgren A S, Bell J B. 2009. A parallel second-order adaptive mesh algorithm for reactive flow in geochemical systems. TOUGH Symposium Berkeley, California, USA.

Peluchette J. 2013. Optimization of integrated reservoir, wellbore, and power plant models for enhanced geothermal systems. Morgantown: West Virginia University, USA.

Peng D Y, Robinson D B. 1976. A new two-constant equation of state. Industrial and Engineering Chemistry Fundamentals, 15: 59-64.

Persoff P, Pruess K, Benson S, et al. 1990. Aqueous foams for control of gas migration and water coning in aquifer gas storage. Energy Sources, 12: 479-497.

Pickens J F, Gillham R W, Cameron D R. 1979. Finite-element analysis of the transport of water and solutes in title-drained soils[J]. Journal of Hydrology, 40(3-4): 243-264.

Pruess K. 1983. GMINC: A mesh generator for flow simulations in fractured reservoirs. Lawrence Berkeley National Laboratory, Berkeley.

Pruess K. 1991. TOUGH2: A general-purpose numerical simulator for multiphase fluid and heat flow. Lawrence Berkeley National Laboratory, Berkeley.

Pruess K. 2005. ECO2N: A TOUGH2 Fluid Property Module for Mixtures of Water, NaCl, and CO_2. Lawrence Berkeley National Laboratory, Berkeley.

Pruess K. 2008. On production behavior of enhanced geothermal systems with CO_2 as working fluid. Energy Conversion and Management, 49: 1446-1454.

Pruess K, Garcia J. 2002. Multiphase flow dynamic during CO_2 disposal into saline aquifers. Environmental Geology, 42: 282-295.

Pruess K, Oldenburg C M, Moridis G. 1999. TOUGH2 user's guide version 2. Lawrence Berkeley National Laboratory, Berkeley.

Pruess K, Wu Y S. 1988. On PVT-data, well treatment, and preparation of input data for an isothermal gas-water-foam version of MULKOM. Lawrence Berkeley National Laboratory, Berkeley.

Rachmawati R, Ozlen M, Reinke K J, et al. 2016. An optimisation approach for fuel treatment planning to break the connectivity of high-risk regions. Forest Ecology and Management, 368: 94-104.

Radgen P. 2008. Years compressed air energy storage plant Huntorf-experiences and outlook, Präsentation auf 3rd international renewable energy storage conference, Berlin, German.

Rahm D. 2011. Regulating hydraulic fracturing in shale gas plays: The case of Texas. Energy Policy, 39: 2974-2981.

Rutqvist J, Birkholzer J, Cappa F, et al. 2007. Estimating maximum sustainable injection pressure during geological sequestration of CO_2 using coupled fluid flow and geomechanical fault-slip analysis. Energy Conversion and Management, 48: 1798-1807.

Rutqvist J, Birkholzer J, Tsang C F. 2008. Coupled reservoir-geomechanical analysis of the potential for tensile and shear failure associated with CO_2 injection in multilayered reservoir-caprock systems. International Journal of Rock Mechanics and Mining Sciences, 45: 132-143.

Sánchez M, Shastri A, Le T M H. 2014. Coupled hydromechanical analysis of an underground compressed air energy storage facility in sandstone. Géotechnique Letters, 4: 157-164.

Sanyal S K, Butler S J, Swenson D, et al. 2000. Review of the state-of-the-art of numerical simulation of enhanced geothermal systems. Geothermal Resources Council Transactions, 24: 181-186.

Schulte R H, Critelli N, Holst K, et al. 2012. Lessons from Iowa: development of a 270 Megawatt compressed air energy storage project in midwest independent system operator. Sandia National Laboratory, Albuquerque, USA.

Siffert D, Haffen S, Garcia M H, et al. 2013. Phenomenological study of temperature gradient anomalies in the Buntsandstein formation, above the Soultz geothermal reservoir, using TOUGH2 simulations, 38th Workshop on Geothermal Reservoir Engineering. Stanford:

Stanford University.

Sipila K, Wistbacka M, Vaatainen A. 1994. Compressed air energy storage in an old mine. Modern Power Systems Incorporating Energy International, 14: 19-26.

Spycher N, Pruess K. 2005. CO_2-H_2O mixtures in the geological sequestration of CO_2 center dot. II. Partitioning in chloride brines at 12-100 degrees C and up to 600 bar. Geochimica et Cosmochimica Acta, 69(13), 3309-3320.

Spycher N, Pruess K. 2010. A phase-partitioning model for CO_2-brine mixtures at elevated temperatures and pressures: Application to CO_2-enhanced geothermal systems. Transport in Porous Media, 82: 173-196.

Stottlemyre. 1978. Preliminary stability criteria for compressed air energy storage in porous media reservoirs. Pacific Northwest National Laboratory, Washington.

Su X S, Xu W, Du S H. 2013. Basin-scale CO_2 storage capacity assessment of deep saline aquifers in the Songliao Basin, northeast China. Greenhouse Gases: Science and Technology, 3: 266-280.

Succar S, Williams R H. 2008. Compressed air energy storage: Theory, resources, and applications for wind power. Princeton: Princeton University.

Tork T, Sadowski G, Arlt W, et al. 1999. Modelling of high-pressure phase equilibria using the Sako-Wu-Prausnitz equation of state: I. Pure-components and heavy n-alkane solutions. Fluid Phase Equilibria, 163: 61-77.

van der Linden S. 2007. Review of CAES systems development and current innovations that could bring commercialization to fruition. Electrical Energy Storage Applications and Technology (EESAT) Conference. San Diego, California, USA.

van Genuchten, M Th. 1980 . A closed-form equation for predicting the hydraulic conductivity of unsaturated soils. Soil Sciety of America Journal, 44 : 892-898.

Vecchiarelli A, Sousa R, Einstein H H. 2013. Parametric study with GEOFRAC: A Three-dimensional Stochastic fracture flow model. 38th Geothermal Reservoir Engineering. Stanford: Stanford University.

Verma L R, Bucklin R A, Endan J B, et al. 1985. Effects of drying air parameters on rice drying models. Transactions of the ASAE, 28(1): 296-301.

Wang M K, Zhao P, Wu Y, et al. 2015. Performance analysis of a novel energy storage system based on liquid carbon dioxide. Applied Thermal Engineering, 91: 812-823.

Wang Y, Zhang K N, Wu N Y. 2013. Numerical investigation of the storage efficiency factor for CO_2 geological sequestration in saline formations. Energy Procedia, 37: 5267-5274.

Wei N, Li X C, Wang Y, et al. 2013. A preliminary sub-basin scale evaluation framework of site suitability for onshore aquifer-based CO_2 storage in China. International Journal of Greenhouse Gas Control, 12: 231-246.

Wiles L, Mccann R. 1983. Reservoir characterization and final pre-test analysis in support of the compressed-air-energy-storage Pittsfield aquifer field test in Pike County, Illinois. Pacific Northwest Laboratory, Washington.

Wiles L. 1979. Effects of water on compressed air energy storage in porous rock reservoirs. Battelle Pacific Northwest Laboratory, Washington.

Wisian K W, Blackwell D D. 2004. Numerical modeling of Basin and Range geothermal systems. Geothermics, 33: 713-741.

Witherspoon P, Benson S, Persoff P G, et al. 1990. Feasibility analysis and development of foam protected underground natural gas storage facilities. Lawrence Berkeley National Laboratory, Berkeley.

Wu Y, Duan Z, Kang Z, et al. 2011. A multiple-continuum model for simulating single-phase and multiphase flow in naturally fractured vuggy reservoirs. Journal of Petroleum Science and Engineering, 78: 13-22.

Xiong Y, Fakcharoenphol P, Winterfeld P, et al. 2013. Coupled geomechanical and reactive geochemical model for fluid and heat flow: Application for enhanced geothermal reservoir. SPE Reservoir Characterization and Simulation Conference and Exhibition, Abu Dhabi, UAE.

Xu T F, Kharaka Y K, Doughty C, et al. 2010. Reactive transport modeling to study changes in water chemistry induced by CO_2 injection at the Frio-I Brine Pilot. Chemical Geology, 271: 153-164.

Xu T F, Ontoy Y, Molling P, et al. 2004. Reactive transport modeling of injection well scaling and acidizing at Tiwi field, Philippines. Geothermics, 33: 477-491.

Xu T F, Pruess K. 2004. Numerical simulation of injectivity effects of mineral scaling and clay swelling in a fractured geothermal reservoir. Lawrence Berkeley National Laboratory, Berkeley.

Xu T F, Yuan Y L, Jia X F, et al. 2018. Prospects of power generation from an enhanced geothermal system by water circulation through two horizontal wells: A case study in the Gonghe Basin, Qinghai Province, China. Energy, 148: 196-207.

Zaloudek F, Reilly R. 1982. An Assessment of second-generation compressed-air energy-storage concepts. Battelle Pacific Northwest Laboratory, Washington.

Zeng Y C, Su Z, Wu N Y. 2013. Numerical simulation of heat production potential from hot dry rock by water circulating through two horizontal wells at Desert Peak geothermal field. Energy, 56: 92-107.

Zeng Y C, Wu N Y, Su Z, et al. 2014. Numerical simulation of electricity generation potential from fractured granite reservoir through a single horizontal well at Yangbajing geothermal field. Energy, 65: 472-487.

Zhang K N, Wu Y S, Pruess K. 2008. User's guide for TOUGH2-MP-A massively parallel version of the TOUGH2 code. Lawrence Berkeley National Laboratory, Berkeley.

Zhang X R, Wang G B. 2017. Thermodynamic analysis of a novel energy storage system based on compressed CO_2 fluid. International Journal of Energy Research, 41: 1487-1503.

Zhang Y, Yang K, Hong H, et al. 2016. Thermodynamic analysis of a novel energy storage system with carbon dioxide as working fluid. Renewable Energy, 99: 682-697.

Zhu J L, Hu K Y, Lu X L, et al. 2015a. A review of geothermal energy resources, development, and applications in China: Current status and prospects. Energy, 93: 466-483.

Zhu Q L, Li X C, Jiang Z B, et al. 2015b. Impacts of CO_2 leakage into shallow formations on groundwater chemistry. Fuel Processing Technology, 135: 162-167.

Zhuang X Y, Huang R Q, Liang C, et al. 2014. A coupled thermo-hydro-mechanical model of jointed hard rock for compressed air energy storage. Mathematical Problems in Engineering, 2014: 1-11.

Zimmels Y, Kirzhner F, Krasovitski B. 2003. Energy loss of compressed air storage in hard rock. Transactions on Ecology and the Environment, 64: 847-857.